Patientenautonomie und informierte Einwilligung

Pia Becker

Patientenautonomie und informierte Einwilligung

Schlüssel und Barriere medizinischer Behandlungen

Mit einem Geleitwort von Prof. Dr. phil. Ralf Stoecker

1682
J.B. METZLER

Pia Becker
Bielefeld, Deutschland

Dissertation, Universität Bielefeld, 2018

Gefördert durch die Heinrich-Böll-Stiftung

ISBN 978-3-476-04999-5 ISBN 978-3-476-05022-9 (eBook)
https://doi.org/10.1007/978-3-476-05022-9

Die Deutsche Nationalbibliothek verzeichnet diese Publikation in der Deutschen Nationalbibliografie; detaillierte bibliografische Daten sind im Internet über http://dnb.d-nb.de abrufbar.

J.B. Metzler

J.B. Metzler ist ein Imprint der eingetragenen Gesellschaft Springer-Verlag GmbH, DE und ist ein Teil von Springer Nature
Die Anschrift der Gesellschaft ist: Heidelberger Platz 3, 14197 Berlin, Germany

Danksagung

Mein erster Dank gilt meinen beiden prägenden Lehrerinnen der Philosophie, Dr. Hannelore Ederer und apl. Prof. Dr. Marie-Luise Raters. Diese haben den Grundstein für meine Dissertation gelegt, indem sie in mir nicht nur die Liebe zur Philosophie weckten, sondern mir darüber hinaus den Glauben an mich selbst gaben, eine Doktorarbeit verfassen zu können.

Ich danke herzlich Prof. Dr. Ralf Stoecker, der meine Art zu philosophieren entscheidend prägte, mir stets gute Hinweise gab, immer wieder in konstruktive Diskussionen mit mir einstieg und mich mit seiner durchweg sympathischen und warmherzigen Art als Doktorvater hervorragend betreute.

Ich danke Prof. Dr. Peter Schaber für seine hilfreichen Anmerkungen zu dieser Dissertation und den gewinnbringenden Austausch über den Autonomiebegriff. Ebenso gilt mein Dank Johanna Wagner, die mir stets hilfreich zur Seite stand und den Text durch ihre Anmerkungen deutlich verbessert hat.

Mein Dank gilt auch der Heinrich Böll Stiftung, die mich nicht nur finanziell, sondern auch ideell unterstützte und förderte. Ganz besonders möchte ich mich in diesem Zuge bei Dr. Tamara Or bedanken, die mir in schweren Zeiten einen Weg aufzeigte. Auch Johanna Pumb gilt mein Dank für unsere Gespräche über Motivation und das Leben als Doktorandin.

Ein großes Dankeschön gilt meinen Eltern und meinem Ehemann und Kindern, die mich stets unterstützen und förderten, mir immer zuhörten, Verständnis entgegenbrachten und an mich glaubten.

Auch Elisabeth Jahn gilt mein Dank, mit der ich alle Sorgen und Freuden teilen konnte, die allen unfertigen und fertigen Gedankengängen folgte und mich als große emotionale Stütze durch die Zeit begleitete.

All meinen Freunden danke ich für ihre Geduld und Ausdauer, mit der sie mir stets zur Seite standen und mich unterstützen.

Geleitwort

Alleinige Aufgabe von Ärzten ist es, sich nach bestem Wissen und Gewissen um die Gesundheit ihrer Patient*innen zu kümmern und die dafür nötigen therapeutischen Maßnahmen zu ergreifen. – Das war bis weit in die zweite Hälfte des 20. Jahrhunderts hinein die verbreitete Überzeugung in der Medizin. Es bedeutete deshalb einen geradezu revolutionären Umschwung, als die Ärztinnen und Ärzte seit den 1960er Jahren zunehmend mit der Forderung konfrontiert wurden, ihre Therapien auch daran auszurichten, ob die Patientinnen und Patienten damit einverstanden waren, und ihnen diese Entscheidung noch durch eine angemessene Aufklärung zu erleichtern. Mittlerweile ist der Grundsatz, dass man jemanden nicht ohne den ‚Informed Consent' , die informierte Einwilligung, ärztlich behandeln dürfe, allerdings weitgehend akzeptiert, sowohl ethisch, als auch rechtlich. Debatten gibt es allenfalls an den ‚Rändern', über den richtigen Umgang mit Menschen, die nicht oder nicht ohne weiteres zu einer solchen aufgeklärten Einwilligung in der Lage sind. Was bislang allerdings fehlt, ist eine sorgfältige moralphilosophische Begründung dieses Prinzips, jenseits vager Verweise auf die Patientenautonomie.

Umso verdienstvoller ist Pia Beckers Buch, in dem sie eine originelle und in meinen Augen sehr attraktive doppelte Rechtfertigung für die Notwendigkeit der Informierten Einwilligung aus der Patientenautonomie bietet. Zum einen verleiht uns unsere Autonomie das Recht, über wichtige Belange selbst entscheiden zu können, zum Beispiel auch über medizinische Behandlungen. Insofern bildet die Autonomie eine *moralische Barriere* für Ärztinnen und Ärzte, die sie nur mithilfe der Informierten Einwilligung überwinden können. Zum anderen hat unsere Autonomie aber auch eine *Schlüssel-Funktion*. Medizinische Behandlungen greifen nicht nur in die Autonomie der Patient*innen ein, sie stellen auch Verletzungen der körperlichen Integrität und Intimsphäre dar. Aus moralischer Sicht sind derartige Übergriffe unzulässig – es sei denn, die betroffene Person hat zugestimmt. Die Informierte Einwilligung wird somit zum Schlüssel, der den Weg für medizinische Interventionen frei macht.

Der erste Zusammenhang, dass Autonomie eine Barriere bilden kann, ist in der medizinischen Ethik und bei Ärztinnen und Ärzten geläufig. Ihre Rolle als Schlüssel wird hingegen nur selten zur Kenntnis genommen (obwohl sie sich so ähnlich auch im Arztrecht findet). Pia Becker ist die erste, die es unternommen hat, sorgfältig und gründlich beide Rollen aus philosophischen Grundlagen herzuleiten. Diese Grundlagen findet sie vor allem im Umfeld der Autonomiedebatten, die sich in den letzten Jahrzehnten beispielsweise im Anschluss an das Werk Harry Frankfurts entwickelt haben. Das ist in meinen Augen ein sehr viel versprechender Ansatz, wie ich überhaupt der Meinung bin, dass Pia Becker mit ihren Überlegungen goldrichtig liegt.

Ich kann deswegen nur empfehlen, dieses aufschlussreiche Buch zu studieren. Es bietet Einsichten in einen Kernbereich unseres moralischen Status und eröffnet dadurch auch neue Zugänge zu den vielfältigen Problemen, die in den ‚Randzonen' auf uns warten. Vieles wird klarer, wenn man bedenkt, dass Patientenautonomie und Informed Consent sowohl Barriere als auch Schlüssel einer medizinischen Behandlung sein können.

Prof. Dr. Ralf Stoecker

Inhaltsverzeichnis

1. Einleitung

Autonomie ist ein zentrales Prinzip der medizinischen Ethik. Es umfasst den Anspruch des Patienten, selbst darüber bestimmen zu dürfen, wie mit seinem Körper umgegangen wird. Aus diesem Grund ist es am Patienten, zu entscheiden, ob medizinisches Handeln an seinem Körper vorgenommen werden darf. Die informierte Einwilligung des Patienten gilt deshalb als notwendige Voraussetzung einer medizinischen Behandlung.

Die informierte Einwilligung ist das Instrument, das die Autonomie des Patienten schützt. Eine informierte Einwilligung in eine medizinische Behandlung liegt dann vor, wenn der Patient nach sorgfältiger Aufklärung über die infrage kommende Behandlung in diese absichtlich und ohne äußeren Zwang einwilligt.[1] Die Notwendigkeit eine informierte Einwilligung vor medizinischen Behandlungen einzuholen, ist in der medizinischen Praxis fest etabliert,[2] in der Medizinethik breit anerkannt[3] und in zahlreichen Gesetzen verankert.[4]

Die informierte Einwilligung und das Prinzip der Autonomie werden als zwei Seiten von ein und derselben Medaille verstanden, denn sowohl bei der inhaltlichen Bestimmung der Bedingungen der informierten Einwilligung als auch bei der Begründung für ihren hohen Stellenwert wird auf die Autonomie des Patienten verwiesen.[5] Der informierten Einwilligung liegt dabei ein ganz bestimmtes Verständnis von Autonomie zugrunde, das bedeutend von den Medizinethikern Tom Beauchamp, James Childress und Ruth Faden geprägt wurde: als autonom gelten diesen Medizinethikern folgend absichtliche,

---

1 Vgl. Beauchamp/Childress 2013; Eyal 2012; Schöne-Seifert 2005, 706.

2 Vgl. Faden/Beauchamp 1986, 100.

3 Vgl. Beauchamp/Childress 2013, Kap. 4; Eyal 2012; Faden/Beauchamp 1986; Schöne-Seifert 2005, 706.

4 Vgl. Ständige Rechtsprechung des Bundesgerichtshofes (BGH St 35, 246) im Anschluss an die Auffassung des Reichgerichtshofes von 1849 (RGSt 25, 375; Nürnberger Kodex von 1947; Deklaration von Helsinki von 1964); § 7 und 8 MBO.

5 Vgl. Beauchamp/Childress 2013, 120 ff.; Faden/Beauchamp 1986, 8; Dworkin 1988.

P. Becker, *Patientenautonomie und informierte Einwilligung*,
https://doi.org/10.1007/978-3-476-05022-9_1

informierte und zugleich freiwillig ausgeführte Handlungen von Patienten.[6] Damit sind die inhaltlichen Bedingungen von Patientenautonomie deutlich formuliert. Entscheidungen von Patienten für oder gegen medizinische Behandlungen, die diese Bedingungen erfüllen, sind zu respektieren. Dies wird als das Prinzip des Respekts vor der Autonomie bezeichnet.[7]

Der Begriff der Autonomie ist jedoch nicht nur in medizinethischen Debatten von zentraler Bedeutung, sondern darüber hinaus auch ein in anderen moralphilosophischen Debatten breit diskutierter Begriff. Autonomie hat sowohl in medizinethischen als auch in anderen moralphilosophischen Debatten neben einem deskriptiven Gehalt stets einen normativen Gehalt. Während sich der deskriptive Gehalt auf die inhaltlichen Bedingungen der Autonomie bezieht, richtet sich der normative Gehalt des Begriffs auf dessen wertende Dimension.

Der normative Gehalt von Autonomie lässt sich in zweierlei Hinsicht beschreiben. Zum einen kann man Autonomie als ein Ideal verstehen, das von vielen Menschen in der Gestaltung ihres Lebens angestrebt wird. Autonomie ist in dieser Bedeutung eine bestimmte Art und Weise, wie man leben *sollte* und gilt als erstrebenswertes Charakterideal.[8] Autonomie gilt nicht nur in den moralphilosophischen Debatten als Ideal, sondern wird auch im medizinischen Kontext als solches verstanden. So ist ein häufiges Behandlungsziel die Wiederherstellung der Autonomie des Patienten, in dem Sinne, dass der Patient sein Leben selbstbestimmt und an seinen eigenen Vorstellungen ausgerichtet, führen kann.

Zum anderen wird Autonomie als Recht verstanden. Hierbei handelt es sich um den Anspruch, die eigene Autonomiefähigkeit ausüben zu dürfen. Autonomie stellt diesem Verständnis nach eine Art und Weise dar, wie man leben *darf*.[9] In seiner Bedeutung als Recht hat Autonomie zunächst die Funktion

6 Vgl. Beauchamp/Childress 2013, Kap. 4; Faden/Beauchamp 1986.
7 Vgl. Beauchamp/Childress 2013, Kap. 4; Faden/Beauchamp 1986.
8 Vgl. Feinberg 1989, 43 ff.; Christman 2011.
9 Vgl. Feinberg 1989.

eines Abwehrrechts: Handlungen, die den autonomen Willen einer Person missachten, sind *prima facie* abzulehnen. Dieses Verständnis von Autonomie als Abwehrrecht wird prominent von John Stuart Mill in seiner Forderung vertreten, dass Menschen in ihrer Freiheit nicht durch Zwang eingeschränkt werden dürfen, es sei denn, dass nur dadurch Schaden von anderen Personen abzuwenden ist.[10] Auch diese Dimension von Autonomie als Abwehrrecht findet sich in den medizinethischen Debatten wieder. So wird bei der Begründung der Notwendigkeit der informierten Einwilligung auf das aus der Autonomie begründete Abwehrrecht verwiesen: aufgrund seiner Autonomie darf nicht in den persönlichen Nahbereich des Patienten, in seine persönliche Lebensgestaltung oder in seinen Körper eingegriffen werden, wenn vonseiten des Patienten keine informierte Einwilligung für den Eingriff erteilt wurde.[11]

Autonomie wird darüber hinaus auch als moralisches Anspruchsrecht verstanden. Aufgrund ihrer Autonomie haben Menschen Ansprüche, die sie anderen gegenüber geltend machen können. Dieses Verständnis findet sich ebenfalls in medizinethischen Debatten wieder. Im Kontext der informierten Einwilligung haben Patienten gegenüber ihrem Arzt den Anspruch darauf, in angemessener Weise über die vorgeschlagene Behandlung informiert zu werden, um dadurch autonom über diese entscheiden zu können.[12] Des Weiteren gibt es auch eine Diskussion über Anspruchsrechte auf bestimmte Behandlungen, deren medizinische Indikation strittig ist. So wird in der Debatte über die Zulässigkeit aktiver Sterbehilfe oftmals von den Befürwortern dafür argumentiert, dass die Autonomie von schwerkranken Patienten es erfordere, sie in dem Wunsch nach Beendigung ihres Lebens zu unterstützen.[13] Auch im Kontext der Reproduktionsmedizin wird Autonomie als ein Anspruchsrecht auf reproduktive Selbstbestimmung verstanden, demzufolge die Frau ihre Fortpflanzung selbstbestimmt gestalten dürfen sollte.[14] Diese Debatten über

10 Vgl. Mill 2009.

11 Vgl. Beauchamp/Childress 2013, Kap. 4.

12 Vgl. Beauchamp/Childress 2013, 106 ff.

13 Vgl. Brock 1992; Schöne-Seifert 2006; May 2011.

14 Vgl. Beier/Wiesemann 2013.

den aus der Autonomie abgeleiteten Anspruch auf medizinische Behandlungen werden in dieser Arbeit jedoch keine Rolle spielen.

Insbesondere die normative Bedeutung von Autonomie als Recht führt dazu, dass wir mit autonomen Patienten anders umgehen, als mit nicht autonomen Patienten. Autonome Patienten dürfen Eingriffe in ihren persönlichen Nahbereich, dieser umfasst ihre Lebensweise und ihren Körper, abwehren. Sie können darüber hinaus Ansprüche an ihren behandelnden Arzt stellen, sie in der Ausübung ihrer Autonomie zu unterstützen. Dies wird im medizinethischen Kontext als das Prinzip des Respekts vor der Autonomie bezeichnet.[15] Diesem Prinzip folgend, müssen autonome Entscheidungen von Personen geachtet werden und man darf sie nicht daran hindern, das zu tun, wozu sie sich selbstbestimmt entschieden haben.[16]

Aufgrund dieser normativen Dimension des Autonomiebegriffs, fällt der Begriff unter eine Begriffskategorie, die von Ralf Stoecker – in Anlehnung an Bernard Williams[17] – als „dicke Begriffe“ bezeichnet wird.[18] Unter diese Kategorie fallen diejenigen Begriffe, denen neben einem deskriptiven Gehalt zugleich auch eine wertende Dimension innewohnt. Da wir mit autonomen Menschen anders umgehen als mit nicht autonomen Menschen und ihre Handlungen und Entscheidungen *prima facie* Respekt verdienen, ist es von großer Bedeutung, sorgfältig zu klären, auf wen die Beschreibung zutrifft, dass er autonom ist und auf wen nicht. Im Umkehrschluss bedeutet dies jedoch nicht, dass wir mit nicht autonomen Menschen machen dürfen, was wir wollen. Auch nicht autonome Menschen haben Rechte, die es zu respektieren gilt. Allerdings stehen hier andere Prinzipien als das der Autonomie im Vordergrund, wenn es um die Frage geht, welches Verhalten ihnen gegenüber ethisch angemessen ist.

---

15 Vgl. Beauchamp/Childress 2013, 106 ff.; Schöne-Seifert 2005.

16 Vgl. Schaber 2016a, 175.

17 Vgl. Williams 1985.

18 Vgl. Stoecker 2010, XXXII.

Da wir autonome Menschen anders behandeln als nicht autonome Menschen, ist es wichtig zu wissen, wen wir unter den Begriff der Autonomie fassen und wen nicht. Damit kommt man zu dem deskriptiven Gehalt des Autonomiebegriffs. Betrachtet man den Autonomiebegriff inhaltlich, so wird eines schnell deutlich: es fällt relativ leicht paradigmatische Fälle von Autonomie zu benennen. Beispielsweise gehen wir davon aus, dass die meisten erwachsenen und durchschnittlich entwickelten Menschen ihr alltägliches Leben autonom führen. Wir trauen ihnen zu, sich autonom für einen bestimmten Beruf entscheiden zu können oder eine autonome Familienplanung vorzunehmen. Ebenso leicht können wir paradigmatische Fälle mangelnder Autonomie benennen: Kleinkindern scheint es an Autonomie zu fehlen. Dies ist einer der Gründe, warum wir sie anders behandeln als Erwachsene. Wir trauen ihnen noch nicht zu, ihre Entscheidungen autonom zu treffen, weshalb wir bei Bedarf korrigierend auf sie einwirken.

Auch im medizinethischen Kontext scheint Autonomie eindeutig inhaltlich bestimmt zu sein: als autonom gelten diejenigen Entscheidungen von Patienten, die absichtlich, informiert und freiwillig getroffen wurden.[19] Entscheidungen, die eine dieser Bedingungen nicht erfüllen, gelten nicht als autonom und verdienen deshalb zunächst keinen aus der Autonomie abgeleiteten Respekt.

Doch auch wenn die Feststellung über das Vorliegen von Autonomie in Bezug auf paradigmatische Fälle eindeutig zu sein scheint, so ist es doch wesentlich schwieriger, über das Vorliegen von Autonomie zu urteilen, wenn es um Grenzfälle geht. So kann man sich fragen, inwiefern ein pubertierendes Kind bereits über genügend Autonomie verfügt, seinen Lebensweg selbst zu bestimmen. Oder wie viel Alkohol notwendig ist, bis man nicht mehr dazu in der Lage ist, sich autonom zu entscheiden.

Diese Grenzfälle von Autonomie legen die Vermutung nahe, dass Autonomie ein Begriff mit unscharfen Rändern ist. Wenngleich sich bestimmte

---

19 Vgl. Beauchamp/Childress 2013, Kap. 4; Faden/Beauchamp 1986.

paradigmatische Fälle von Autonomie eindeutig als solche erkennen lassen, gibt es im Graubereich des Begriffs Grenzfälle, bei denen es schwerfällt, über das Vorliegen von Autonomie eindeutig zu urteilen. Diese Grenzfälle von Autonomie stehen im Mittelpunkt von diversen medizinethischen Debatten. So gibt es beispielsweise eine medizinethische Debatte darüber, inwieweit dementiell erkrankte Patienten noch über Autonomie verfügen und ihre Entscheidungen im Hinblick auf medizinische Behandlungen deshalb vom Prinzip des Respekts vor der Autonomie geschützt sind.[20] Auch in Bezug auf Kinder wird in der Medizinethik diskutiert, inwiefern diese über Autonomie verfügen. Ihre autonomen Entscheidungen hinsichtlich medizinischer Behandlungen wären dann zu respektieren.[21] Psychisch kranke Patienten fallen ebenso oftmals in den Graubereich des Autonomiebegriffs. Hier stellt sich die Frage danach, unter welchen Bedingungen die Willensäußerungen psychisch kranker Patienten nicht mehr autonom sind und dadurch beispielsweise Zwangsbehandlungen gerechtfertigt werden können.[22]

Diese Grenzfälle von Autonomie werden deshalb so stark diskutiert, weil von der Feststellung über das Vorliegen von Autonomie abhängt, wie im Weiteren mit dem Patienten umgegangen wird. Dies liegt an der bereits erläuterten normativen Dimension des Autonomiebegriffs. Wer autonom ist, kann sich auf seine daraus erwachsenden Anspruchs- und Abwehrrechte berufen. Da der Autonomiebegriff einerseits der Kategorie der *dicken Begriffe* zugeordnet werden kann und andererseits ein Begriff mit unscharfen Rändern ist, entsteht eine Spannung. Da der Autonomiebegriff eine wertende Dimension hat, ist es von großer Bedeutung, sehr sorgfältig bei der Zuschreibung von Autonomie vorzugehen. Da es sich dabei jedoch um einen Begriff mit unscharfen Rändern handelt, gibt es verschiedene Patientengruppen, bei denen nicht eindeutig ist, ob Autonomie zugeschrieben werden kann oder nicht. Diese Patientengruppen betreffend entsteht dadurch eine Unsicherheit bezüglich des normativ angemessenen Umgangs mit ihnen. Das ist einer der Gründe,

20 Vgl. Wunder 2008; Deutscher Ethikrat 2012; Dworkin 1993.

21 Vgl. Alderson 2003.

22 Vgl. Duttge 2016; Simon 2014; Vollmann et al. 2008, 54.

warum das Autonomieprinzip in der medizinethischen Literatur zahlreich diskutiert wird.[23]

Doch so elementar die Diskussion über die Autonomie in diesen Grenzfällen ist und so wichtig es für einen angemessenen Umgang mit diesen Patientengruppen ist, darüber zu entscheiden, ob ihnen Autonomie zugeschrieben werden kann oder nicht, so möchte ich in meiner Arbeit dennoch einen anderen Schwerpunkt legen. Mir geht es weniger darum, allein den unscharfen Rand des Autonomiebegriffs zu schärfen. Mir geht es vielmehr um den Kernbereich des Begriffs selbst. Ich möchte nicht nur in Bezug auf Grenzfälle, sondern vielmehr allgemein klären, was einen autonomen Patienten kennzeichnet und welche normativen Konsequenzen daraus für den angemessenen Umgang mit ihm zu ziehen sind. Dies mag überraschen, bedenkt man die Feststellung, dass Patientenautonomie im medizinethischen Kontext doch inhaltlich eindeutig bestimmt zu sein scheint, als diejenigen Entscheidungen von Patienten, die absichtlich, informiert und freiwillig sind.

Betrachtet man jedoch die inhaltliche Bestimmung von Autonomie in anderen moralphilosophischen Bereichen, so lassen sich schnell deutlich abweichende Bedingungen von Autonomie finden. Während in der medizinethischen Autonomiekonzeption davon ausgegangen wird, dass es bei der Frage nach Autonomie um die Beurteilung einzelner Handlungen in Form von Entscheidungen für oder gegen eine medizinische Behandlung geht, wird in anderen Konzeptionen vermehrt danach gefragt, ob einzelne Wünsche, daraus resultierende Handlungen oder Personen insgesamt autonom sind. Je nachdem, ob man danach fragt, ob eine Person, ihre Handlungen oder ihre Wünsche autonom sind, kann man unterschiedliche Bedingungen für Autonomie formulieren.[24] Bezeichnet man eine Person insgesamt als autonom, so kann man Autonomie als stabile Eigenschaft der Person oder ihrer Lebensweise verstehen. Damit wird zumeist auf Autonomie in ihrer Bedeutung als

23 Für einen Überblick über die aktuelle Diskussion vgl. u. a. Wiesemann/Simon 2013.

24 Für einen Überblick der moralphilosophischen Diskussion über personale Autonomie siehe u. a. Christman 1989; Betzler 2013a; Taylor 2005.

Fähigkeit verwiesen, worunter eine bestimmte Art und Weise wie man leben *kann*, verstanden wird.[25] Neben der Fähigkeit der Autonomie kann man für die Zuschreibung von Autonomie auch fordern, dass eine Person ihre Autonomiefähigkeit stabil in ihrer Lebensweise anwendet und dadurch ein Leben führt, das insgesamt als autonomes Leben zu bezeichnen ist.

Welche inhaltlichen Bedingungen erfüllt sein müssen, damit Personen als autonom gelten, darüber gab es in den vergangenen 60 Jahren in der Moralphilosophie eine rege Diskussion. In dieser werden ganz unterschiedliche Bedingungen für Autonomie genannt, wie die der reflexiven Identifikation[26] mit Wünschen, der Fähigkeit zur Wertschätzung[27] von Wünschen, die Entstehungsgeschichte[28] der Wünsche, die Verfügbarkeit einer angemessenen Anzahl an Handlungsoptionen[29] oder das Vorliegen eines bestimmten sozialen Umfelds[30].

Schnell wird deutlich, dass sich diese Autonomie-Bedingungen der moralphilosophischen Debatte deutlich von den Bedingungen für Autonomie unterscheiden, die in der Medizinethik zumeist zugrunde gelegt werden. Diesen Gedanken bringt auch Elisabeth Hildt zum Ausdruck, wenn sie schreibt:

> „Insgesamt ist festzustellen, dass bei der Diskussion von Patientenautonomie und Informed Consent im medizinisch-therapeutischen Kontext nicht das breite Spektrum der in der philosophischen Literatur anzutreffenden Positionen zum Autonomiekonzept Verwendung findet, sondern zumeist ein enges Verständnis des Begriffs zum Einsatz kommt."[31]

Wenngleich die übersichtliche Bestimmung von Autonomie von Beauchamp und Childress Vorteile für die medizinische Praxis bietet, indem sie einfach zu überprüfen ist, so stellt sich dennoch die Frage danach, ob sie eine

---

25 Vgl. Feinberg 1989.
26 Vgl. Frankfurt 1971.
27 Vgl. Watson 1975.
28 Vgl. Christman 2013.
29 Vgl. Raz 1986, Kap. 14.
30 Vgl. Oshana 2013.
31 Hildt 2008, 828.

angemessene Autonomiekonzeption abbildet. Betrachtet man die vielfältigen Möglichkeiten aus der moralphilosophischen Debatte, wie sich Autonomie inhaltlich bestimmen lässt, so kann man fragen, warum ausgerechnet die in der Medizinethik dominierenden Autonomiebedingungen die richtigen sind.

Die inhaltliche Bestimmung von Autonomie scheint entsprechend nicht ganz so eindeutig zu sein, wie es zunächst den Anschein hatte. Wenn aber unklar ist, welches die angemessenen inhaltlichen Bedingungen für Autonomie sind, so ist auch unklar, wer als autonom gelten und damit von dem daraus abgeleiteten normativen Anspruch Gebrauch machen kann.

Da Autonomie ein *dicker Begriff* mit einer deskriptiven und einer normativen Dimension ist, ist es von großer Bedeutung sorgfältig zu klären, wann Autonomie vorliegt. Für den Patienten macht es einen bedeutsamen Unterschied, ob er von den aus Autonomie abgeleiteten Abwehr- und Anspruchsrechten Gebrauch machen kann oder ob man ihm seine Autonomie abspricht. Damit begrenzt sich die beschriebene Spannung nicht nur auf den unscharfen Randbereich des Begriffs, bei dem unklar sein kann, wer autonom ist und wer nicht. Vielmehr taucht bereits im Kernbereich des Begriffs die Frage auf, welche Patienten als autonom gelten und welche nicht. Müssen autonome Patienten insgesamt ein autonomes Leben führen oder in einem angemessenen sozialen Umfeld verortet sein? Reicht es aus, dass eine einzelne Entscheidung absichtlich informiert und freiwillig war, wenngleich der Patient nicht stabil über die Fähigkeit der Autonomie verfügt? Hat der Patient zwar absichtlich, informiert und freiwillig entschieden, hatte aber aufgrund begrenzter Handlungsoptionen keinen angemessenen Entscheidungsspielraum und muss seine Entscheidung deshalb als nicht autonom gelten? Je nachdem welche Bedingungen man für Autonomie zugrunde legt, wird man unterschiedliche Patienten und deren Entscheidungen für autonom erachten. Entsprechend wird man mit diesen Patienten aufgrund ihrer Autonomie einen anderen Umgang als angemessen erachten als mit nicht autonomen Patienten.

Es ist entsprechend von großer Relevanz, die verschiedenen inhaltlichen Bedingungen für Autonomie zu analysieren und zu prüfen, welche davon die angemessenen Bedingungen für das Vorliegen von Patientenautonomie sind. Dies ist ein Ziel der vorliegenden Arbeit.

Um eine angemessene Bestimmung deskriptiver Autonomiebedingungen vornehmen zu können, bedarf es aber auch der Betrachtung der normativen Dimension von Autonomie. Wer die inhaltlichen Autonomiebedingungen erfüllt, auf den trifft zugleich die normative Dimension des Autonomiebegriffs zu. Damit sind die beiden Dimensionen verschränkt und sollten nicht unabhängig voneinander behandelt werden. Aus diesem Grund kann die normative Dimension des Autonomiebegriffs als Prüfstein für die Angemessenheit dessen inhaltlicher Bestimmung dienen. Wenn klar ist, welche normative Funktion der Autonomiebegriff in der medizinischen Ethik haben muss, wird auch deutlicher, welche inhaltlichen Bedingungen dafür infrage kommen. Ein weiteres Ziel der Arbeit ist es deshalb, zu klären, welche normative Funktion Autonomie im Kontext der medizinischen Ethik hat.

Ich werde die Arbeit mit einer Analyse der normativen Bedeutung von Autonomie im medizinischen Kontext beginnen. Dazu wähle ich die Notwendigkeit der informierten Einwilligung vor medizinischen Behandlungen als Ausgangspunkt meiner Betrachtungen. Ich untersuche zunächst, warum eine informierte Einwilligung notwendigerweise vor jeder medizinischen Behandlung an einem einwilligungsfähigen Patienten eingeholt werden muss. Sollte die Autonomie von Patienten der schlagende Grund für die Notwendigkeit der informierten Einwilligung sein, so liegt dieser Annahme eine ganz bestimmte normative Funktion von Autonomie zugrunde. Diese normative Funktion von Autonomie im medizinischen Kontext analysiere ich näher auf ihre Überzeugungskraft. Davon ausgehend hinterfrage ich, welche inhaltliche Bestimmung von Autonomie dieser normativen Funktion gerecht wird. Beginnen möchte ich dabei mit einer genaueren Betrachtung der in der Medizinethik dominierenden Autonomiebedingungen von Beauchamp, Childress und Faden. Diese Bedingungen werden darauf hin untersucht, ob sie hinreichend sind, um die normative Funktion von Autonomie zu begründen. Da dies, wie ich aufzeigen werde, nicht der Fall ist, widme ich mich der breiteren moralphilosophischen Debatte über Autonomie. Ich analysiere dazu, welche

Autonomiebedingungen aus der philosophischen Debatte der personalen Autonomie konstitutiv für Patientenautonomie sein könnten. Die konstitutiven Bedingungen von Patientenautonomie müssen der normativen Funktion von Autonomie im medizinischen Kontext gerecht werden.

2. Informierte Einwilligung als Voraussetzung medizinischer Behandlungen

2.1 Die asymmetrische Beziehung zwischen Patienten und Ärzten

Die Beziehung zwischen Ärzten und Patienten hat sich in den vergangen Jahrzehnten stark gewandelt. Traditionell war die Beziehung bis ins letzte Jahrhundert von einer paternalistischen Haltung des Arztes gegenüber seiner Patienten geprägt. Dies bedeutet, dass die Steigerung des gesundheitlichen Wohls des Patienten und die Vermeidung von Schaden die handlungsleitenden Prinzipien ärztlichen Handelns darstellten. Dem Respekt vor der autonomen Entscheidung des Patienten im Hinblick auf die Zulässigkeit medizinischer Behandlungen wurde hingegen kaum eine Bedeutung beigemessen.[32] Damit waren es vornehmlich die Ärzte, die entschieden, welche Maßnahmen zu ergreifen waren, um das Wohl ihrer Patienten zu sichern. Das Wohl des Patienten wurde nicht durch dessen persönliche Werte, Überzeugungen und Präferenzen bestimmt, sondern anhand des medizinischen Sachverhalts, für den die Ärzte über die notwendige Expertise verfügten. Die Patienten erhielten in der Regel kaum Informationen über ihren Gesundheitszustand, noch wurde ihnen ein Entscheidungsrecht über die Wahl der medizinischen Behandlung zugestanden. Beispielsweise war es ein typisches Vorgehen, schwerkranken Patienten die Wahrheit am Krankenbett vorzuenthalten, in der Überzeugung, dass die Informationsübermittlung dem Kranken schaden und seinen Gesundheitszustand weiter verschlechtern könne.[33]

Ärzte hatten somit die Entscheidungsautorität hinsichtlich der Informationsvermittlung über den gesundheitlichen Zustand des Patienten und die Wahl der angemessenen medizinischen Behandlung. Den Patienten blieb nichts

---

32 Vgl. Vollmann et al. 2008, 13 f.

33 Vgl. Vollmann et al. 2008, 14.

P. Becker, *Patientenautonomie und informierte Einwilligung*,
https://doi.org/10.1007/978-3-476-05022-9_2

anderes übrig, als dem ärztlichen Urteil zu vertrauen. Die Beziehung zwischen Ärzten und Patienten war dadurch von einer deutlichen Asymmetrie gekennzeichnet, bei der sich der auf Hilfe angewiesene Patient in die Hände des Arztes begeben und auf dessen Wahl der richtigen Maßnahmen hoffen musste.

Diese Art der Beziehung hat sich heute deutlich gewandelt. Die paternalistische Haltung wurde zunehmend durch ein verstärktes Selbstbestimmungsrecht des Patienten in Bezug auf die medizinische Behandlung ersetzt. Doch auch heute scheint in der Beziehung zwischen Ärzten und Patienten zunächst eine Asymmetrie vorzuliegen, die beachtet werden sollte. Diese Asymmetrie besteht auf zwei Ebenen. Die erste Ebene der Asymmetrie umfasst das Kompetenzgefälle zwischen den beiden Beziehungspartnern. Ärzte haben gegenüber ihren Patienten in der Regel einen bedeutsamen Wissensvorsprung. Sie verfügen über fundierte Kenntnisse der Funktionsweise des menschlichen Körpers, Krankheiten und deren mögliche Behandlungen. Patienten können zwar ihre Symptome und ihr Befinden beschreiben, wissen dies aber zumeist nicht in das Schema von Diagnosen und möglichen Behandlungen einzuordnen. Ärzte hingegen können Symptome deuten, Diagnosen über Krankheiten abgeben und zu bestimmten Behandlungen oder Unterlassungen von Behandlungen raten. Sie wissen, welche Krankheiten gefährlich sind, welchen Verlauf diese in der Regel nehmen und was man zu deren Bekämpfung unternehmen kann. Da Patienten in der Regel nicht über ein solches Fachwissen verfügen, entsteht ein Kompetenzgefälle zwischen den Patienten und ihren behandelnden Ärzten, woraus sich eine Asymmetrie in der Arzt-Patienten-Beziehung ergibt.

Ein solches Kompetenzgefälle ist uns auch aus anderen Beziehungen bekannt. In Freundschaften ist es möglich, dass die eine Person ein Studium der Ingenieurswissenschaften abgeschlossen hat und deshalb über ein Spezialwissen verfügt, das der anderen Person fehlt. Daraus allein mag noch nicht notwendigerweise eine Asymmetrie entstehen. Vielleicht interessiert sich der andere überhaupt nicht für ingenieurwissenschaftliche Themen und ist deshalb nicht auf das Wissen des Gegenübers angewiesen. Bei Patienten ist der Fall für gewöhnlich jedoch anders gelagert. Patienten suchen zumeist deshalb Ärzte auf, weil sie ein Defizit im Hinblick auf ihr körperliches Befinden oder ihre Gesundheit wahrnehmen. Sie hoffen, mithilfe des Fachwissens des Arztes ihr Wohlergehen steigern oder wiederherstellen zu können. Damit verfügen Ärzte über ein für ihre Patienten bedeutsames Wissen, wodurch eine gewisse Abhängigkeit der Patienten von ihren Ärzten entsteht.

Zu dieser Asymmetrie, die durch ein Kompetenzgefälle zwischen Patienten und Ärzten erzeugt wird, tritt eine weitere Dimension der Asymmetrie hinzu. Patienten suchen oftmals Ärzte auf, weil sie krank sind oder sich krank fühlen. Wer sich krank fühlt oder krank ist, der ist in einer geschwächten Position, weil er auf Hilfe anderer angewiesen ist. Dadurch sind Patienten gegenüber ihren Ärzten in einem vulnerablen Zustand, der sie anfällig für Verletzungen unterschiedlicher Art macht.

Zudem fehlt Patienten das notwendige Fachwissen zur Selbsthilfe, sodass sie auf die Hilfe von Ärzten angewiesen sind. Diese Angewiesenheit auf die ärztliche Fürsorge macht Patienten anfällig für Verletzungen ihrer Autonomie, aber auch für Missbrauch im Hinblick auf fachgerechte Behandlungen oder falsche Heilsversprechungen, denen Patienten in ihrer Not unbedacht anheimfallen.

Diese beiden Dimensionen – das Kompetenzgefälle und die Vulnerabilität des Patienten – erzeugen eine deutliche Asymmetrie im Verhältnis zwischen Ärzten und Patienten. Um Patienten in dieser asymmetrischen Beziehung zu Ärzten vor Verletzungen zu schützen, wurde das Instrument der informierten Einwilligung entwickelt:

> „Mit dem informed consent wird eine symmetrische Beziehung zwischen Arzt und Patient intendiert, in der beide als an medizinischen Entscheidungen beteiligt beansprucht werden.“[34]

Ich möchte das folgende Kapitel dazu nutzen, das Instrument der informierten Einwilligung zu erläutern, indem ich beschreibe, wie dieses Instrument

---

34 Butz 2014, 52.

inhaltlich gestaltet ist. Dazu werde ich die verschiedenen Elemente beschreiben, die eine gelungene informierte Einwilligung umfassen sollte.

2.2 Die Elemente einer informierten Einwilligung

Die meisten erwachsenen Menschen haben sich schon einmal oder mehrmals in eine medizinische Behandlung begeben und dafür ihre informierte Einwilligung in die Behandlung erteilt. Bei größeren medizinischen Eingriffen finden für gewöhnlich ausführliche Aufklärungsgespräche mit den behandelnden Ärzten statt. Im Anschluss unterschreibt der Patient einen Aufklärungsbogen und bekundet damit schriftlich seine Einwilligung in die bevorstehende Behandlung. Informierte Einwilligungen müssen jedoch nicht in Form einer Unterschrift erteilt werden, sondern können auch durch mündliche Zustimmungen oder implizite Zustimmungen erteilt werden. Bei jeder medizinischen Behandlung eines einwilligungsfähigen Patienten gilt, dass eine ohne seine informierte Einwilligung durchgeführte Behandlung rechtlich gesehen als Körperverletzung gilt und kein angemessenes ethisches Vorgehen darstellt.[35]

Die informierte Einwilligung stellt sicher, dass Patienten – im Rahmen der ärztlichen Indikation und Behandlungsempfehlung – über die Durchführung einer medizinischen Behandlung selbst entscheiden können. Dazu werden Patienten zunächst über ihren Krankheitszustand sowie mögliche Behandlungsoptionen und deren Chancen und Risiken aufgeklärt. Im Anschluss

35 Ohne Vorliegen einer informierten Einwilligung gilt jeder Eingriff in den menschlichen Körper, auch jeder Heileingriff, als eine Körperverletzung (Vgl. Taupitz 2012, 49-50; Ständige Rechtsprechung des Bundesgerichthofes (BGH St 35, 246) im Anschluss an die Auffassung des Reichsgerichtshofs von 1849 (RGSt 25, 375)). Dieses Verfügungsrecht über den eigenen Körper wird aus dem allgemeinen Persönlichkeitsrecht (Art. 2 Abs. 2 GG) abgeleitet (Vgl. Di Fabio in: Maunz/Dürig 2011, Rn 204-206). Die Körperverletzung kann dann jedoch als gerechtfertigt gelten, wenn der Patient vom Arzt zum einen angemessen über den Eingriff aufgeklärt wurde und zum anderen zugestimmt hat (§ 7 & 8 MBO).

daran ist eine freiwillige und absichtliche Entscheidung der Patienten für die medizinische Behandlung notwendig, um eine ethisch und rechtlich legitimierte medizinische Behandlung durchführen zu können. Eine informierte Einwilligung muss auch erteilt werden, wenn Probanden an medizinischen Studien teilnehmen. In dieser Arbeit interessiere ich mich jedoch für die informierte Einwilligung im Kontext medizinischer Behandlungen und nicht für informierte Einwilligung im Kontext klinischer Forschung.

Was eine gelungene informierte Einwilligung in eine medizinische Behandlung im Einzelnen umfasst, wird in diesem Kapitel erläutert. Dabei konzentriere ich mich zunächst auf die inhaltliche Darstellung der medizinethischen Standardansicht zur informierten Einwilligung. Im darauf folgenden Kapitel werde ich mich dann mit der Frage auseinandersetzen, aus welchem Grund informierte Einwilligungen im Kontext medizinischer Behandlungen erforderlich sind, um diese zu legitimieren.

Eine gelungene informierte Einwilligung wird in der Stanford Encyclopedia of Philosophy folgendermaßen beschrieben:

> "Informed consent is shorthand for informed, voluntary, and decisionally-capacitated consent. Consent is considered fully informed when a capacitated (or 'competent') patient or research subject to whom full disclosures have been made and who understands fully all that has been disclosed, voluntarily consents to treatment or participation on this basis."[36]

In dieser Beschreibung der informierten Einwilligung sind bereits ihre zentralen Elemente benannt: Es bedarf einer bestimmten *Kompetenz* vonseiten des Patienten, um informiert einwilligen zu können, darüber hinaus muss eine *Information* des Patienten erfolgt und von diesem verstanden worden sein, die Einwilligung muss *freiwillig* erfolgen und der Patient muss tatsächlich *einwilligen*. Diese Elemente (Kompetenz, Freiwilligkeit, Information und Einwilligung) findet man in den meisten Beschreibungen einer gelungenen informierten

36 Eyal 2012.

Einwilligung wieder.[37] Dabei wird manchmal das Verständnis der Information als gesondertes Element hervorgehoben und in anderen Texten wiederum mit unter das Informations-Element gefasst. Gleiches gilt auch für die Absichtlichkeit, die in manchen Texten als Teil des Einwilligungs-Elements benannt und von anderen als gesondertes Element betrachtet wird.

Beauchamp, Childress und Faden haben das in der Medizinethik wohl prominenteste und einflussreichste Konzept der informierten Einwilligung entwickelt und sich über Jahrzehnte intensiv dessen Erforschung gewidmet. Mit ihrem 1977 erstmals erschienenen Buch „Principles of biomedical ethics" verfassten Beauchamp und Childress ein heute bereits in der siebten Auflage vorliegendes Standardwerk der medizinischen Ethik. Da der Einfluss ihres prinzipienorientierten Ansatzes ungebrochen groß ist und die Diskussion sowohl über die informierte Einwilligung als auch über das Autonomieprinzip in der medizinischen Ethik von ihnen dominant geprägt ist, werde ich mich in der Darstellung der informierten Einwilligung und dem Prinzip der Autonomie in dieser Arbeit hauptsächlich auf den von ihnen vertretenen Ansatz beziehen. Den von Beauchamp, Childress und Faden vertretenen Ansatz werde ich als Standardansatz der Medizinethik bezeichnen. Da ich hauptsächlich die „Principles of biomedical ethics" zugrunde lege, werde ich vielfach nur auf Beauchamp und Childress und nur selten explizit auf Faden verweisen.

Beauchamp und Childress verstehen die informierte Einwilligung als Instrument, das der Wahrung des Prinzips des Respekts vor der Patientenautonomie dient. Eine informierte Einwilligung ist für Beauchamp und Childress eine autonome Autorisierung einer medizinischen Behandlung.[38] Auch sie nehmen die zuvor benannten Elemente in ihrer Beschreibung der informierten Einwilligung auf. Sie unterscheiden dabei sieben Elemente, die sie wiederum unter drei Hauptelementen zusammenfassen:

I. Schwellen-Elemente (Voraussetzungen)

---

37 Vgl. Beauchamp/Childress 2013, 124 ff.; Bobbert/Werner 2014, 110 ff.; Faden/Beauchamp 1986; Kleinig 2010, 13 ff.; Nelson et al. 2011.

38 Vgl. Beauchamp/Childress 2013, 122.

1. Kompetenz (zum Verstehen und Entscheiden)
2. Freiwilligkeit (der Entscheidung)

II. Informations-Elemente

3. Offenlegung (der wesentlichen Informationen)
4. Empfehlung (eines Plans)
5. Verständnis (von 3 und 4)

III. Einwilligungs-Elemente

6. Entscheidung (für einen Plan)
7. Autorisierung (des gewählten Plans)[39]

Ich werde im Folgenden die Elemente der informierten Einwilligung näher erläutern. Dazu werde ich zunächst die beiden Schwellen-Elemente der Kompetenz und Freiwilligkeit betrachten und dann näher auf die Informations-Elemente und die Einwilligungs-Elemente eingehen.

2.2.1 Das Element der Kompetenz als Vorbedingung

Kompetenz, die als Entscheidungsfähigkeit ausbuchstabiert werden kann, wird von Beauchamp und Childress als eines der Elemente der informierten Einwilligung genannt, dient aber eher als eine Vorbedingung für die Gültigkeit einer informierten Einwilligung. Kompetenz nimmt damit eine Nadelöhr-Funktion ein: nur wenn Patienten die Kompetenz-Bedingung erfüllen, kann der Prozess einer informierten Einwilligung überhaupt erfolgreich in Gang gesetzt werden. Kompetenzurteile dienen dementsprechend der Vorsortierung der Patienten, anhand derer über die Durchführung der informierten Einwilligung entschieden wird. Bettina Schöne-Seifert beschreibt dies folgendermaßen:

> „Die anderen Autonomiebedingungen, die gewissermaßen erst nach dieser ‚Vorsortierung' relevant werden, dienen (...) als Vorgaben für Therapeuten, Pflegekräfte oder Angehörige und müssen durch deren Verhalten zumeist erst realisiert werden – durch verständliche und gesprächskompetente Aufklärung,

39 Vgl. Beauchamp/Childress 2013, 124 (übersetzt von der Verfasserin).

> durch Verzicht auf manipulatives Verhalten und durch Sensibilität für psychologische Zwänge durch Dritte.“[40]

Das Urteil über die notwendige Kompetenz von Patienten ist keine rein empirische Feststellung, sondern immer zugleich ein normatives Urteil, von dem abhängt, wie im weiteren Verlauf mit dem Patienten umgegangen werden soll. Diese normative Funktion des Kompetenzurteils wird auch von Beauchamp und Childress betont:

> “Competence judgments have the distinctive *normative* function of qualifying or disqualifying persons for certain decisions or actions “[41].

Liegt ein Patient oberhalb einer bestimmten Schwelle der Entscheidungsfähigkeit, wird er als kompetent angesehen, die in Frage stehende Entscheidung treffen zu können und diese Entscheidung muss respektiert werden. Eine fürsorgliche Fremdbestimmung durch den Arzt darf dann nicht gegen den Willen des Patienten erfolgen. Unterhalb dieser Schwelle gilt der Patient als nicht kompetent die in Frage stehende Entscheidung treffen zu können. Um ihn vor Selbstschädigung zu schützen, erfolgt dann eine fürsorgliche Fremdbestimmung durch den Arzt im Hinblick auf die Wahl der medizinischen Behandlung.[42]

Die Feststellung von Kompetenz sollte Beauchamp und Childress zufolge stets kontextsensitiv erfolgen. Kompetenz ist die Fähigkeit, eine bestimmte Aufgabe ausführen zu können. Im Fall der informierten Einwilligung muss der Patient entsprechend über die Fähigkeit verfügen, die infrage stehende Entscheidung für oder gegen eine medizinische Behandlung angemessen treffen zu können. Unterschiedliche Entscheidungen sind unterschiedlich komplex und erfordern daher eine unterschiedlich stark ausgeprägte Entscheidungsfähigkeit.[43]

---

40 Schöne-Seifert 2009, 119.

41 Beauchamp/Childress 2013, 115.

42 Vgl. Schöne-Seifert 2005, 706 ff.

43 Vgl. Beauchamp/Childress 2013, 115 f.; “The competence to decide is therefore relative to the particular decision to be made.“ (Beauchamp/Childress 2013, 115).

Das dem Kompetenzurteil zugrundeliegende Konzept ist ein Schwellenkonzept. Dies bedeutet, dass Personen zwar durchaus mehr oder weniger dazu befähigt sind, bestimmte Aufgaben auszuführen, indem sie mehr oder weniger über die dafür notwendigen Eigenschaften und Fähigkeiten verfügen. Ab einem bestimmten Level der für die Aufgabe erforderlichen Fähigkeiten gilt die Person jedoch als kompetent für die infrage stehende Aufgabe. Versteht man Kompetenz als Schwellenkonzept, so wie Beauchamp und Childress dies tun, sind nicht alle Patienten gleich gut dazu befähigt, eine Entscheidung für oder gegen eine medizinische Behandlung treffen zu können, weil sie über ein unterschiedliches Maß an dafür relevanten Fähigkeiten verfügen. Allerdings sind alle kompetenten Patienten in ausreichendem Maße befähigt, die infrage stehende Entscheidung zu treffen. Alle Patienten oberhalb der Kompetenz-Schwelle sind entsprechend ausreichend kompetent und unterhalb der Schwelle inkompetent.[44]

Wenngleich die notwendigen Fähigkeiten für das Zustandekommen von Kompetenz je nach Entscheidungskontext variieren können, gibt es doch ein paar grundlegende Fähigkeiten, die Patienten haben müssen, um über die für die informierte Einwilligung erforderliche Kompetenz zu verfügen. Beauchamp und Childress benennen dabei explizit die folgenden Fähigkeiten: Patienten müssen dazu befähigt sein, ihre Präferenzen ausdrücken und mitteilen zu können; sie müssen die relevanten Informationen verstehen und die eigene Situation und die daraus erwachsenden Konsequenzen einschätzen können; zudem sollten Patienten über die Fähigkeit verfügen, die Konsequenzen ihrer Entscheidung begreifen und abwägen können, was wiederum voraussetzt, rationale Gründe angeben zu können, Kosten und Risiko-basierte Gründe zu nennen und eine vernünftige Entscheidung finden zu können.[45]

---

44 Vgl. Beauchamp/Childress 2013, 116 f.

45 Vgl. Beauchamp/Childress 2013, 117 f.

2.2.2 Das Element der Freiwilligkeit der Entscheidung

Entscheidungen, die unter einer äußeren Kontrolle erfolgen, gelten gemeinhin nicht als freiwillige Entscheidungen. Für das Element der Freiwilligkeit fordern Beauchamp und Childress:

> "We hold only that a person acts voluntarily if he or she wills the action without being under the control of another person or condition."[46]

Kontrollierende Einflüsse, welche die Freiwilligkeit der Person einschränken, können sowohl externer als auch interner Natur sein. Einflüsse externer Natur sind meist durch andere Personen verursacht. Einflüsse interner Natur können beispielsweise durch psychische Störungen verursacht werden.[47] Wenngleich Beauchamp und Childress zwar auf die Möglichkeit interner kontrollierender Einflüsse verweisen, so betrachten sie jedoch nur die Art von kontrollierenden Einflüssen, die von anderen Individuen ausgehen.[48]

Da viele unserer alltäglichen Handlungen unter dem Einfluss anderer Personen stehen, ist zu beachten, dass nicht alle Einflüsse die Freiwilligkeit einschränken. So ist der gute Rat eines Freundes angesichts einer Entscheidung zwar eine Einflussnahme von außen, jedoch kein kontrollierender Einfluss, der die Freiwilligkeit der getroffenen Entscheidung unterminiert. Des Weiteren können Entscheidungen mehr oder weniger freiwillig sein. Beispielsweise können Bedrohungen unterschiedlich stark sein und haben entsprechend unterschiedlich starken Einfluss auf die Freiwilligkeit von Entscheidungen. Wer mit dem Verlust seines Lebens bedroht wird, dessen Entscheidung ist wohl weniger freiwillig, als die einer Person, der nur angedroht wird, das nächste Mal den Müll selbst rausbringen zu müssen, wenn sie sich nicht der Drohung beugt. Freiwilligkeit ist damit eine graduelle Bedingung, die nur in einem ausreichenden Maße erfüllt sein muss.[49] Entsprechend wird auch für eine

46 Beauchamp/Childress 2013, 138.

47 Vgl. Beauchamp/Childress 2013, 104 f.

48 Vgl. Beauchamp/Childress 2013, 138. Diese Problematik wird in Kapitel 4.3.5 aufgegriffen werden.

49 Vgl. Beauchamp/Childress 2013, 104 f.

gelungene informierte Einwilligung nur ein ausreichendes Maß an Freiwilligkeit gefordert.

Beauchamp und Childress unterscheiden drei Formen der Einflussnahme: Zwang, Überzeugung und Manipulation.

Zwang gilt als der Einfluss, der am stärksten die Freiwilligkeit von Entscheidungen verhindert und ist von daher im Kontext von informierten Einwilligungen strikt abzulehnen. Beauchamp und Childress definieren Zwang als die bewusste und überzeugende Androhung oder Zufügung von schwerem Leid oder Gewalt gegenüber einer anderen Person, um diese zu kontrollieren.[50]

Im Gegensatz zu Zwang ist Überzeugung ein ethisch legitimes Instrument der Einflussnahme, denn Überzeugung vermindert nicht die Freiwilligkeit der Entscheidung der überzeugten Person. Bei Überzeugung wird vielmehr versucht, eine Person durch die Angabe von rationalen Gründen zu einer bestimmten Einsicht zu bewegen. Das Anführen von Gründen ist zu unterscheiden von Einflussnahmen, die über einen Appell an die Emotionen des Betroffenen funktionieren.[51]

Die dritte Form der möglichen Einflussnahme besteht in der Manipulation, die weder auf Zwang noch auf Überzeugung beruht, sondern bei der die manipulierte Person durch andere Mittel dazu gebracht wird, das zu tun, was der Manipulierende wünscht.[52] Dies kann beispielsweise durch das bewusste Vorenthalten entscheidungsrelevanter Informationen oder Lügen geschehen. Diese Art der Manipulation kann als Hemmnis der Freiwilligkeit verstanden werden. Andere Manipulationen, wie das Vermitteln von Informationen in einer bestimmten Reihenfolge oder das Anpassen der Stimmlage müssen nicht unbedingt als Einschränkung der Freiwilligkeit gewertet werden. Inwiefern Manipulationen die Freiwilligkeit von Entscheidungen verhindern oder

50 Vgl. Beauchamp/Childress 2013, 138.
51 Vgl. Beauchamp/Childress 2013, 139.
52 Vgl. Beauchamp/Childress 2013, 139.

mit ihr zu vereinbaren und damit ethisch zulässig sind, muss im Einzelfall entschieden werden.

2.2.3 Die Informations-Elemente

Für eine gelungene informierte Einwilligung muss der Patient ein Verständnis dafür haben, was durch seine Einwilligung autorisiert wird. Da Patienten in der Regel nicht über das medizinische Fachwissen verfügen, um den Ablauf der medizinischen Behandlungen, ihre Chancen und Risiken oder ihre Alternativen zu kennen, bedürfen sie der Hilfe von Ärzten, um an diese Informationen zu kommen. Ärzte nutzen ihren Kompetenzvorsprung gegenüber ihren Patienten, damit diese durch ihre Aufklärung zu einer selbstbestimmten Entscheidung für oder gegen die medizinische Behandlung gelangen.

Beauchamp und Childress zufolge sollten Ärzte in einem Aufklärungsgespräch damit beginnen, die Informationen offenzulegen, die für vernünftige Patienten für relevant und wesentlich gehalten werden. Diese erste Aufklärung ist jedoch nur als Initiierung des Informationsprozesses zu verstehen. Im Anschluss daran sollte auf die spezifischen und individuellen Informationsbedürfnisse des jeweiligen Patienten eingegangen werden und dieser zum Nachfragen angeregt werden.[53] Es ist weder möglich, noch gewünscht, dass Patienten alle zur Verfügung stehenden Informationen erhalten. Entscheidend ist vielmehr, dass die wesentlichen und für die Entscheidung des Patienten relevanten Informationen vermittelt werden. Verschiedene Patienten halten dabei unterschiedliche Informationen für relevant. So ist beispielsweise die Aufklärung über die mögliche Notwendigkeit einer Bluttransfusion für eine Zeugin Jehovas eine relevante Information, die zur Ablehnung des Eingriffs führen kann. Für andere Patienten kann diese Information jedoch unbedeutend sein. Deshalb sollte nach der allgemeinen Aufklärung Raum für ein individuell angepasstes Aufklärungsgespräch bleiben.

53 Vgl. Beauchamp/Childress 2013, 125 ff.

Die zu vermittelnden Informationen beziehen sich nicht nur auf die medizinischen Fakten allein, sondern auch auf den Akt der Autorisierung des Eingriffs. Beauchamp und Childress fassen die zu vermittelnden Informationen wie folgt zusammen:

> "Professionals are usually obligated to disclose a core set of information, including (1) those facts or descriptions that patients or subjects consider material when deciding whether to refuse or consent to a proposed intervention (...), (2) information the professional believes to be material, (3) the professional's recommendation (if any), (4) the purpose of seeking consent, and (5) the nature and limits of consent as an act of authorization."[54]

Neben den Informationen, die vom Patienten und den Ärzten als wesentlich und relevant erachtet werden, sollte der Arzt auch eine Empfehlung eines Plans abgeben, falls er eine hat. Zudem sollten Patienten darüber aufgeklärt werden, zu welchen Handlungen und Eingriffen ihre Einwilligung die Ärzte autorisiert.

Das Aufklärungsgespräch erstreckt sich jedoch nicht allein auf die Weitergabe von Informationen, sondern auch darauf, dass sichergestellt ist, dass die Patienten die vermittelten Informationen verstanden haben. Am Ende eines gelungenen Aufklärungsgesprächs sollten Patienten verstehen, was ihre Diagnose und Prognose ist, welche Art von Intervention angedacht ist und welches Ziel sowie welche Risiken diese haben. Dies kann beispielsweise durch Nachfragen sichergestellt werden. Das Verständnis wird zudem erleichtert, wenn eine einfache Kommunikation und die Verwendung von für Patienten verständlichen Ausdrücken anstelle von Fachbegriffen zum Einsatz kommen.[55] Dieser Anspruch macht deutlich, warum Aufklärungsbögen alleine nicht ausreichen, um eine erfolgreiche informierte Einwilligung sicherzustellen.

---

54 Beauchamp/Childress 2013, 125.

55 Vgl. Beauchamp/Childress 2013, 131 ff.

2.2.4 Die Einwilligungs-Elemente

Eine gelungene informierte Einwilligung in eine medizinische Behandlung endet damit, dass Patienten sich für die Durchführung eines Plans beziehungsweise eines Vorgehens entscheiden und die Ärzte zu dessen Durchführung autorisieren. Selbstverständlich können sich Patienten auch gegen die vorgeschlagene medizinische Behandlung entscheiden und dafür nicht ihre Autorisierung erteilen. In diesem Fall spricht man von einer informierten Ablehnung. Möglich ist es auch, dass Patienten nur bestimmten Teilen der vorgeschlagenen medizinischen Behandlung zustimmen oder diese nur unter der Einhaltung bestimmter Rahmenbedingungen autorisieren.

Für eine gelungene informierte Einwilligung ist es erforderlich, dass alle erläuterten Elemente der informierten Einwilligung erfüllt sind. Alle einzelnen Elemente sind notwendig und in ihrer Gesamtheit hinreichend für eine informierte Einwilligung.

2.3 Probleme der informierten Einwilligung

Im Kontext der informierten Einwilligung und Patientenautonomie tauchen verschiedene Probleme auf. Zunächst einmal scheint die Notwendigkeit einer informierten Einwilligung nur dort gegeben zu sein, wo der Patient über die Fähigkeit verfügt, die Aufklärung über die medizinische Behandlung verstehen zu können. Bewusstlose oder komatöse Patienten – ebenso wie geistig eingeschränkte oder dementiell erkrankte Patienten – können keine informierte Einwilligung geben, da sie die dafür notwendigen Informationen nicht erfassen können. Des Weiteren neigen Kritiker der informierten Einwilligung zu der Einschätzung, dass kaum ein Patient in der Lage sei, genügend Informationen über die medizinischen Zusammenhänge, Risiken und Details zu verstehen, um eine wirklich als informiert zu bezeichnende Entscheidung treffen zu können.[56] Damit wird dem Informationselement eine grundlegende Bedeutung zugesprochen, die allerdings umstritten ist. Denn neben den in ihrer Einwilligungsfähigkeit eingeschränkten Patientengruppen und solchen, die Probleme beim Verständnis der Information haben, gibt es auch eine Gruppe von Patienten, die zwar durchaus fähig ist, die notwendigen Informationen zu verstehen, aber sich absichtlich dafür entscheiden, auf eine Informationsvermittlung zu verzichten. So verzichten bestimmte Patienten auf eine Aufklärung über mögliche negative Konsequenzen der medizinischen Behandlung aus Sorge darum, dass diese durch das bloße Aussprechen wahr werden könnten. Andere wiederum möchten über bestimmte relevante Einzelheiten der vorgeschlagenen Behandlung – wie beispielsweise eine Bluttransfusion während einer Operation – nicht informiert werden. Hier stellt sich die Frage, ob eine Einwilligung, bei der auf Information verzichtet wurde, immer noch als gültige informierte Einwilligung zählen darf oder nicht.

Nimmt man Information als notwendige Bedingung für eine gelungene Einwilligung an, so läuft man Gefahr Patienten auch gegen ihren Wunsch zu informieren. Das Recht auf Information verkomme dann zur unerwünschten Pflicht zur Information.[57] Um die Frage beantworten zu können, welchen Stellenwert die Information bei einer gelungenen informierten Einwilligung einnimmt, muss zunächst geklärt werden, welches Schutzgut durch die informierte Einwilligung bewahrt werden soll. Der medizinethischen Standardansicht folgend schützt die informierte Einwilligung die Autonomie des Patienten. Information wird von einigen Philosophen als wesentliche Bedingung für Autonomie verstanden.[58] Demgegenüber gibt es jedoch auch Vertreter der Auffassung, dass es auch autonome Entscheidungen geben kann, denen es an Information mangelt.[59] Beschäftigt man sich also mit der Frage, wie im Kontext der informierten Einwilligungen mit Patienten umgegangen werden sollte, die Informationen nicht verstehen können oder bewusst auf sie verzichten

56 Vgl. Hildt 2006, 128 f.

57 Vgl. Hildt 2006, 147; Keller 2008, 26.

58 Vgl. Beauchamp/Childress 2013, Kap. 4.

59 Vgl. Cohen 2011.

möchten, dann muss man sich gleichzeitig damit beschäftigen, welche Autonomiekonzeption der informierten Einwilligung zugrunde gelegt werden sollte.

Doch auch im Zusammenhang mit der Frage der angemessen Autonomiekonzeption für die informierte Einwilligung tun sich tiefe Gräben in der Diskussion auf. Manchmal wird in der Diskussion angeführt, dass einer informierten Einwilligung überhaupt keine Entscheidung zugrunde liege, die als autonom bezeichnet werden könne. Bei der informierten Einwilligung entscheide man nur zwischen sehr begrenzten Wahlmöglichkeiten, oftmals könne man lediglich der angebotenen Behandlung zustimmen oder sie ablehnen, wobei eine Ablehnung vielfach enorm negative Konsequenzen nach sich zieht und deshalb kaum als echte Option in Betracht kommt. Entscheidungen zwischen solchen begrenzten Optionen könne man jedoch nicht als autonome Entscheidung betrachten.[60]

Andere Kritiker verweisen darauf, dass die der informierten Einwilligung zugrundeliegende Autonomiekonzeption, wie sie in der von Beauchamp und Childress geprägten medizinethischen Standardansicht vertreten wird, zu „dünn" ist. Mithilfe der drei Autonomiebedingungen der Absichtlichkeit, des Verstehens und der Freiwilligkeit werde nicht angemessen erfasst, was sinnvollerweise unter Autonomie verstanden werden sollte. Dies führt zu der Forderung, die drei Autonomiebedingungen durch weitere Bedingungen für Autonomie – wie die der Authentizität – zu ergänzen.[61] Doch gegen diesen Vorschlag wird wiederum der Einwand ins Feld geführt, dass dadurch zu hohe Anforderungen an die Autonomiekonzeption gestellt würden, was wiederum dazu führe, dass zu viele Patientenentscheidungen als nicht ausreichend autonom abgetan werden könnten und dadurch keine Grundlage für eine gültige informierte Einwilligung gegeben sei.[62]

60 Vgl. O'Neill 2002, Kap. 2; Bobbert/Werner 2014, 111; Huber 2006, 137.
61 Vgl. Quante 2002.
62 Vgl. Beauchamp/Childress 2013; Faden/Beauchamp 1986.

Diese Diskussion bezieht sich nicht nur auf informierte Einwilligungen in konkreten Behandlungssituationen, sondern auch auf das Feld der prospektiven Einwilligung mittels Patientenverfügungen. Hier stellt sich die Frage danach, inwiefern die vor Eintreffen der Behandlungssituation getroffenen Entscheidungen tatsächlich autonom sind. Hier wird angezweifelt, ob es Patienten überhaupt möglich ist, die beschriebenen Behandlungssituationen angemessen zu antizipieren und auf dieser Grundlage eine tatsächlich autonome Entscheidung zu treffen. Besonders fragwürdig sind diese auf die eigene Zukunft gerichtete Entscheidungen dann, wenn der in der Patientenverfügung zum Ausdruck gebrachte Wunsch scheinbar dem aktuell zum Ausdruck gebrachten natürlichen Willen widerspricht.[63]

Auch bei der Frage danach, ob Entscheidungen über die Behandlung an andere delegiert werden können, spielt die der informierten Einwilligung zugrunde gelegte Autonomiekonzeption eine bedeutende Rolle. In der medizinischen Praxis kommt es häufig vor, dass Patienten nicht selbst entscheiden wollen, ob sie der Behandlungsempfehlung zustimmen oder diese ablehnen sollten. Sie wünschen sich, dass der Arzt, der (Ehe-)Partner oder Familienangehörige ihnen diese Entscheidung abnehmen. Damit wird die informierte Einwilligung von der betroffenen Person an eine andere Person abgegeben. Hier wird eingewandt, dass eine solche Delegation der Entscheidung nicht mehr die Autonomie des Patienten schützt, denn immerhin bedeutet Autonomie dem Wortsinn nach über sich selbst zu bestimmen. Diese Bestimmung erfolgt in einem solchen Fall jedoch durch andere. Somit scheint eine Delegation der Entscheidung nicht zur Selbstbestimmung, sondern vielmehr zur Fremdbestimmung zu führen. Wenn die informierte Einwilligung jedoch dem Schutz der Autonomie dient, kann eine Übertragung der Entscheidung folglich nicht mehr als informierte Einwilligung gewertet werden. Dagegen ließe sich jedoch wiederum einwenden, dass es gerade ein Ausdruck der Autonomie ist, zu entscheiden, wie und von wem die Entscheidung über die Behandlung getroffen wird. Je nachdem, welche Autonomiekonzeption

63 Vgl. Dworkin 1993; Dresser 1995.

angenommen wird, kann eine solche Unterordnung unter die Entscheidung anderer als autonom oder als nicht autonom gelten. Die Analyse, welche Autonomiekonzeption die angemessene Grundlage für die informierte Einwilligung bildet, ist damit von hoher praktischer Relevanz im Hinblick auf einen ethisch angemessenen Umgang mit Patienten.

Manche Philosophen gehen so weit, nicht nur zu hinterfragen, ob die der informierten Einwilligung zugrundeliegende Autonomiekonzeption angemessen ausgearbeitet ist, sondern bezweifeln ganz allgemein, dass es bei der informierten Einwilligung überhaupt in erster Linie darum gehe, die Autonomie der Patienten zu schützen. Vielmehr schütze eine gelungene informierte Einwilligung in erster Linie das Wohlergehen des Patienten.[64]

Hinsichtlich der Sicherung des Wohlergehens stellen sich weitere Probleme im Kontext der informierten Einwilligung. In der medizinischen Praxis kommt es in Bezug auf die Gültigkeit der informierten Einwilligung kaum zu Problemen, solange der Patient der vom Arzt vorgeschlagenen Behandlungsempfehlung zustimmt. Die Autonomie des Patienten und die Sicherung seines Wohlergehens aufgrund der ärztlichen Fürsorgepflicht sind dann deckungsgleich. Lehnt ein Patient jedoch die vorgeschlagene Behandlungsempfehlung ab, entsteht schnell ein Konflikt zwischen dem Schutz der Autonomie und dem des Wohlergehens des Patienten beziehungsweise der ärztlichen Fürsorgepflicht. Hier stellt sich die Frage, ob der Schutz der Patientenautonomie von so vorrangiger Bedeutung ist, dass die Fürsorgeverpflichtung dem hintenan gestellt werden muss. Hier zeigt sich erneut, dass es zur Beantwortung dieser Frage einer genauen Klärung bedarf, ob die informierte Einwilligung tatsächlich die Autonomie des Patienten oder nicht auch das Wohlergehen desselben schützen muss. Außerdem muss aufgezeigt werden, welche normative Bedeutung der Autonomie von Patienten zukommt, um zu klären, ob das Prinzip der Fürsorge oder das der Autonomie im Konfliktfall Vorrang hat. Je nachdem, wie man Autonomie konzipiert, ist es auch möglich, Wohlergehen als integralen Bestandteil von Autonomie zu verstehen.

64 Vgl. Taylor 2004.

Entscheidungen, die dem eigenen Wohlergehen zuwiderlaufen, können dadurch als nicht autonome Entscheidungen deklariert werden.

Die gängige Praxis, dass Patientenentscheidungen schnell als informierte und autonome Entscheidung gewertet werden, solange sie sich mit der ärztlichen Behandlungsempfehlung decken und das demgegenüber stehende genaue Hinterfragen der Patientenautonomie, falls der Patient eine vorgeschlagene Behandlung ablehnt, wirft jedoch noch ein weiteres Problem auf. Im Zusammenhang mit der Autonomiebewertung des Patienten entsteht dadurch eine Asymmetrie zwischen Einwilligung in die Behandlung und Ablehnung derselben. Einwilligungen werden weniger im Hinblick darauf geprüft, ob sie tatsächlich autonom sind, als es bei Ablehnungen der Behandlung der Fall zu sein scheint.[65] Um dieses Vorgehen zu rechtfertigen, muss man entweder aufzeigen, dass eine Einwilligung in eine Behandlung auch dann ihre Gültigkeit hat, wenn sie nicht auf einer autonomen Entscheidung beruht; will man dies tun, muss aber wiederum analysiert werden, warum eine informierte Einwilligung notwendig ist, wenn sie nicht dem Schutz der Autonomie dient. Oder man nutzt eine andere Strategie und zeigt auf, dass Ablehnungen von Behandlungen höhere Anforderungen an die Autonomie des Patienten stellen. Ein solches Vorgehen scheint aber kontraintuitiv zu unserem Rechtssystem als auch zu unserem Unbehagen zu sein, Patienten zu behandeln, ohne dass sie darin eingewilligt haben. Gerade dann, wenn Patienten nicht mehr in der Lage sind autonome Entscheidungen für oder gegen eine Behandlung zu treffen, wird die Entscheidung schwierig, wie man mit ihnen umgehen sollte. Rechtlich gesehen laufen Ärzte in einer solchen Situation schnell Gefahr sich einer Körperverletzung strafbar zu machen, da für ihr Handeln keine Einwilligung des Patienten erfolgte. Es fällt intuitiv schwer, jemanden medizinisch zu behandeln, zu operieren, Medikamente zu verabreichen, Magensonden zu legen, künstlich zu beatmen und dergleichen, wenn dazu keine autonome Einwilligung erteilt wurde. Bei Patientengruppen, die nicht mehr in der Lage sind, in Behandlungen einzuwilligen – weil sie beispielsweise komatös sind – ist es

65 Vgl. Annas/Densberger 1984, 571.

aber nicht mehr die vorhandene Autonomie, die dem Eingriff entgegensteht und das Unbehagen auslöst, denn die nicht mehr vorhandene Autonomiefähigkeit dieser Patienten führt ja zu genau der Situation. Es scheint etwas anderes als die Autonomie zu sein, was uns davon abhält, Menschen medizinisch zu behandeln. Daraus lässt sich folgern, dass es zur Ablehnung von Behandlungen vielleicht überhaupt keiner autonomen Entscheidung bedarf. Damit wird die Asymmetrie in der Autonomieüberprüfung zwischen Einwilligung und Ablehnung einer Behandlung geradezu paradox. Je nachdem, was man durch die Notwendigkeit der informierten Einwilligung geschützt sehen möchte und welche Bedingungen man an das Vorliegen einer autonomen Entscheidung knüpft, ergeben sich unterschiedliche Anforderungen daran, wie autonom eine Patientenentscheidung bei einer Einwilligung und bei einer Ablehnung der Behandlung sein sollte.

Anhand dieser Diskussionslage wird deutlich, dass es im Kontext der informierten Einwilligung und deren Beziehung mit der Patientenautonomie dringend weiteren Klärungsbedarf gibt. Die unterschiedlichen Probleme und Konflikte stellen sich, weil nicht deutlich ausgearbeitet wurde, inwiefern der Schutz der Patientenautonomie durch das Instrument der informierten Einwilligung erfolgen kann. Dazu muss zunächst geklärt werden, ob die Patientenautonomie überhaupt das angemessene Schutzgut der informierten Einwilligung ist oder ob durch diese nicht in erster Linie andere Prinzipien und Werte jenseits der Autonomie geschützt werden.

Außerdem bedarf es einer tiefgehenden Analyse, welche Autonomiekonzeption die angemessene Grundlage für die informierte Einwilligung bildet. Nur dadurch können einerseits die notwendigen Kriterien festgelegt werden, die eine Patientenentscheidung erfüllen muss, um als Grundlage einer gelungenen informierten Einwilligung gelten zu können. Andererseits verdeutlicht eine Analyse der zugrundeliegenden Autonomiekonzeption auch, welcher Zusammenhang zwischen der informierten Einwilligung und der Autonomie besteht und inwiefern Autonomie eine normative Bedeutung hat, die es zu achten gilt.

Ziel dieser Arbeit ist es, sowohl zu klären, ob das Instrument der informierten Einwilligung tatsächlich in erster Linie dem Schutz der Patientenautonomie dient, als auch zu analysieren, welche Autonomiekonzeption die normativ angemessene Grundlage für die informierte Einwilligung bildet. Durch diese Untersuchung soll es ermöglicht werden, mit den praktischen und theoretischen Problemen, die im Zusammenhang mit der informierten Einwilligung und Patientenautonomie im medizinischen Kontext auftauchen, besser umzugehen und diese lösen zu können. Es scheint mir notwendig, die Theorie der informierten Einwilligung und der Patientenautonomie sowie deren Relation zueinander genauer auszuarbeiten. Ohne eine solche tragfähige Theorie werden sich die aufgeworfenen praktisch relevanten Konflikte kaum sinnvoll lösen lassen.

2.4 Gründe für die Notwendigkeit der informierten Einwilligung

Ich habe bereits dargestellt, dass eine gelungene informierte Einwilligung dann vorliegt, wenn ein kompetenter Patient freiwillig und informiert in eine vorgeschlagene medizinische Behandlung einwilligt. Jede medizinische Behandlung eines einwilligungsfähigen Patienten, die ohne seine informierte Einwilligung durchgeführt wird, gilt rechtlich gesehen als Körperverletzung und ist aus ethischer Sicht zu verurteilen.[66] Diese im Recht etablierte Auffassung geht auf die Ständige Rechtsprechung des Bundesgerichtshofes[67] im Anschluss an die Auffassung des Reichsgerichtshofs von 1849[68] zurück. Der Patient hat ein Verfügungsrecht über seinen Körper, das aus dem allgemeinen Persönlichkeitsrecht[69] abgeleitet wird.[70] Hat der Patient jedoch – nach einer Aufklärung durch den Arzt – informiert in die medizinische Behandlung

66 Vgl. Taupitz 2012, 49-50; Eyal 2012.
67 Vgl. BGH St 35, 246.
68 Vgl. RGSt 25, 375.
69 Vgl. Art. 2 Abs. 2 GG.
70 Vgl. Di Fabio in: Maunz/Dürig 2011, Rn 204-206.

eingewilligt, so ist diese rechtlich legitimiert.[71] Damit ist die informierte Einwilligung aus juristischer Sicht vor jeder medizinischen Behandlung eines einwilligungsfähigen Patienten notwendig.

Diese Darstellung macht deutlich, dass die informierte Einwilligung von Patienten einen hohen Stellenwert hat, da sie die Voraussetzung für die Legitimation medizinischer Behandlungen bildet. Durch sie wird eine ansonsten verbotene Handlung in eine erlaubte Handlung transformiert. Damit hat eine informierte Einwilligung in eine medizinische Behandlung genau die Funktion, die Einwilligungen ganz allgemein und in verschiedenen Kontexten haben: Durch eine Einwilligung wird es erlaubt, dass andere Dinge tun, die ohne diese Einwilligung moralisch verboten wären. Einwilligungen scheinen ganz allgemein die deontische Eigenschaft von Handlungen zu verändern, weil sie verbotene Handlungen in erlaubte Handlungen transformieren.[72]

Die informierte Einwilligung ist jedoch nicht nur ein juristisch notwendiges Prozedere, sondern sie ist ebenfalls moralisch notwendig. Bei der Begründung ihrer moralischen Notwendigkeit gibt es verschiedene Ansätze, die sich mehr oder minder stark von dem juristischen Ansatz unterscheiden. Ich gehe in diesem Kapitel der Frage nach, warum medizinische Behandlungen ohne informierte Einwilligungen ethisch nicht gerechtfertigt sind. Einen ersten Anhaltspunkt dafür habe ich bereits in Kapitel 2.1 gegeben: Die Beziehung zwischen Patienten und Ärzten ist ihrer Natur nach eine asymmetrische Beziehung. Der durch seinen beeinträchtigten Gesundheitszustand vulnerable Patient ist auf die ärztliche Fürsorge angewiesen. Diese Asymmetrie macht Patienten anfälliger für Verletzungen. Die informierte Einwilligung ist ein Instrument, das Patienten vor ebensolchen Verletzungen schützen soll.

Eine mögliche Verletzung des Patienten besteht in einem Schaden für dessen Gesundheit, der durch medizinische Behandlung verursacht werden könnte. In Anbetracht der Nürnberger Prozesse, die entscheidend zur Etablierung der informierten Einwilligung im medizinischen Kontext beitrugen, scheint die

71 Vgl. § 7 & 8 MBO.
72 Vgl. Schaber 2016b, 476.

Schadensvermeidung von großer Bedeutung für die Rechtfertigung der Notwendigkeit informierter Einwilligungen zu sein. In Kapitel 2.4.1 analysiere ich, ob das Abwenden gesundheitlichen Schadens der ausschlaggebende Grund für die Notwendigkeit der informierten Einwilligung vor medizinischen Behandlungen ist.

In jüngeren philosophischen Debatten wird der hohe Stellenwert der informierten Einwilligung weniger mit dem Abwenden von gesundheitlichem Schaden begründet, als vielmehr damit, dass die informierte Einwilligung einen notwendigen Bestandteil der Vertrauensbildung zwischen Ärzten und Patienten darstelle.[73] Diese Rechtfertigung der Notwendigkeit informierter Einwilligung prüfe ich in Kapitel 2.4.2 auf ihre Stichhaltigkeit.

Außergewöhnlich prominent wird in der medizinethischen Literatur allerdings dafür argumentiert, dass die informierte Einwilligung notwendig sei, um die Patientenautonomie angemessen zu respektieren.[74] Kapitel 2.4.3 dient dazu, zur Überprüfung, in welchem Zusammenhang die Patientenautonomie und die informierte Einwilligung zueinander stehen. Dazu möchte ich zunächst die medizinethische Standardansicht von Beauchamp, Childress und Faden kritisch beleuchten und im Anschluss daran einen eigenen Vorschlag zum Zusammenhang zwischen der informierten Einwilligung und der Patientenautonomie unterbreiten, den ich als Einladungsthese betiteln werde. Hierbei wird es nicht die Autonomie selbst sein, die als vornehmliches Schutzgut der informierten Einwilligung betrachtet wird, sondern vielmehr die körperliche Integrität des Patienten.

2.4.1 Das Abwenden gesundheitlichen Schadens

Es mag zunächst befremdlich erscheinen, dass medizinische Behandlungen ohne informierte Einwilligung ethisch nicht legitimiert sind. Immerhin zielen

73 Vgl. u. a. O'Neill 2002; Manson/O'Neill 2007; O'Neill 2003.

74 Vgl. u. a. Beauchamp/Childress 2013; Faden/Beauchamp 1986; Dworkin 1988; Feinberg 1986; Appelbaum/Lidz/Meisel 1987.

medizinische Behandlungen in der Regel auf etwas Gutes ab, nämlich auf die Verbesserung oder zumindest die Aufrechterhaltung des Gesundheitszustands von Patienten.

Wirft man jedoch einen Blick in die Geschichte, wird schnell deutlich, dass man sich des ärztlichen Wohlwollens nicht immer sicher sein kann. Ein besonders signifikantes Beispiel für verheerende ärztliche Verfehlungen sind die „medizinischen Behandlungen" und Experimente im Nationalsozialismus. Patienten und Probanden waren dabei schutzlos Ärzten und Forschern ausgeliefert, ohne auf deren Wohlwollen und Integrität bauen zu können und dadurch deren Willkür und Grausamkeiten ausgesetzt, wodurch sie erheblichen Schaden erlitten. Diese Erfahrungen ärztlichen Missbrauchs und des daraus resultierenden Schadens am Patienten führten dazu, dass die informierte Einwilligung erstmals in einem rechtlichen Dokument verbindlich eingefordert wurde, nämlich im Nürnberger Kodex von 1947.[75] So lautete der erste Satz des Nürnberger Kodex:

> „Die freiwillige Zustimmung der Versuchsperson ist unbedingt erforderlich."[76]

Die Notwendigkeit der informierten Einwilligung sollte dazu dienen, zukünftig Schädigungen an Patienten zu verhindern. Das historische Ziel der informierten Einwilligung besteht entsprechend darin, den Patienten vor Schaden zu schützen, indem seine ausdrückliche Einwilligung in die Behandlung gefordert wird.[77]

Die Gefahr einer gesundheitlichen Schädigung des Patienten durch eine medizinische Behandlung ohne informierte Einwilligung wird auch am

75 Zu bemerken ist jedoch, dass sich der Begriff „Informed Consent" erstmals ausdrücklich in dem Urteil des amerikanischen Gerichtshofs aus dem Jahre 1957 findet. Das Urteil verweist auf einen neuen Aspekt der Einwilligung, indem es die Gültigkeit der Einwilligung an die Voraussetzung der Information koppelt. (Vgl. Salgo v. Leland Stanford Jr. University Board of Trustees. 154 Cal. App. 2d 560, 317 P.2d 170 (1957); Poland 1997).

76 Zitiert nach Mitscherlich/Mielke 1960, 272.

77 Vgl. Manson/O'Neill 2007, 3, 17.

historischen Beispiel der von 1932–1972 in den USA durchgeführten Tuskegee-Studie deutlich. Damals wurden mit Syphilis infizierte afroamerikanische Männer zu Forschungszwecken weder über ihre Krankheit aufgeklärt, noch wurde diese behandelt.[78] Dabei handelt es sich aus heutiger Sicht eindeutig um einen ärztlichen Missbrauch, bei dem Ärzte ihr Erkenntnisinteresse auf Kosten der Gesundheit ihrer Patienten verfolgten und den Patienten dadurch erheblichen gesundheitlichen Schaden zufügten.[79] Die Notwendigkeit einer informierten Einwilligung hätte hier verhindern können, dass Ärzte durch die missbräuchliche Verfolgung ihrer eigenen Interessen den Patienten schaden. Voll aufgeklärte Patienten, die den Zweck der Studie und die daraus für sie resultierenden Nachteile verstanden hätten, hätten sich wahrscheinlich nicht freiwillig als Probanden zur Verfügung gestellt.

Gesundheitlicher Schaden für den Patienten ist dabei nicht nur in Forschungskontexten zu befürchten, sondern ärztlicher Missbrauch kann auch bei anderen medizinischen Behandlungen erfolgen und der Gesundheit des Patienten schaden. Dabei muss nicht ausschließlich auf Jahrzehnte alte Gräueltaten verwiesen werden, denn auch heutzutage besteht noch immer die Gefahr der Schädigung des Patienten durch ärztlichen Missbrauch. Man denke nur an bestimmte Boni-Regelungen – wie beispielsweise im Bereich von Knie-Operationen – die Ärzten u. U. einen Anreiz dafür bieten, medizinische Behandlungen durchzuführen, die nicht zum Nutzen des Patienten sind, sondern ihm vielmehr gesundheitlich schaden könnten, von denen Ärzte oder das Krankenhaus jedoch zumeist in finanzieller Hinsicht profitieren.[80] Neben Bonuszahlungen können auch wissenschaftliche Neugier, handwerklicher Ehrgeiz oder der Kampf um einen beruflichen Aufstieg Ärzte dazu ermuntern, für Patienten schädliche Behandlungen vorzunehmen.

Diese Beispiele lassen vermuten, dass durch die Notwendigkeit einer informierten Einwilligung vermeidbarer gesundheitlicher Schaden durch

---

78 Vgl. Brandt 1978.

79 Vgl. Fairchild/Bayer 1999.

80 Vgl. Petersen 2014; Pennekamp 2012; Wortaschka 2012.

ärztlichen Missbrauch von Patienten abgewendet werden kann. Das Abwenden gesundheitlichen Schadens ist damit eine mögliche Rechtfertigung für die Notwendigkeit der informierten Einwilligung. Allerdings scheint mir das Abwenden gesundheitlichen Schadens nicht den wesentlichen Grund für die Notwendigkeit der informierten Einwilligung darzustellen, denn die informierte Einwilligung ist meines Erachtens nach weder das einzige noch das wirksamste Instrument, mit dem eine gesundheitliche Schädigung des Patienten vermieden werden kann. Warum dies der Fall ist, möchte ich näher erläutern.

Die in den Beispielen ausgeführten massiven gesundheitlichen Schädigungen der Patienten hätten auch durch andere Instrumente verhindert werden können, beispielsweise durch vermehrte Kontrollen von Ärzten und Forschern. Für eine solche Kontrollfunktion sind verschiedene Instanzen vorstellbar. So könnte beispielsweise eine Ethikkommission den befürchteten gesundheitlichen Schaden für Patienten abschätzen und aufgrund dieses Urteils eine Vorauswahl der zulässigen medizinischen Behandlungen treffen, ohne dass der Patient in diese Entscheidung eingebunden werden müsste. Ein solches Vorgehen könnte zur gesundheitlichen Schadensverminderung sogar wirksamer sein als die informierte Einwilligung des Patienten selbst. Dies ist darauf zurückzuführen, dass die in der Ethikkommission versammelten Experten den befürchteten gesundheitlichen Schaden vielfach besser abschätzen und einstufen können als die meisten Patienten.

Versucht man die Notwendigkeit einer informierten Einwilligung vor medizinischen Behandlungen einzig und allein mit dem Abwenden von gesundheitlichem Schaden zu rechtfertigen, stößt man auf einen weiteren Schwachpunkt dieser Rechtfertigung, denn eine informierte Einwilligung ist auch in Situationen notwendig, in denen überhaupt kein gesundheitlicher Schaden durch die medizinische Behandlung zu befürchten ist. Beispielsweise müssen Patienten auch informiert einwilligen, dass ihnen bereits entnommenes Gewebe in Biobanken zu Forschungszwecken verwendet werden darf.[81] Dies

[81] Vgl. Eyal 2012.

deutet darauf hin, dass es andere Gründe geben muss, die die Notwendigkeit der informierten Einwilligung rechtfertigen.

Ein weiteres Problem dieser Rechtfertigung besteht darin, dass Patienten gerade durch die Notwendigkeit der informierten Einwilligung ein gesundheitlicher Schaden entstehen kann. Dies ist darauf zurückzuführen, dass Patienten nicht immer in die medizinischen Behandlungen einwilligen, die für die Wiederherstellung oder Aufrechterhaltung ihrer Gesundheit erforderlich sind. Die Gründe für eine solche Ablehnung einer gesundheitsverbessernden medizinischen Behandlung können ganz unterschiedlich sein: Ein Patient kann Angst vor einer Narbenbildung aufgrund des operativen Eingriffs haben, nicht ins Krankenhaus gehen wollen oder einfach lebensmüde sein und deshalb keine weitere medizinische Behandlung wünschen, obwohl diese seiner Gesundheit zuträglich wäre. Patienten müssen keinen Grund angeben, weshalb sie einer Behandlung nicht zustimmen. Ohne Einwilligung des Patienten dürfen medizinische Behandlungen nicht durchgeführt werden, selbst wenn durch sie ein gesundheitlicher Schaden abgewendet würde. In solchen Situationen der verweigerten Einwilligung schützt die Notwendigkeit der informierten Einwilligung den Patienten also nicht vor einem gesundheitlichen Schaden, sondern dieser entsteht gerade dadurch, dass ohne die informierte Einwilligung nichts für die Gesundheit des Patienten getan werden darf.

Es lässt sich festhalten, dass es Situationen gibt, in denen die Notwendigkeit einer informierten Einwilligung das Potenzial birgt, Patienten vor gesundheitlichem Schaden zu bewahren. Dies wäre bei der Tuskegee-Studie sicherlich der Fall gewesen. Das Abwenden gesundheitlichen Schadens von Patienten kann also durchaus als positiver Nebeneffekt der Notwendigkeit der informierten Einwilligung dargestellt werden. Da gesundheitlicher Schaden jedoch vermutlich durch andere Instrumente besser abgewendet werden kann und eine informierte Einwilligung auch in solchen Situationen erforderlich ist, in denen kein gesundheitlicher Schaden zu befürchten ist und darüber hinaus gesundheitlicher Schaden in bestimmten Situationen gerade erst durch die Notwendigkeit der informierten Einwilligung entsteht, scheint das Abwenden gesundheitlichen Schadens nicht der durchschlagende Grund zu sein, mit dem sich die Notwendigkeit der informierten Einwilligung vor medizinischen Behandlungen rechtfertigen lässt. Ich untersuche deshalb im Folgenden weitere mögliche Gründe, die als Rechtfertigung der Notwendigkeit der informierten Einwilligung in Betracht kommen.

2.4.2 Vertrauen

Die moderne Medizin ist ein in vielerlei Hinsicht hoch komplexes Feld. Entscheidungen für oder gegen medizinische Maßnahmen sind vielschichtig, und es ist für Patienten zunehmend schwieriger geworden, die vorgeschlagenen medizinischen Maßnahmen in Gänze zu verstehen. Eine *informierte* Einwilligung, so die Annahme mancher Philosophen, ist oftmals nicht mehr möglich, da Patienten die Informationen nicht im angemessenen Sinn verstehen oder diese falsch deuten und sich dadurch nicht mehr *informiert* für oder gegen eine medizinische Maßnahme entscheiden können.[82] Vertrauen in das medizinische Personal und die medizinischen Institutionen erhält im komplexen medizinischen System dadurch einen zunehmend höheren Stellenwert.

Unbestreitbar spielt das Vertrauensverhältnis zwischen Patienten und Ärzten eine bedeutende Rolle. Die durch ihre Krankheit vulnerablen Patienten begeben sich in die Abhängigkeit medizinischen Personals, um Hilfe zu erhalten. Patienten erleiden dadurch einen Kontrollverlust, der beispielsweise bei Operationen unter Narkose besonders deutlich wird. Damit Patienten dazu bereit sind, müssen sie ihren Ärzten vertrauen können. Dies gilt insbesondere dann, wenn sich Patienten mit der Entscheidung für oder gegen eine medizinische Maßnahme überfordert fühlen und sich auf den Rat der Ärzte verlassen müssen.

In jüngster Zeit wird vielfach dafür argumentiert, dass die Standards der informierten Einwilligung dazu dienen, das Vertrauen in das medizinische Personal und die medizinischen Institutionen aufzubauen und zu verstärken. Damit wird die Vertrauensbildung als Grund für die Notwendigkeit der

---

82 Vgl. Manson/O'Neill 2007, Kap.1; Wiesemann 2013, 3.

informierten Einwilligung angeführt. Besonders prominent wird dieser Ansatz von Jennifer Jackson, Onora O'Neill und Torbjörn Tännsjö vertreten.[83]

Befürworter dieses Ansatzes verweisen auf die negativen Folgen, die ein Vertrauensverlust in die medizinische Praxis nach sich zieht. Vertrauen sei einerseits notwendig, damit Patienten dem ärztlichen Rat folgen und sich in Situationen von Krankheit hilfesuchend an ihren Arzt wenden.[84] Gleichzeitig fördere Vertrauen in medizinisches Personal und medizinische Institutionen auch die Bereitschaft an medizinischer Forschung teilzunehmen. Wer das Vertrauen von Patienten verspiele, der riskiere gesundheitlichen Schaden sowohl am einzelnen Patienten, der in der Folge den Arztbesuch scheut als auch den Vertrauensverlust ganzer sozialer Gruppen, da die in ihrem Vertrauen erschütterten Patienten ihre Verunsicherung an ihr soziales Umfeld weitergeben. Als Beispiel für einen solchen Vertrauensverlust und die daraus resultierenden negativen Folgen lässt sich die afroamerikanische Bevölkerung anführen. Deren Vertrauen in das medizinische System ist sehr gering ausgeprägt, was dazu führt, dass diese Bevölkerungsgruppe sowohl seltener zum Arzt geht als auch eine geringere Bereitschaft zur Teilnahme an medizinischer Forschung aufweist.[85] Dies führt in der Folge zu einer schlechteren Gesundheitsversorgung und damit auch zu einer verminderten Lebensqualität der afroamerikanischen Bevölkerung in den USA.

Die informierte Einwilligung wird als notwendig erachtet, weil sie ein Instrument darstellt, mit dem Vertrauen in das medizinische System aufgebaut werden kann. Eine Missachtung der Standards der informierten Einwilligung könne dieses für die Gesundheitsförderung notwendige Vertrauen aufs Spiel setzen und gefährden. Bemerken Patienten, dass sie von ihren Ärzten getäuscht, manipuliert oder zu etwas gezwungen werden, so meiden sie zukünftig den Gang zum Arzt. Durch das Prozedere der informierten Einwilligung können sich Patienten hingegen versichern, dass sie nicht getäuscht,

83 Vgl. O'Neill 2002; Tännsjö 1999; Jackson 1991; Jackson 2001.

84 Vgl. Flanigan 2012.

85 Vgl. Corbie-Smith et al. 1999; Jacobs et al. 2006.

manipuliert oder zu etwas gezwungen werden und Vertrauen aufbauen. Diesen Gedanken bringt auch Jessica Flanigan zum Ausdruck, indem sie schreibt:

> "Good medical care requires relationships of trust between physicians and patients. Patients who know that their physicians won't coerce, trick, or mislead them are more likely to seek medical care, honestly disclose relevant information to their physicians and report that they are satisfied with medical outcomes."[86]

O'Neill verweist darauf, dass eine informierte Einwilligung das angemessene Instrument sei, um sicherzustellen, dass Patienten weder getäuscht noch zu etwas gezwungen werden:

> "The ethical importance of informed consent in and beyond medical practice is, I think, more elementary. It provides reasonable assurance that a patient (research subject, tissue donor) has not been deceived or coerced."[87]

Die Ausbildung und Förderung von Vertrauen wird damit als Grund für die Notwendigkeit der informierten Einwilligung angeführt. Nir Eyal bezeichnet dieses Argument als „trust-promotion argument for informed consent" und beschreibt den Idealtyp dieses Arguments wie folgt:

> "1. Social trust, especially trust in caretakers and medical institutions, is necessary so that, for example, people seek medical advice, comply with it, and participate in medical research.
> 2. Therefore, it is usually wrong to jeopardise that trust.
> 3. Coercion, deception, manipulation and other violations of standard informed consent requirements seriously jeopardise that trust.
> 4. Thus, standard informed consent requirements are justified."[88]

Es erscheint durchaus einleuchtend, dass Patienten Vertrauen aufbauen, wenn sie keine negativen Erfahrungen wie Manipulation, Lüge oder Zwang mit ihrem Arzt machen. Patienten wird durch die Notwendigkeit der informierten Einwilligung versichert, dass auf sie kein Zwang ausgeübt wird. Das stetig wiederholte Ritual der informierten Einwilligung gibt den Patienten das

---

86 Flanigan 2012, 580.
87 O'Neill 2003, 5.
88 Eyal 2014, 437.

Gefühl, in ihre behandelnden Ärzte vertrauen zu können und festigt ihr Vertrauen. Die Notwendigkeit der informierten Einwilligung scheint deshalb durchaus als Instrument dafür geeignet zu sein, Vertrauen aufzubauen und zu verstärken.

Allerdings erscheint es mir fragwürdig, ob die Ausbildung von Vertrauen den überzeugendsten Grund für die Notwendigkeit der informierten Einwilligung darstellt. Wenngleich es sich mit unseren alltäglichen Umgangsformen deckt, Vertrauen als etwas Schützenswertes und Wertvolles zu betrachten, so kann man dennoch fragen, ob Vertrauen auch tatsächlich von so großer Bedeutung ist, dass man zum Erhalt des Vertrauens schwere gesundheitliche Schädigungen oder gar den Tod von Patienten in Kauf nimmt. Die Notwendigkeit der informierten Einwilligung kann eine solche Entscheidung zur Folge haben, wie das folgende Beispiel verdeutlichen soll.

Nehmen wir an, dass ein Zeuge Jehovas aus religiösen Gründen eine Bluttransfusion ausdrücklich ablehnt. Im Falle von Komplikationen bei einer anstehenden Operation kann diese Entscheidung dazu führen, dass der Patient in eine lebensgefährliche Situation kommt. Sein Leben könnte nur dann gerettet werden, wenn seine informierte Einwilligung missachtet würde. Hält man jedoch an der Überzeugung fest, dass medizinische Behandlungen – wie die Bluttransfusion – nur dann gerechtfertigt sind, wenn der Patient zuvor in diese informiert eingewilligt hat, so geht man das Risiko ein, dass der Patient verstirbt, obwohl eine Rettung seines Lebens durch eine Bluttransfusion möglich wäre. Begründet man die Notwendigkeit der informierten Einwilligung mit dem Erhalt des Vertrauens, so führt die Achtung der informierten Ablehnung des Patienten dazu, dass zwar nicht sein Vertrauen aufs Spiel gesetzt wurde, aber sein Leben. Es scheint mir der Fall zu sein, dass es der Wert des Vertrauens im Konfliktfall schwer hat, Werte wie Gesundheit oder Leben zu übertrumpfen. Besonders dann, wenn der Wert des Vertrauens begründet wird, indem man darauf verweist, dass durch das Vertrauen die Gesundheit des Patienten gefördert werden kann.

An dieser Stelle wird oftmals versucht einzuwenden, dass es nicht nur darum ginge, das Vertrauen des aktuell betroffenen Patienten zu sichern, sondern das gesamte öffentliche Vertrauen nicht zu erschüttern. Immerhin hätte hier ein Vertrauensverlust durchaus verheerende Folgen. Wenn man sich vorstellt, dass die Gemeinschaft der Zeugen Jehovas den Besuch von Ärzten vermeiden würde, weil sie Angst vor Täuschung und Zwang hätte, dann scheint hier eventuell doch ein Wert auf dem Spiel zu stehen, der den gesundheitlichen Schaden eines Einzelnen übertrumpft.

Doch auch an dieser Begründung habe ich meine Zweifel. Immerhin würde in einem solchen Fall das Wohl und Leben eines einzelnen dafür aufs Spiel gesetzt werden, dass *andere* nicht das Vertrauen in die medizinische Praxis verlieren. Solche Überlegungen, das Wohl eines Einzelnen für einen Gesamtnutzen zu opfern, erscheinen mir ethisch problematisch zu sein.[89]

Ein weiteres Problem sehe ich auch darin, die Notwendigkeit der informierten Einwilligung über Vertrauen zu rechtfertigen: Es ist durchaus möglich, einen Patienten zum Erhalt seiner Gesundheit zu täuschen, ohne dass diese Täuschung je auffliegt und dadurch das Vertrauen schädigt. Beispielsweise könnte man dem Zeugen Jehovas unter Narkose eine Bluttransfusion verabreichen, ohne ihn jemals darüber zu informieren. Da er diese Täuschung nicht bemerken würde, wäre sein Vertrauen nicht erschüttert. Ebenso könnte man auch verhindern, dass die Öffentlichkeit diese Täuschung bemerkt, sodass auch das öffentliche Vertrauen gewahrt bliebe. Man hätte eine klassische Win-Win-Situation erzeugt: Der Patient würde vor gesundheitlichem Schaden geschützt, und das Vertrauen bliebe gewahrt. Es ist also durchaus möglich die Standards der informierten Einwilligung zu verletzen, ohne negative Auswirkungen auf das Vertrauensverhältnis befürchten zu müssen.[90] Wenn der

89 Wenngleich hier jedoch anzumerken ist, dass klassische Utilitaristen an dieser Stelle wahrscheinlich zu anderen Überzeugungen kommen.

90 Eyal gibt in seinem Artikel ein ähnliches Beispiel, in dem die Gesundheit des Patienten verbessert wird, indem man seine informierte Ablehnung missachtet, ohne dabei das Vertrauen des Patienten zu zerstören, da sichergestellt wird, dass er diese Missachtung nicht bemerkt (Vgl. Eyal 2014, 439).

einzige Grund für die Notwendigkeit der informierten Einwilligung im Schutz von Vertrauen bestünde, so wären in einem solchen Fall medizinische Eingriffe auch ohne informierte Einwilligung möglich, da weder das Vertrauen des Einzelnen noch das der Öffentlichkeit zerstört würde.

Allerdings scheint mir die informierte Einwilligung auch dann notwendig zu sein, wenn Vertrauen kein überzeugendes Ziel mehr bildet. Gegen die in dem Beispiel beschriebene Missachtung der Notwendigkeit der informierten Einwilligung regt sich in mir ein intuitiver Widerstand. Gegen die Missachtung seiner informierten Ablehnung sprechen gewichtige Gründe: Immerhin müsste man dazu den Patienten täuschen, seinen absichtlich und ausdrücklich geäußerten Willen übergehen und seinen Körper in einer Art und Weise verändert, die er explizit ablehnt. All dies scheinen Gründe dafür zu sein, dass damit etwas Falsches gemacht werden würde, ganz unabhängig davon, ob das Vertrauen des Patienten verletzt wird.

Obwohl es durchaus einleuchtet, dass die Notwendigkeit der informierten Einwilligung dazu führt, Vertrauen in das medizinische System aufzubauen und zu erhalten und dies auch etwas Wünschenswertes darstellt, so scheint Vertrauen dennoch nicht der ausschlaggebende Grund sein zu können, der die Notwendigkeit der informierten Einwilligung im vollen Umfang rechtfertigt. Denn wie aufgezeigt wurde, gibt es auch Situationen, in denen die Durchführung der medizinischen Behandlung ohne informierte Einwilligung nicht das Vertrauen des Patienten zerstören würde, aber dennoch das Vorliegen einer informierten Einwilligung ethisch notwendig ist. Ich möchte deshalb nach einem stichhaltigeren Grund suchen, der die Notwendigkeit der informierten Einwilligung rechtfertigen kann.

2.4.3 Autonomie

Weder das Abwenden gesundheitlichen Schadens, noch die Sicherung von Vertrauen können die Notwendigkeit informierter Einwilligungen abschließend rechtfertigen, denn auch in Situationen, in denen weder gesundheitlicher Schaden zu befürchten ist, noch ein Vertrauensverlust droht, ist die informierte Einwilligung von Patienten vor medizinischen Behandlungen notwendig. Das Abwenden gesundheitlichen Schadens und die Sicherung von Vertrauen können deshalb nur als positive Nebeneffekte der informierten Einwilligung verstanden werden, nicht aber als Grundlage für deren Rechtfertigung dienen.

Der hauptsächlich angeführte Grund zur Rechtfertigung der informierten Einwilligung ist die Patientenautonomie.[91] Vertreter dieses Ansatzes argumentieren, dass eine medizinische Behandlung ohne vorherige informierte Einwilligung des Patienten gegen das Prinzip des Respekts vor der Autonomie verstoße und deshalb falsch sei. Diese Argumentation hat sich seit den 70er Jahren in der medizinethischen Debatte über die informierte Einwilligung etabliert und wird deshalb von mir als medizinethische Standardansicht bezeichnet. Die einflussreichsten Verfechter dieses Ansatzes sind Beauchamp, Childress und Faden[92], deren Argumentation ich im Folgenden analysiere.

Führt man die Patientenautonomie als Grund für die Notwendigkeit der informierten Einwilligung an, so verweist man auf das moralische Recht des Patienten, selbstbestimmt zu entscheiden, ob er in die ärztliche Behandlungsempfehlung einwilligen oder sie ablehnen möchte und die damit korrespondierende Pflicht des Gegenübers, diese autonome Entscheidung zu achten. Die Autonomie des Patienten stellt somit einerseits ein moralisches Abwehrrecht dar, das es verbietet, ohne Einwilligung in den Körper des Betroffenen einzugreifen. Andererseits wird Autonomie zugleich als ein moralisches Anspruchsrecht verstanden, Patienten die für ihre autonome Entscheidung erforderlichen Informationen über die medizinische Behandlung zukommen zu lassen.[93]

Die Einhaltung der Standards der informierten Einwilligung, die aus den in Kapitel 2.2 beschriebenen Elementen besteht, stellt sicher, dass Patienten eine autonome Entscheidung für oder gegen eine medizinische Behandlung

91 Vgl. Beauchamp/Childress 2013, Kap. 4; Faden/Beauchamp 1986; Dworkin 1988.
92 Vgl. Beauchamp/Childress 2013; Faden/Beauchamp 1986.
93 Vgl. Beauchamp/Childress 2013, 107.

getroffen haben. Eine informierte Einwilligung in eine medizinische Behandlung wird als eine autonome Autorisierung derselben verstanden:

> "An informed consent is an individual's autonomous authorization of a medical intervention"[94].

Autonomie und informierte Einwilligung gelten dementsprechend als miteinander verbundene Konzepte. Eine autonome Entscheidung setzt sich aus ähnlichen Elementen zusammen wie eine informierte Einwilligung. Eine Entscheidung ist Beauchamp und Childress zufolge dann autonom, wenn sie absichtlich, mit Verständnis und frei von Kontrolle getroffen wurde.[95] Genau diese Elemente einer autonomen Entscheidung werden von Beauchamp an anderer Stelle auch als die zentralen Elemente der informierten Einwilligung benannt:

> "An informed consent occurs if and only if a patient or subject, with substantial understanding, and in the absence of substantial control by others, intentionally authorizes a professional to do something."[96]

Beauchamp ist sich sicher, dass der Respekt vor der Patientenautonomie der entscheidende Grund ist, der die Notwendigkeit der informierten Einwilligung vor medizinischen Behandlungen rechtfertigt:

> "There remains little doubt that the protection of autonomous choice is fundamental to the justification of rules of informed consent, even if these rules serve other functions as well."[97]

Obwohl dieser Ansatz zwar vehement verfochten wird, scheint er allerdings leider kaum näher begründet zu werden. Dies stellt einen sehr unbefriedigenden Zustand dar, weil der Patientenautonomie in diesem Ansatz ein sehr hohes moralisches Gewicht beigemessen wird, was zu Entscheidungen mit teilweise großen moralischen Auswirkungen führt. Diese Auswirkungen werden deutlich, wenn man Fälle betrachtet, in denen die Notwendigkeit der

---

94 Beauchamp/Childress 2013, 122.
95 Vgl. Beauchamp/Childress 2013, Kap. 4.
96 Beauchamp 2010, 57.
97 Beauchamp 2010, 61.

informierten Einwilligung zur Verhinderung medizinischer Behandlungen führt. Einen solchen Fall habe ich bereits in Kapitel 2.4.2 mit dem Zeugen Jehovas beschrieben, der eine lebensrettende Bluttransfusion ablehnt. Der Zeuge Jehovas entscheidet sich autonom gegen die Bluttransfusion und verweigert dem lebensrettenden Eingriff damit seine Einwilligung, wodurch dieser nicht durchgeführt werden darf. Damit führt die Achtung der autonomen Entscheidung des Patienten dazu, dass dieser in der Folge versterben kann. Diese Konsequenz verdeutlicht, dass es einer guten Begründung dafür bedarf, warum die Achtung der Autonomie so großen Wert haben sollte, dass dafür im Konfliktfall sogar auf die Durchführung lebensrettender Maßnahmen verzichtet wird.

Der instrumentelle Wert von Autonomie

Der Wert der Achtung autonomer Entscheidungen kann darin gesehen werden, dass dadurch das Beste für den jeweiligen Patienten sichergestellt wird. Damit würde man der Autonomie einen instrumentellen Wert zusprechen, der darin bestünde, das jeweils Beste für den Betroffenen zu sichern. Dieser Gedanke kann gut am Beispiel des Zeugen Jehovas erläutert werden.

Wir leben in einer heterogenen pluralistisch geprägten Gesellschaft, in der es verschiedene berechtigte Auffassungen über das gute Leben gibt. Auf die Frage danach, was von Wert oder was gut ist, gibt es nicht immer allgemeingültige und eindeutige Antworten, sondern sie werden oftmals der Entscheidung des Einzelnen überlassen. Der Zeuge Jehovas hat sich dazu entschieden, dass für ihn ein gutes Leben in der Befolgung bestimmter religiöser Vorschriften zu finden ist und sein Leben nach diesen ausgerichtet. Es ist sein Recht, sich autonom für den Lebensweg zu entscheiden, den er für sich als den besten erachtet.[98] Diese autonome Entscheidung ist von andern zu achten, weil nur der Betroffene selbst weiß, was für ihn das Beste ist und wie er sein Leben gestalten will.

98 Vorausgesetzt, er schadet damit keinem anderen.

Diese Pluralität macht auch keinen Halt vor Entscheidungen im medizinischen Kontext. Bei medizinischen Entscheidungen geht es bei weitem nicht nur um medizinisch-technische Fragen danach, wodurch die Gesundheit erhalten werden kann, sondern häufig auch um Wertfragen. So muss in der Onkologie entschieden werden, ob man mithilfe einer Chemotherapie sein Leben verlängern und damit aber die eigene Lebensqualität minimieren will. Ein unter Schmerzen leidender Patient muss abwägen, ob er zur Schmerzlinderung geistige Apathie in Kauf nimmt. Bei diesen und ähnlichen Entscheidungen ist nicht mehr der Arzt der Experte, der die beste Antwort kennt, sondern der Patient selbst. Der Patient muss jeweils für sich entscheiden, welchem Behandlungsziel er größeren Wert beimisst und mit seiner Vorstellung vom guten Leben als vereinbar betrachtet. Eine solche Entscheidung muss auch der Zeuge Jehovas treffen, bei der Abwägung, ob die Bluttransfusion durchgeführt werden sollte oder nicht. Er kommt zu der Überzeugung, dass er nicht bereit ist, sein Seelenheil zu riskieren, um sein diesseitiges Leben zu retten. Er ist der festen Überzeugung, dass es für sein gutes und gelungenes Leben überaus wichtig ist, die Bluttransfusion abzulehnen. Der Respekt vor seiner autonomen Entscheidung ermöglicht es ihm, das für ihn Beste zu verwirklichen. Patienten, die diese Glaubensüberzeugung nicht teilen, kommen wahrscheinlich zu abweichenden Urteilen darüber, was das für sie jeweils Beste ist. Achtet man ihre autonome Entscheidung, führt dies zu dem jeweils für sie besten Ergebnis.

Sieht man den Grund für die Notwendigkeit einer informierten Einwilligung in der Patientenautonomie, so ließe sich dies also folgendermaßen rechtfertigen: Eine informierte Einwilligung stellt eine autonome Entscheidung dar. Eine autonome Entscheidung ist unbedingt zu achten, weil durch sie das Beste für den jeweils Betroffenen gesichert werden kann. Medizinische Behandlungen sollten zum Besten für den Patienten sein und sind deshalb nur durch seine autonome Entscheidung in Form einer informierten Einwilligung zu legitimeren.

Dieser Ansatz scheint zunächst sehr überzeugend und deckt sich mit unserem alltäglichen Umgang miteinander, in dem wir auch dem autonomen

Gegenüber zugestehen, am besten selbst darüber entscheiden zu können, was mit ihm passiert. Ich sehe allerdings ein Problem in dieser Begründung, das sich in der Behauptung verbirgt, eine autonome Entscheidung führe zum Besten für den Betroffenen. Ich glaube nicht, dass dies immer zutrifft. Dies liegt daran, dass Menschen nicht immer selbst wissen, was zu ihrem Besten ist. Sie können sich schlichtweg darüber täuschen. Es gibt Menschen, die sich beispielsweise nicht vorstellen können, mit einem unheilbaren Tumor noch Lebensfreude zu empfinden. Sie wollen lieber sterben, als die Krankheit ertragen zu müssen. Manchmal stellen sie jedoch im Verlauf der Krankheit entgegen ihrer eigenen Erwartungen und Überzeugungen fest, dass es besser für sie war, nicht sofort zu sterben. Sie haben sich darüber getäuscht, was das Beste für sie ist. Hätte man in dieser Situation die autonome Entscheidung des Patienten geachtet, so hätte dies nicht zum Besten für den Betroffenen selbst geführt.

In Situationen, in denen eine solche Täuschung von außen leicht zu erkennen ist, würde das Beste für den Patienten gerade dadurch erreicht werden, dass seine autonome Entscheidung missachtet würde; dies bedeutet aber auch seine informierte Einwilligung bzw. Ablehnung zu übergehen. Dadurch erhielte der Betroffene die Möglichkeit, die Täuschung zu erkennen, und man würde so sicherstellen, dass das Beste für ihn erreicht wird. Dies setzt nicht voraus, dem Betroffenen die eigene Vorstellung vom guten Leben aufzuzwingen, sondern bei der Frage danach, was das Beste für den Betroffenen ist, kann durchaus seine Vorstellung vom guten Leben als Maßstab für das für ihn Beste zugrunde gelegt werden. Dennoch muss zum Erreichen des für ihn Besten seine autonome Entscheidung missachtet werden.

Menschen täuschen sich in ihren autonomen Entscheidungen manchmal nicht nur darin, was zu ihrem Besten ist, darüber hinaus können sich Menschen auch autonom für etwas entscheiden, von dem sie sich durchaus bewusst sind, dass es nicht zu ihrem Besten ist. Beispielsweise sind manche Raucher der Ansicht, dass Rauchen insgesamt nicht zu ihrem Besten ist, dennoch halten sie an ihrer Gewohnheit fest. In unserem alltäglichen Umgang miteinander erachten wir es dennoch als falsch, sie in dieser autonomen

Entscheidung zu übergehen und zum Aufgeben des Rauchens zu zwingen. Wer einwenden möchte, beim Rauchen handele es sich um eine Form von Willensschwäche, der es an Autonomie mangele, der sei auf ein anderes Beispiel verwiesen. Es gibt Menschen, die bewusst sportliche Betätigungen meiden – ich selbst bin einer von ihnen. Es ist meine autonome Entscheidung, auf Sport zu verzichten, obwohl mir durchaus bewusst ist, dass dies eindeutig nicht zu meinem Besten ist. Sowohl für meine Gesundheit als auch für mein Wohlergehen insgesamt wäre eine sportliche Ertüchtigung zuträglich, dennoch entscheide ich mich autonom dagegen, das für mich Beste zu tun. Der Mangel an sportlicher Ertüchtigung ist dabei nicht auf Willensschwäche zurückzuführen, da es nicht der Fall ist, dass ich mir vornehme, Sport zu machen, dann aber aufgrund von Willensschwäche diesen Vorsatz nicht umsetze. Ich bin nicht gewillt mich sportlich zu ertüchtigen, obwohl ich weiß, dass es zu meinem Besten wäre.

Die angeführten Beispiele verdeutlichen, dass sich der Wert von Autonomie nicht damit begründen lässt, dass autonome Entscheidungen immer zum Besten für den Betroffenen sind. Dieser instrumentelle Wert von Autonomie trifft zwar bei vielen autonomen Entscheidungen zu, jedoch bei weitem nicht bei allem. Versucht man jedoch die Notwendigkeit der informierten Einwilligung damit zu begründen, dass durch sie das jeweils Beste für den Patienten gesichert wird, so müsste man die informierte Einwilligung bzw. Ablehnung dann missachten, wenn dies nicht mehr der Fall ist. Ein solches Verhalten würde jedoch schlichtweg eine Rückkehr zum paternalistischen Prinzip bedeuten: Solange sich die autonome Entscheidung mit dem deckt, was das Beste für den Patienten ist, ist sie zu achten, andernfalls kann sie übergangen werden, um das Beste für den Patienten zu ermöglichen. Die Patientenentscheidung würde dann nicht deshalb geachtet werden, weil sie autonom ist, sondern deshalb, weil sie zum Besten vom Patienten ist, unabhängig davon, ob sie zugleich auch autonom ist.

Die Notwendigkeit einer informierten Einwilligung vor medizinischen Behandlungen lässt sich also nicht mit dem Respekt der Autonomie begründen, solange dabei auf den instrumentellen Wert der Autonomie verwiesen und argumentiert wird, dass dadurch das Beste für den Betroffenen gesichert würde.

Wenngleich es sicherlich viele Situationen gibt, in denen eine autonome Entscheidung zum Besten für den Betroffenen ist, so scheinen wir dennoch nicht darin den besonderen Wert von Autonomie zu sehen. Wir respektieren die autonomen Entscheidungen anderer nicht vorwiegend deshalb, weil sie zu ihrem Besten sind.[99] Vielmehr scheint der Wert der Autonomie, der den Respekt vor der autonomen Entscheidung des Gegenüber begründet, gerade darin zu bestehen, von Interventionen in die autonome Entscheidungen anderer Abstand zu nehmen, ganz ungesehen der Tatsache, ob diese Entscheidung zu dessen Besten ist. Thomas Hill beschreibt diese Tatsache anschaulich:

> "To respect someone as autonomous person (...) is to acknowledge that certain decisions are up to him or her and thus to refrain from efforts to control those decisions. (...) The operative analogy here is with autonomous nations. They may not be especially wise or well governed, but they have a right to determine their internal affairs without outside interference of various sorts."[100]

Und etwas weiter in seinem Text macht er deutlich, dass der Wert von Autonomie gerade darin zu bestehen scheint, dass man sich auch falsch oder nicht besonders schlau verhalten darf:

> "The right of autonomy, as I see it, is not rooted (...) in the optimistic faith that people will use their opportunity to make the best possible choices. (...) Within limits, people should be allowed to make their own choices even if the choices are likely to be foolish. (...) most would agree that we are not entitled to interfere with others' crucial life choices just because we believe they are likely to be nonrational or unwise."[101]

Wir erachten Autonomie also nicht deshalb als wertvoll, weil sie den instrumentellen Wert hat, das Beste für den Betroffenen zu sichern. Wir betrachten autonome Entscheidungen auch dann als achtenswert, wenn sie

99 Vgl. Gillon 2003, 310.
100 Hill 1991, 47 f.
101 Hill 1991, 49.

offensichtlich nicht zum Besten für den Entscheider sind. Über diesen Wert lässt sich entsprechend auch nicht begründen, warum autonomen Entscheidungen im Kontext medizinischer Behandlungen ein so hoher Stellenwert eingeräumt werden sollte. Doch vielleicht ist der Wert von Autonomie nicht instru-menteller, sondern vielmehr inhärenter Natur. Diesen Gedanken bringt auch Steven Wall in seinem Gedankenexperiment zum Ausdruck:

> "Suppose I know that you are wise and that you have an excellent understanding of what is good for me. You know my talents, temperament and vulnerabilities and you know what types of projects would best suit my nature. Further suppose I know that you are a person of good will who cares about my well-being. Given these facts, we can ask: Would my life go better if I let you take control of it? Would it be a better life if I always turned to you for direction as to what I should do before I took up any project or commitment? Most of us strongly think the answers to these questions are ‚no.' It can be reasonable to defer to the judgment of others some of the time in some circumstances; but a person who surrenders his or her judgment in all contexts would not lead a fully good human life. This intuition is explained by the idea that it is intrinsically good for people to take charge of their own affairs and lead their lives on their own terms, even when others could do a better job of it."[102]

Obschon wir Autonomie also nicht unbedingt einen instrumentellen Wert zusprechen können, so scheint es dennoch lohnenswert zu sein, zu untersuchen, ob sie inhärent wertvoll ist.

Der inhärente Wert von Autonomie

Wenn informierte Einwilligungen autonome Entscheidungen sind und autonome Entscheidungen inhärent wertvoll sind, so könnte dies ein bedeutender Grund dafür sein, sie zu respektieren. Für das Beispiel des Zeugen Jehovas hieße dies, dass seine autonome Entscheidung gegen die Bluttransfusion von so großem inhärenten Wert ist, dass sie nicht übergangen werden darf, auch wenn ihre Achtung den Tod des Betroffenen nach sich zieht. Die

[102] Wall 1998, 146.

Notwendigkeit informierter Einwilligungen würde dann darauf abzielen, den inhärenten Wert autonomer Entscheidungen zu schützen.

In unserem alltäglichen Umgang miteinander scheinen wir der Autonomie durchaus einen solchen inhärenten Wert beizumessen. Wir begreifen uns in der Regel als autonome Lebewesen, die ihren Lebensweg selbst bestimmen können. Unsere Autonomie sehen wir dabei nicht nur als Fähigkeit an, sondern erachten sie zugleich als wertvoll und erstrebenswert. Es fühlt sich in der Regel gut an, über sich selbst und seine Lebensgestaltung bestimmen zu können. Vielleicht können sich auch noch andere außer mir an das erhabene Gefühl erinnern, das sich beim Einzug in die erste eigene Wohnung einstellte. Endlich war die Möglichkeit gegeben, die Einrichtung selbst auszuwählen, die Töpfe dort hin zu stellen, wo man sie schon immer haben wollte und die Handtücher ungeordnet im Schrank liegen lassen zu können, ohne dafür getadelt zu werden. Dieses erhabene Gefühl hat sich nicht etwa dadurch eingestellt, dass die eigene kleine studentisch eingerichtete Wohnung jetzt tatsächlich so viel besser organisiert war als das Elternhaus. Dieses Gefühl ergab sich aus der Tatsache, dass ich es war, die autonom bestimmt hat, wie die Dinge geordnet werden. Über sich und die Art und Weise wie man lebt, autonom zu bestimmen, erzeugt oftmals ein Gefühl der Zufriedenheit und vielleicht auch des Stolzes. Dieses Gefühl entsteht nicht aus einem aus der Autonomie abgeleiteten Nutzen, sondern aus der Tatsache der Ausübung der eigenen Autonomie. Die Ausübung der Autonomie scheint inhärent wertvoll zu sein, ganz unabhängig davon, welche anderen Güter durch sie erreicht werden. Autonomie ist etwas in sich selbst Wertvolles.

Dieser inhärente Wert der Autonomie lässt sich jedoch nicht nur in den eigenen Gefühlen erkennen, sondern ist auch gesellschaftlich fest verankert. Wir erstreben die autonome Lebensweise nicht nur für uns selbst, sondern möchten auch, dass andere Menschen zu ihr befähigt werden.

Unser Erziehungs- und Bildungssystem ist darauf ausgerichtet, Kinder zu autonomen Persönlichkeiten zu erziehen. Der Grund dafür liegt wohl nicht in dem aus der Autonomie abgeleiteten gesellschaftlichen Nutzen, denn sicherlich stellen autonome Kinder eine größere Herausforderung für ihre Eltern, Erzieher und Lehrer dar. Vielmehr scheint dieses Ziel auf der Überzeugung zu beruhen, dass ein autonomes Leben ein besseres Leben darstellt als ein nicht autonomes Leben. Autonomie ist damit ein Wert an sich, unabhängig davon, ob durch sie noch andere Werte befördert werden.

Auch in der Politik wird Autonomie immer wieder als Wert ausgewiesen, den es zu erstreben gilt. Drei im Bundestag vertretene Parteien – die SPD, Bündnis 90/Die Grüne und die Linke – weisen in ihrem Partei-Programm explizit das Ziel aus, Menschen zu einem selbstbestimmten Leben zu verhelfen.[103] Einschränkungen der autonomen Lebensweise gilt es politisch entgegenzuwirken, sei es durch Beseitigung der autonomieeinschränkenden Faktoren oder der gezielten Förderung der Autonomiefähigkeit. Auch diese gesellschaftliche Haltung bringt unsere Wertschätzung der Autonomie zum Ausdruck.

Werden wir daran gehindert, unser Leben nach unseren autonomen Vorstellungen zu gestalten, so empfinden wir dies als schwerwiegende Verletzung.

---

103 Die SPD schreibt dazu in der Einleitung ihres Grundsatzprogramms (Hamburger Programm 2007): „Wir entwickeln den vorsorgenden Sozialstaat, der Armut bekämpft, den Menschen gleiche Chancen auf ein selbstbestimmtes Leben eröffnet, gerechte Teilhabe gewährleistet und die großen Lebensrisiken verlässlich absichert." (http://www.spd.de/linkableblob/1778/data/hamburger_programm.pdf, S. 5 [20.08.2014]) Zudem zählt die SPD Freiheit als einen ihrer Grundwerte auf und schreibt dazu: „Freiheit bedeutet die Möglichkeit, selbstbestimmt zu leben." (http://www.spd.de/linkableblob/1778/data/hamburger_programm.pdf, S. 15 [20.08.2014]).
Bündnis 90/Die Grünen schreiben in ihrem Bundestags-Wahlprogramm 2013 unter dem Punkt „Unser Ziel: ein besseres Morgen": „Wir haben es in der Hand, unsere Gesellschaft so zu gestalten, dass alle Menschen gerecht an ihr teilhaben können, dass Arm und Reich nicht unerreichbar weit auseinanderliegen, Wenige sich nicht auf Kosten Vieler bereichern, und alle Zugang zu den Ressourcen für ein selbstbestimmtes Leben haben." (http://www.gruene.de/fileadmin/user_upload/Dokumente/Wahlprogramm/Wahlprogramm-barrierefrei.pdf, S. 13 [20.08.2014]).
Die Linke schreiben in ihrer „Präambel – dafür steht die Linke" ihres Programms von 2011: „Wir verfolgen ein konkretes Ziel: Wir kämpfen für eine Gesellschaft, in der kein Kind in Armut aufwachsen muss, in der alle Menschen selbstbestimmt in Frieden, Würde und sozialer Sicherheit leben und die gesellschaftlichen Verhältnisse demokratisch gestalten können." (http://www.die-linke.de/fileadmin/download/dokumente/programm_der_partei_die_linke_erfurt2011.pdf, S. 4 [20.08.2014]).

Sei es der Sohn, dessen Vater versucht ihn mit dem Entzug finanzieller Mittel von der Berufswahl als Schauspieler abzuhalten oder die gläubige Muslima, die ihre Religion nicht frei ausleben darf, weil ihre Umgebung sie daran hindert; werden wir in unserer autonomen Lebensgestaltung gehindert, so erzeugt dies ein zutiefst unangenehmes Gefühl der moralischen Empörung in uns. Joel Feinberg beschreibt dieses Gefühl zutreffend als „full flavor of moral indignation and outrage“[104]. Wird jemand in seiner Autonomie verletzt, so fühlt er sich dem anderen Gegenüber ohnmächtig, empört und auf besondere Art und Weise missachtet. Dieses Gefühl wird nicht nur dadurch erzeugt, dass man sein Ziel nicht erreicht hat. Versagt der angehende Schauspieler beispielsweise bei einer wichtigen Schauspielprüfung, so ist er sicherlich traurig darüber. Verhindert jedoch sein Vater durch Zwang seinen Erfolg, so tritt die Empörung über die Missachtung seiner autonomen Entscheidung als weiteres negatives Gefühl hinzu. Diese bei einer Autonomieverletzung entstehenden negativen Gefühle weisen darauf hin, dass Autonomie inhärent wertvoll ist.

Die Autonomie des Menschen wird vielfach als Grund für seinen besonderen moralischen Status angeführt.[105] Die Autonomie wird damit als moralisch relevantes Merkmal benannt, was Menschen von anderen Lebewesen unterscheidet.[106] Besonders prominent wird dieser Ansatz von Immanuel Kant vertreten, für den die Möglichkeit des Menschen zur Autonomie den entscheidenden Grund darstellt, den Menschen zum Zweck an sich selbst und damit zum Würdeträger zu erheben.[107]

104 Feinberg 1989, 27.

105 Vgl. May 1994.

106 “Both a dog and a man may be the experiencing subjects of lives; yet, the man's life is both richer and richer through being a life that he has, in the appropriate sense, made for himself.“ (Frey 1987, 62).

107 „Autonomie ist also der Grund der Würde der menschlichen und jeder vernünftigen Natur.“ Kant 1785, AA IV, 436, 6. Hier ist zu beachten, dass Kant den Autonomiebegriff sehr wörtlich nimmt und damit auf die (moralische) Selbstgesetzgebung des Menschen verweist.

Autonomie scheint also durchaus inhärent wertvoll zu sein. Die Ausübung unserer Autonomie empfinden wir als befriedigend, und eine autonome Lebensweise gilt gesellschaftlich als erstrebenswert. Hingegen erzeugt die Verletzung von Autonomie ein Gefühl besonderer moralischer Empörung. Der besondere Wert von Autonomie zeigt sich darüber hinaus darin, dass wir über unsere Autonomie unseren besonderen moralischen Status begründen. Diese Gründe sprechen sicherlich dafür, Autonomie als besonderen Wert zu verstehen und diese zu achten.

Wenngleich Autonomie ganz allgemein als inhärent wertvoll gilt, so muss man bei dieser Darstellung dennoch Vorsicht walten lassen. Autonomie ist kein eindimensionaler Begriff, unter dem immer dasselbe verstanden wird. Vielmehr gibt es verschiedene Bedeutungen, in denen der Begriff Autonomie verwendet wird. Wenn Kant den Menschen zum Würdeträger aufgrund seiner Autonomiefähigkeit erhebt, so bezieht er sich dabei auf die *moralische* Autonomie. Der Mensch ist Kant zufolge autonom, weil er sich selbst Gesetze geben kann, die dem kategorischen Imperativ entsprechen.[108] Über diese verfügt man, wenn man sich dem moralischen Gesetz durch Selbstgesetzgebung unterwerfen kann. Aufgrund seiner Autonomie kann der Mensch, Kant zufolge, moralisch richtig und falsch handeln. Obwohl Kants Philosophie noch immer große Auswirkungen auf unser heutiges Denken hat, wird der Autonomiebegriff heutzutage zumeist in einer stärker individualistisch zentrierten Form verwendet als Kant dies tat. Unter Autonomie wird oftmals *personale* Autonomie verstanden, die zunächst moralisch neutral ist. Personen gelten diesem Verständnis von *personaler* oder *individueller* Autonomie nach nicht deshalb als autonom, weil sie sich durch den kategorischen Imperativ in ihrem Handeln leiten lassen, sondern vielmehr weil sie sich selbst durch den eigenen Willen und eigene Werte bestimmen – unabhängig davon, ob diese dem kategorischen Imperativ entsprechen.[109] Verwendet man Autonomie im Sinne von personaler Autonomie, so bezieht man sich dabei zumeist auf die

108 Vgl. Kant 1785.

109 Vgl. Betzler 2013b, 13.

generelle Fähigkeit einer Person, ihr Leben autonom zu führen und auf die autonome Lebensweise der Person insgesamt. Während sich die personale Autonomie also zumeist auf eine globale Art und Weise wie eine Person lebt bezieht, kann man Autonomie zusätzlich in einem lokalen Sinn verstehen und danach fragen, inwiefern einzelne *Handlungen* als autonom gelten. Denn wiewohl eine Person über personale Autonomie verfügt, so muss sich diese nicht in jeder einzelnen Handlung niederschlagen.

Spricht man nun Autonomie einen inhärenten Wert zu, muss genau hingeschaut werden, welcher Art von Autonomie ein inhärenter Wert zugesprochen wird. Die moralische Autonomie scheint dabei durchaus inhärent wertvoll zu sein, was sich darin zeigt, dass sie als Begründung für den moralischen Status des Menschen als Würdeträger herangezogen wird, spielt aber im Kontext der Einwilligung in medizinische Behandlungen kaum eine Rolle. Auch der personalen Autonomie sprechen wir inhärenten Wert zu, dies zeigt unser gesellschaftliches Bestreben, Menschen dazu zu befähigen sich zu autonomen Personen zu entwickeln. Fraglich ist jedoch, ob es überzeugend ist, nur weil wir einer autonomen Lebensweise insgesamt einen inhärenten Wert beimessen, dass wir auch jeder einzelnen autonomen Entscheidung einen inhärenten Wert beimessen sollten. Es lässt sich darauf verweisen, dass sich unsere autonome Lebensweise durchaus aus einzelnen autonomen Entscheidungen konstituiert.

Bestimmte einzelne autonome Entscheidungen scheinen inhärenten Wert zu haben, dies haben die Beispiele dieses Kapitels verdeutlicht. Die autonome Entscheidung über die eigene Berufswahl oder die zur Ausübung einer bestimmten Religion ist gerade deshalb achtenswert, weil sie inhärent wertvoll ist. Allerdings handelt es sich hierbei um autonome Entscheidungen, die einen Einfluss auf unsere autonome Lebensweise insgesamt haben. „Kleinen“ autonomen Entscheidungen, also solchen, deren Einfluss auf unsere autonome Lebensweise insgesamt nahezu unbedeutend oder überhaupt nicht vorhanden ist, scheinen wir jedoch geringeren Wert beizumessen. Diesen Gedanken greift auch David Archard auf, wenn er schreibt:

> "For what seems clear is that the value of autonomy is to be found in *the leading of lives*. Whether autonomy is valued intrinsically or instrumentally it is valued within the context of lives rather than in respect simply of isolated decisions."[110]

Während wir zumeist darauf bedacht sind, die Entscheidungen, die unseren Lebensweg betreffen, selbst zu treffen, geben wir kleinere Entscheidungen durchaus an andere ab. Beispielsweise lassen viele den Partner über die Auswahl des Fernsehprogramms oder die Wahl des Restaurants bestimmen, jedoch nur selten geben Menschen die Entscheidung an andere ab, welchen Beruf sie ergreifen oder ob sie Kinder haben möchten oder nicht. Das Gefühl der moralischen Empörung, das sich bei Verletzungen unserer autonomen Entscheidungen einstellt, scheint sich darüber hinaus vornehmlich dort einzustellen, wo es um Entscheidungen mit Einfluss auf unsere autonome Lebensweise insgesamt geht. Bringt mir beispielsweise meine Kollegin entgegen meines ausdrücklichen Wunsches nach Kaffee stattdessen einen Tee mit oder leiht mein Partner entgegen meines Wunsches eine Komödie anzuschauen, einen Actionfilm aus der Videothek für uns beide aus, so mag diese Missachtung meiner autonomen Entscheidung zwar durchaus ärgerlich sein, das Gefühl tiefgehender moralischer Empörung stellt sich hingegen nicht ein.

Es gibt also durchaus einen inhärenten Wert von Autonomie, über den begründet werden kann, warum Autonomie besonders achtenswert ist. Allerdings bezieht sich dieser inhärente Wert nicht auf alle Verwendungsweisen von Autonomie. Inhärent wertvoll scheint vorwiegend die moralische Autonomie, die personale Autonomie und solche autonomen Entscheidungen, die Auswirkungen auf unsere autonome Lebensweise insgesamt und damit wiederum auf die personale Autonomie haben.

Will man nun die Notwendigkeit informierter Einwilligungen damit begründen, dass Autonomie inhärent wertvoll ist, muss untersucht werden, welche Art von Autonomie bei einer Legitimation einer medizinischen Behandlung durch eine informierte Einwilligung vorliegt. Das in der Medizinethik

---

110 Archard 2008, 21.

vorwiegend zugrunde gelegte Autonomiekonzept von Beauchamp und Childress bezieht sich dabei weder auf moralische Autonomie noch auf personale Autonomie. Vielmehr verweisen Beauchamp und Childress explizit darauf, dass das Prinzip des Respekts vor der Autonomie ausschließlich für autonome Handlungen gilt und völlig unabhängig vom Vorliegen personaler Autonomie ist.[111] Wie aufgezeigt, sind diese einzelnen autonomen Entscheidungen jedoch nicht immer als inhärent wertvoll anzusehen.

Sicherlich ist es richtig, dass es sich bei vielen Entscheidungen im medizinischen Kontext um Entscheidungen handelt, die einen bedeutenden Einfluss auf die autonome Lebensweise des betroffenen Patienten haben. Dies ist der Fall beim Zeugen Jehovas, dessen Ansicht nach die Missachtung seiner autonomen Entscheidung dazu führen könnte, dass sein Seelenheil verspielt wird. Gleiches gilt auch für die Entscheidung, ob eine Chemotherapie begonnen werden soll oder nicht. Eine solche Therapie wird das Leben des Betroffenen maßgeblich beeinflussen und auf viele Bereiche seines Lebens bedeutenden Einfluss haben. Wenn es sich bei der Entscheidung über die medizinische Behandlung um solche weitreichenden autonomen Entscheidungen mit Einfluss auf die autonome Lebensweise der Person handelt, so kann die Notwendigkeit der informierten Einwilligung also überzeugend damit begründet werden, dass die Achtung der Autonomie dieser Entscheidung inhärent wertvoll und deshalb erforderlich ist.

Die informierte Einwilligung ist jedoch nicht nur vor solchen medizinischen Behandlungen notwendig, die eine Auswirkung auf unsere autonome Lebensführung insgesamt haben, sondern sie ist vor *jeder* medizinischen Behandlung notwendig und dies wiederum scheint nur schwerlich allein über den inhärenten Wert der Autonomie begründet werden zu können.

Nehmen wir an, eine Ärztin stellt das blutdrucksenkende Medikament ihres Patienten um, ohne ihn darüber zu informieren. Das neue Medikament hat keine anderen Nebenwirkungen als das alte und senkt weiterhin, wie der

111 Vgl. Beauchamp/Childress 2013, Kap. 4.

Patient es gewohnt ist, seinen Blutdruck. Diese medizinische Behandlung wirkt sich also überhaupt nicht auf die autonome Lebensführung des Patienten aus. Dennoch hätte die Ärztin die informierte Einwilligung des Patienten einholen müssen, bevor sie ohne Absprache mit ihm seine Medikamente verändert. Gleiches gilt für das Beispiel das Archard gibt, bei dem einem Patienten, während dieser schläft, mit einem Wattestäbchen eine Speichelprobe entnommen wird, völlig schmerzfrei, ohne Zwang und unbemerkt von diesem.[112] Auch dieser medizinische Eingriff hat keinen Einfluss auf die autonome Lebensweise des Betroffenen. Dennoch scheint es falsch zu sein, diesen Eingriff ohne die zuvor eingeholte informierte Einwilligung des Patienten durchzuführen.

Es ist hier nicht die Autonomie, die in erster Linie missachtet wird, wenn keine informierte Einwilligung vor der medizinischen Behandlung eingeholt wird. Die medizinische Behandlung der Beispielfälle wirkt sich nicht auf die autonome Lebensweise der Betroffenen aus. Bei diesen Beispielen gibt es zunächst nicht einmal eine autonome Handlung oder Entscheidung des Patienten. Die Patienten haben nichts entschieden und nicht gehandelt. Es liegt keine autonome Handlung vor, die durch den medizinischen Eingriff missachtet wurde. Vielmehr werden sie ohne jegliches Zutun ihrerseits von anderen in einer bestimmten Art und Weise *be*handelt.[113] Und diese Behandlung scheint nicht unbedingt deshalb falsch zu sein, weil sie den inhärenten Wert der Autonomie der Betroffenen verkennt. Zumindest ist dies ganz sicher nicht der offensichtliche Grund, der die medizinische Behandlung ohne informierte Einwilligung falsch macht.

Wenngleich es also überzeugend ist, dass viele medizinische Behandlungen einen Einfluss auf die autonome Lebensführung ihrer Patienten haben und die Patienten auch deshalb in Form einer informierten Einwilligung oder Ablehnung selbst darüber entscheiden dürfen sollten, so scheint diese Begründung die Notwendigkeit der informierten Einwilligung dennoch in letzter

112 Vgl. Archard 2008.

113 Für diesen hilfreichen Hinweis möchte ich mich bei Prof. Stoecker bedanken.

Konsequenz nicht rechtfertigen zu können. Sie erklärt nicht, warum eine informierte Einwilligungen vor *jeder* medizinischen Behandlung notwendig sind. Ich stelle im folgenden Kapitel einen eigenen Ansatz vor, der die Notwendigkeit der informierten Einwilligung begründet, der sich von der medizinethischen Standardansicht unterscheidet.

2.4.4 Die körperliche Integrität

Das, was in den eben erläuterten Beispielen verletzt wird, ist nicht eine bedeutsame autonome Entscheidung der Betroffenen. Die genannten medizinischen Behandlungen wirken sich weder auf ihre autonome Lebensweise noch ihre Fähigkeit der Autonomie aus. Vielmehr wirken sie direkt auf den Körper der Betroffenen. Sowohl bei der Veränderung der Medikamente als auch beim Einführen des Wattestäbchens erfolgt eine Einflussnahme auf den Körper des Betroffenen, in die dieser nicht eingewilligt hat. Damit wird durch die medizinische Behandlung die körperliche Grenze des Betroffenen übertreten. Diese Übertretung der körperlichen Grenze des Patienten findet nicht nur in den angeführten Beispielfällen medizinischer Behandlung statt, sondern ist ein typisches Merkmal medizinischer Behandlungen.

Medizinische Behandlungen wirken in einer sehr direkten Weise auf den Körper des Patienten ein. Dies geschieht auf unterschiedliche Weise und mit unterschiedlicher Eingriffstiefe. Operationen führen in der Regel zu einer sehr deutlichen Übertretung der körperlichen Grenze. Der Körper des Patienten wird aufgeschnitten, Haut- und Muskelschichten dabei meist durchtrennt, Gewebe und Organe teilweise verändert oder gar entnommen. Die körperliche Integrität des Patienten wird verletzt.[114] Eine Narbe bleibt als Zeichen des Eingriffs in den Körper zurück.

---

114 Ich bezeichne auch Eingriffe in den Körper, in die eingewilligt wurde, als Verletzungen der körperlichen Integrität. Allerdings unterscheide ich zwischen gerechtfertigter Verletzung körperlicher Integrität und ungerechtfertigter Verletzung körperlicher Integrität. Wie sich herausstellen wird, sind Eingriffe, in die autonom eingewilligt wurde, ein Grund dafür, von einer gerechtfertigten Verletzung der körperlichen Integrität zu

Aber auch bei anderen viel weniger invasiven medizinischen Untersuchungen und Behandlungen wird die körperliche Grenze des Patienten übertreten und dies in einer Art und Weise, wie man sie in anderen Situationen des alltäglichen Umgangs miteinander nicht dulden würde. Zur Untersuchung des Gesundheitszustandes des Patienten tritt der Arzt nah an dessen Körper heran: der Patient muss sich entkleiden, um abgehört zu werden, vom Arzt anfassen lassen und unter Umständen Fragen zu seinen Lebensgewohnheiten bis hin zur Beschaffenheit seiner körperlichen Ausscheidungen beantworten. Der Arzt überschreitet dabei nicht nur die körperliche Grenze, sondern tritt auch in den intimen Nahbereich des Patienten ein, indem er ihn entkleidet sieht und persönliche Informationen von ihm sammelt. All das sind Dinge, die wir für gewöhnlich nicht mit anderen Menschen teilen. Schon gar nicht mit Menschen, die uns nicht besonders nahe stehen. Sich von anderen Menschen anfassen lassen, sich vor ihnen auszuziehen und intime Informationen mit ihnen auszutauschen, ist uns in der Regel unangenehm, wenn es sich dabei nicht um Personen handelt, mit denen wir eine intime Beziehung pflegen. Bei medizinischen Untersuchungen und Behandlungen wird somit die körperliche Grenze des Patienten übertreten und in dessen Intimsphäre eingedrungen. Solche Übertretungen der Körpergrenze und Eindringen in die Intimsphäre finden sonst nur in intimen Beziehungen statt. Medizinische Maßnahmen sind dadurch per se Gefährdungen unserer Intimsphäre und körperlichen Integrität.

Die Übertretungen der körperlichen Grenze, die bei medizinischen Behandlungen stattfinden, fasse ich unter dem Begriff der Verletzung der körperlichen Integrität zusammen. Unter Verletzungen der körperlichen Integrität verstehe ich sowohl tatsächliche Verletzungen des Körpers,[115] Gefährdungen der Gesundheit, Verminderung des körperlichen Wohlbefindens als auch bloße Berührungen des Körpers. Eine Verletzung der körperlichen Integrität,

sprechen. Eingriffe in die körperliche Integrität, in die nicht eingewilligt wurde, sind ungerechtfertigte Verletzungen der körperlichen Integrität.

115 Wie beispielsweise das Einführen einer Nadel, das Aufschneiden mit einem Skalpell oder eine Punktion.

die ohne die Einwilligung des Betroffenen erfolgt, verstehe ich als nicht gerechtfertigte Verletzung der körperlichen Integrität.

Außerdem kann durch eine medizinische Behandlung oder Untersuchung auch die Intimsphäre der Patienten verletzt werden. Die Intimsphäre wird verletzt, wenn ohne Einwilligung intime Informationen erhoben werden. Dies kann der Fall sein beim Erfassen von körperbezogenen oder gesundheitsbezogenen Informationen, wie beispielsweise DNA-Analysen, beim Betrachten einer entkleideten Person, aber auch beim in Erfahrung bringen von Lebensgewohnheiten und Umständen, die für gewöhnlich im privaten Raum stattfinden.

Gegen das Durchführen von Handlungen, bei denen die Intimsphäre oder die körperliche Integrität verletzt wird, sprechen *prima facie* gewichtige moralische Gründe. Diese Gründe analysiere ich im Folgenden, um zu verdeutlichen, was durch medizinische Behandlungen bedroht wird, wenn diese ohne Einwilligung des Patienten stattfinden.

Die Beziehung, in der wir zu unserem Körper stehen, ist eine besonders enge und intime Beziehung:

> "(O)ne's body is irreplaceable and inescapable. If my architect doesn't listen to me and this results in a house I do not like, I can always move. I cannot move from my body."[116]

Diesen Satz schreibt Gerald Dworkin, um unsere besondere Beziehung zu unserem Körper zum Ausdruck zu bringen. Verletzungen unseres Körpers treffen uns in besonderer Weise, weil wir ihnen nicht entrinnen können.

Unserem alltäglichen Verständnis nach sind Personen immer körperliche Wesen, die nicht nur einen Körper haben, sondern zugleich auch ihr Körper sind. Das Schicksal ihres Körpers hat großen Einfluss darauf, ob sie ihre Pläne und Ziele verwirklichen können und ihre Wünsche und Werte handlungsleitend werden können.[117] Einflüsse auf die körperliche Integrität werden deshalb

116 Dworkin 1988, 113.
117 Vgl. Dworkin 1988, 112 f.

oftmals auch zugleich als Einflüsse auf die Autonomie des Betroffenen verstanden.[118] Verletzungen der körperlichen Integrität können durchaus dazu führen, dass unsere personale Autonomie verletzt wird. Dadurch wird eine für uns inhärent wertvolle Form der Autonomie missachtet. Wenn beispielsweise ein Arzt gegen den ausdrücklichen und autonomen Wunsch seines Patienten eine Chemotherapie ansetzt, so hat diese Verletzung der körperlichen Integrität massive Auswirkungen auf die autonome Lebensführung der Person. Ihr autonomer Wunsch, ihr Leben nach den eigenen Werten und Wünschen gestalten zu können, wurde damit missachtet. Diese Verletzung der körperlichen Integrität ist zugleich eine moralisch bedeutsame Verletzung der Autonomie des Betroffenen.

Allerdings können Handlungen auch die körperliche Integrität verletzen, ohne die Autonomie des Betroffenen zu verletzen. Dies ist beispielsweise der Fall beim Einführen des Wattstäbchens in den Mund, wie es von Archard dargestellt wurde.[119] Verletzungen der körperlichen Integrität können unabhängig von Verletzungen der Autonomie des Betroffenen erfolgen. Dadurch lässt sich die falsch machende Eigenschaft von Verletzungen der körperlichen Integrität nicht auf Verletzungen der Autonomie reduzieren. Wenngleich also Verletzungen der körperlichen Integrität manchmal auch zugleich die Autonomie des Betroffenen verletzen, so muss es daneben weitere Gründe geben, die gegen das Verletzen der körperlichen Integrität sprechen. Diese Gründe werde ich im Folgenden erläutern.

Bei Verletzungen der körperlichen Integrität wird manchmal gar nicht die Autonomie verletzt und manchmal mehr verletzt als „nur" die Autonomie des Betroffenen. Verletzungen der körperlichen Integrität sind also nicht

118 Vgl. Dworkin 1988, 113.

119 Vgl. Archard 2008. Archard verweist in Bezug auf sein Beispiel auf Blackstone, demzufolge jede Berührung eines anderen als Körperverletzung zählt, ganz gleich, wie gering die Berührung auch sein mag. Blackstone zufolge könne das Gesetz keine angemessene Grenze zwischen verschiedenen Graden an Gewalteinwirkung ziehen und „therefore totally prohibits the first and lowest stage of it: every man's person being scared, and no other having a right to meddle with it, in any the slightest manner." (Blackstone 1979, 120 zitiert nach Archard 2008, 20.)

deckungsgleich mit Autonomieverletzungen. Oftmals gehen sie zwar mit Verletzungen der Autonomie einher, dies muss jedoch nicht der gewichtigste Grund sein, der gegen sie spricht. Wenn mir beispielsweise jemand auf den Fuß tritt, so übertritt er deutlich meine Körpergrenze und verletzt meine körperliche Integrität. Der erste Gedanke, den ich in einer solchen Situation fasse, ist jedoch nicht: „Mist, jemand hat soeben meine Autonomie verletzt!", sondern vielmehr: „Mist, das tut verdammt weh!". Damit wird deutlich, dass ein weiterer Grund gegen die Verletzung der körperlichen Integrität sprechen kann, nämlich der, dass diese oftmals Schmerzen bereitet. Menschen haben *prima facie* einen moralischen Anspruch darauf, keine Schmerzen zugefügt zu bekommen.[120] Viele medizinische Behandlungen rufen Schmerzen beim Patienten hervor. Besonders schmerzhaft sind operative Eingriffe. Dabei handelt es sich um Verletzungen der körperlichen Integrität, die Schmerzen verursachen.

Nicht jede Übertretung der körperlichen Grenze führt zu Schmerzen. Dennoch können auch gegen schmerzfreie Übertretungen der körperlichen Grenze Gründe sprechen, weil dadurch andere negative Gefühle beim Gegenüber hervorgerufen werden. Sowohl die Verbundenheit mit unserem Körper als auch die Verschränkung unserer Identität mit unserem Körper führt dazu, dass jede Übertretung der körperlichen Grenze nicht nur etwas missachtet, was uns gehört, sondern dadurch immer zugleich auch wir selbst als moralischer Akteur nicht ernst genommen werden.

Wenn eine Person nicht als Gleichwertiger ernst genommen wird, so gefährdet dies seine Möglichkeit zur Selbstachtung. Den Gedanken, dass eine Verletzung der körperlichen Integrität die Selbstachtung des Betroffenen gefährdet, bringt auch Ludvig Beckman zum Ausdruck:

> "People whose bodily integrity is violated have their self-respect injured because they may no longer feel confident that their status as equals is fully respected"[121]

---

120 Vgl. Thomson 1990, Kap. 9.

121 Beckman 2005, 101.

Unser Körper ist unser intimes Reich, das in einem gewissen Sinne uns selbst gehört und für das wir das Recht der Souveränität gegenüber anderen besitzen.[122] Eine Übertretung der körperlichen Grenze nimmt uns die Kontrolle über den Bereich, den wir zu kontrollieren befugt sind. Gleiches gilt für unsere Intimsphäre. Unabhängig von der Zufügung von Schmerzen entsteht deshalb bei der Übertretung der körperlichen Grenze und Verletzung der Intimsphäre ein Gefühl des Kontrollverlusts. Der erlebte Kontrollverlust kann sich zu Gefühlen der absoluten Kontrolllosigkeit und Ohnmacht gegenüber der Situation steigern. Bei Übertretungen der körperlichen Grenze und unbefugtem Eindringen in die Intimsphäre fühlt man sich nicht ernst genommen in seinem Status als moralischer Akteur und Souverän über diesen Bereich. Es ist der intime Bereich, der der eigenen Kontrolle unterstellt ist, der nicht geachtet wird. Gerade im Kontext medizinischer Behandlungen und Untersuchungen kommt es jedoch – wie aufgezeigt – schnell zu einem Eindringen in diesen intimen Nahbereich. Wenn beispielsweise ein Arzt ohne Einwilligung einen Patienten bei einer Visite abhört, gibt er dem Patienten schnell das Gefühl, in einen von außen bestimmten Ablauf eingebunden zu werden, ohne selbst darüber bestimmen zu können. Noch deutlicher werden diese kontrollberaubenden Eingriffe in den intimen Nahbereich sicherlich bei invasiveren Eingriffen. Wer ungefragt eine Spritze bekommt, wird sich nicht ernst genommen fühlen als Beherrscher des eigenen Körpers. Und wer fixiert wird oder gegen den eigenen Willen eine Magensonde gelegt bekommt, der wird wohl kaum noch das Gefühl haben, dass er es ist, der den Umgang mit seinem Körper kontrolliert und bestimmt. Ein solcher Patient wird sich ohnmächtig einer Situation ausgesetzt sehen, in der er als moralischer Akteur nicht ernst genommen wird und die sich seiner Kontrolle entzieht.

Darüber hinaus kann eine Verletzung der körperlichen Integrität demütigend sein. Vergewaltigungen und Folter sind drastische Beispiele, bei denen die Verletzung der körperlichen Integrität genau auf diesen demütigenden und erniedrigenden Aspekt abzielt und werden daher vielfach als

122 Vgl. Thomson 1990, Kap. 8; Archard 2008, 27 ff.

Menschenwürdeverletzung aufgefasst. Diese Taten sind deshalb die Menschenwürde verletzende Demütigungen, weil sie dem Opfer die Möglichkeit nehmen, sich selbst zu achten.[123] Diese Handlungen zielen darauf ab, das Gegenüber zur Durchsetzung der eigenen Zwecke zu nutzen, ohne die Person dabei als Mensch ernst zu nehmen. Obschon nicht alle Übertretungen der körperlichen Grenze und Verletzungen der Intimsphäre demütigend sind und deshalb als Menschenwürdeverletzung aufgefasst werden können, so scheint es dennoch naheliegend zu sein, die besondere Schutzbedürftigkeit der körperlichen Integrität und Intimsphäre in der Menschenwürde zu suchen. So geht Stoecker in einem Artikel zu Menschenwürdeverletzungen auf den körperlichen Aspekt der Menschenwürde ein und kennzeichnet das Zufügen von Schmerzen und Schäden als mögliche Menschenwürdeverletzungen.[124] Auch die Möglichkeit die private und intime Sphäre nach außen schützen zu können ist für ihn bedeutsam, um Bedrohungen der Menschenwürde zu verhindern.[125] Als Charakteristikum von Menschenwürdeverletzungen bezeichnet er den Kontrollverlust:

> „Man kann einen Menschen auch dadurch in seiner Menschenwürde beschneiden, dass man ihn vollständig unter seine Kontrolle bekommt und damit an seiner Selbstbestimmung hindert."[126]

Ebenso stellt das Nicht-ernst-genommen-werden eine Bedrohung für die Würde der Betroffenen dar.[127] Damit werden die von mir aufgezählten Gründe, die gegen die Übertretung der körperlichen Grenze und Eindringen in die Intimsphäre sprechen – das Nicht-ernst-genommen-werden als moralischer Akteur, die bedrohte Möglichkeit der Selbstachtung und der erlebte Kontrollverlust – als mögliche Gefährdungen der Menschenwürde benannt.

Das Zufügen von Schmerzen, das Nicht-ernst-nehmen des Gegenübers als moralischen Akteur, die Gefahr für die Möglichkeit der Selbstachtung, die

123 Vgl. Schaber 2003, 125.
124 Vgl. Stoecker 2015, 102.
125 Vgl. Stoecker 2015, 102 f.
126 Stoecker 2015, 103.
127 Vgl. Stoecker 2015, 100.

Missachtung der Souveränität über den eigenen Körper und der von Betroffenen erlebte Kontrollverlust und Ohnmacht gegenüber der Situation, all das sind Gründe, die unabhängig von einer gleichzeitigen Verletzung der Autonomie, gegen eine Übertretung der körperlichen Grenze und ein Eindringen in unsere Intimsphäre sprechen. All dies können auch Gründe sein, die einen Hinweis auf das Vorliegen einer Menschenwürdeverletzung geben. Das bedeutet nicht, dass jeder Eingriff in die körperliche Integrität zugleich eine Menschenwürdeverletzung darstellt.

Eingriffe in die körperliche Integrität und Intimsphäre variieren in ihrem Schweregrad je nachdem, welches Ausmaß die Verletzung hat und welche Stelle verletzt wurde. Wie bei der Übertretung einer Landesgrenze lassen sich auch bei der Übertretung einer Körpergrenze Unterschiede im Ausmaß des Übels feststellen. Übertritt ein Migrant die Grenze eines Landes nur am äußersten Rand, ohne etwas in dem Land zu verletzen und verlässt das Land kurz darauf wieder, so wurde die Grenze des Landes missachtet. Diese Missachtung ist aber weniger schlimm als bei einem militärischen Angriff auf das Land, der Teile des Landes zerstört. Gleiches gilt für den Körper eines Menschen: Eine Berührung am Arm ist weniger schwerwiegend als die Entnahme eines Organs. Auch wenn gegen beide Handlungen die genannten moralischen Gründe sprechen, so ist ganz offensichtlich eine Organentnahme wesentlich gravierender und birgt eher die Gefahr einer Menschenwürdeverletzung als die Berührung des Arms.

Neben dem Ausmaß der Verletzung scheint auch die Stelle, an der die Verletzung stattgefunden hat, bedeutsam zu sein. Übertritt beispielsweise ein Wanderer am Berggipfel die Landesgrenze, ist dies bereits eine Verletzung der staatlichen Grenze. Es scheint jedoch weitaus schwerwiegender zu sein, wenn man statt sich nur an der Grenze zu bewegen, in das „Herz" des Landes vordringt. Man denke dabei nur an den Skandal, den Mathias Rust in den 80er Jahren auslöste, als er mit seiner Cessna im Kalten Krieg ein paar Runden über dem Roten Platz und dem Kreml in Russland drehte und dann, ohne Schaden anzurichten, sein Flugzeug landete. Diese Übertretung der Landesgrenze gilt als gravierender, weil der Eindringling an einer ganz bestimmten

Stelle eindrang, nämlich im Herzen des Staates. Ähnliches lässt sich auch auf den Körper übertragen. An unserem Körper gibt es Stellen höchster Intimität. Das sind unter anderem solche Stellen, die mit unserer Sexualität in Verbindung gebracht werden. Bei der Beurteilung, wie schwerwiegend die Übertretung der körperlichen Grenze für die betroffene Person ist, spielen also das Ausmaß und die Stelle der Verletzung eine bedeutsame Rolle.

Nicht jede Verletzung der körperlichen Integrität oder Intimsphäre ist also zugleich eine Menschenwürdeverletzung. Zudem verstößt nicht jede Verletzung der körperlichen Integrität und Intimsphäre gegen alle von mir genannten moralischen Gründe, die gegen eine Verletzung der körperlichen Integrität und Intimsphäre sprechen. Beispielsweise kann ich die Körpergrenze einer Person schmerzfrei übertreten, indem ich das Gegenüber nur berühre oder schmerzfrei intime Informationen erhebe. Allerdings scheinen eine Übertretung der körperlichen Grenze und ein Eindringen in die Intimsphäre bereits dann falsch zu sein, wenn nur einer der genannten falsch machenden Gründe vorliegt.

Es lässt sich also festhalten, dass gegen Übertretungen der körperlichen Grenze und Verletzungen der Intimsphäre verschiedene moralische Gründe sprechen: sie können eine moralisch bedeutsame Verletzung der Autonomie der Betroffenen darstellen, sie können die Menschenwürde des Betroffenen verletzen, ihm körperliche Schmerzen zufügen, ihn nicht als gleichwertigen moralischen Akteur ernst nehmen, seine Möglichkeit zur Selbstachtung bedrohen, ihn als Souverän über den eignen Körper missachten, ihn der Kontrolle berauben oder ein Gefühl der Ohnmacht gegenüber der Situation entstehen lassen. Diese gegen die Handlung sprechenden Gründe können zusammen oder einzeln und unabhängig voneinander auftreten. Es müssen nicht alle Punkte erfüllt sein, denn bereits einer der genannten Gründe reicht aus, um einen moralisch gewichtigen Grund vorliegen zu haben, der gegen die Durchführung der Handlung spricht.

Da medizinische Behandlungen, wie von mir aufgezeigt, typischerweise mit Verletzungen der körperlichen Integrität und der Intimsphäre von

Betroffenen einhergehen, sprechen entsprechend gewichtige moralische Gründe gegen ihre Durchführung. Medizinische Behandlungen fallen damit unter eine Gruppe von *prima facie* verbotenen Handlungen.

Aus diesem Grund bedarf es eines Instruments, das die verbotene Handlung in eine erlaubte Handlung überführt, um sie legitimer Weise durchführen zu können. Dieses Instrument ist die informierte Einwilligung des Patienten. Damit erfüllt die Einwilligung im medizinischen Kontext den Zweck, den Einwilligungen auch in anderen Kontexten erfüllen: sie verändert den normativen Status einer Handlung, indem sie eine ansonsten verbotene Handlung in eine erlaubte Handlung überführt.[128] Oder wie Peter Schaber es formuliert:

> „Durch Einwilligungen erlauben wir anderen Dinge zu tun, die ohne Einwilligung moralisch unerlaubt wären."[129]

Einwilligungen sind dort notwendig, wo Handlungen ohne sie verboten oder ethisch verwerflich sind. Einwilligungen ermöglichen es uns, andere von ihren Pflichten uns gegenüber zu entbinden. So können wir mithilfe einer Einwilligung den Arzt von seiner Pflicht entbinden, unsere Intimsphäre und körperliche Integrität zu wahren.[130]

Man kann eine Einwilligung ähnlich verstehen wie eine Einladung, die man an den Arzt ausspricht: wie man Gäste dazu einladen kann, das eigene Haus zu betreten, so kann man auch einen Arzt oder eine Ärztin dazu einladen, die eigene körperliche Grenze zu übertreten und in den Intimbereich einzudringen. Menschen, die uneingeladen in unser Haus kommen, machen etwas falsch, zumeist bezeichnen wir sie als Brecher des Hausfriedens oder Einbrecher. Was aber passiert durch das Aussprechen einer solchen „Einladung" in Form einer Einwilligung? Wodurch macht die Einwilligung die Verletzung der körperlichen Grenze und das Eindringen in den intimen Nahbereich, der durch eine medizinische Behandlung verursacht wird, weniger schlimm?

---

128 Vgl. Schaber 2011, 54.

129 Schaber 2016b, 477.

130 Vgl. Manson/O'Neill 2007, 72 f.

Betrachten wir die Kontrolllosigkeit und das Gefühl der Ohnmacht, die einen Grund gegen die Durchführung medizinischer Maßnahmen ohne Einwilligung darstellen. Wenn ich Gäste einlade, so kann ich kontrollieren wer kommt. Sehr unhöfliche Menschen oder solche, von denen ich weiß, dass sie alles schmutzig machen, lade ich nicht zu mir nach Hause ein. Dadurch habe ich eine Kontrolle darüber, wer mein Haus betritt. Gleiches gilt für Einwilligungen in medizinische Behandlungen. Wenn Patienten gefragt werden, ob sie in eine Behandlung einwilligen oder diese ablehnen, dann wird ihnen die Kontrolle über diese Situation zugewiesen. Sie sind es, die eine autonome Entscheidung darüber treffen, was mit ihnen, ihrem Körper und ihrem intimen Nahbereich passiert. Sie werden nicht in einen von außen bestimmten Ablauf hineingezogen, sondern es ist an ihnen selbst, den Ablauf und die Situation zu bestimmen. Wenn man es selbst ist, der autonom entscheidet, wie eine Situation abläuft, hat man keinen Grund mehr, sich seiner Kontrolle beraubt zu sehen. Durch die Notwendigkeit ihrer Einwilligung können Patienten kontrollieren, was andere mit ihrem Körper und im Zusammenhang mit ihrer Intimsphäre machen dürfen. Wenn kein Eindringen in die Intimsphäre und kein Überschreiten der körperlichen Grenze durch eine medizinische Behandlung stattfindet, solange ein Patienten sich nicht autonom dafür entscheidet, in diese einzuwilligen, so gibt es für den Patienten auch keinen Grund zu den negativen Gefühlen des Kontrollverlusts und der Ohnmacht.

Ferner macht die Notwendigkeit zur informierten Einwilligung deutlich, dass der Patient als autonomer Akteur ernst genommen wird. Die Ärzte fragen ihn, was er wünscht, was mit ihm geschieht. Er wird als der Souverän seines Körpers behandelt, der er ist. Man unternimmt nichts, was seine körperliche Grenze oder seine Intimsphäre missachtet, solange nicht eine autonome Entscheidung des Patienten dafür vorliegt, in diese Handlungen einzuwilligen. Man behandelt den Patienten dadurch als moralische Autorität über den eigenen Körper und intimen Nahbereich. Diese Behandlung stellt keine Bedrohung mehr für seine Selbstachtung dar, sondern ermöglicht es ihm, diese aufrecht zu erhalten. Besonders in Situationen der Krankheit und Angewiesenheit auf die Hilfe der anderen scheint es bedeutsam, vergewissert zu bekommen, noch immer wo nur möglich Autorität und Kontrolle über die Situation zu haben.

Und sicherlich können Patienten auch einen besseren Umgang mit den möglicherweise aus der Behandlung resultierenden Schmerzen finden, wenn sie wissen, dass diese nicht dadurch entstanden sind, dass jemand etwas gegen den eigenen Willen mit ihnen gemacht hat, sondern deshalb, weil sie aufgrund einer autonomen Entscheidung in diese eingewilligt haben. Sie wurden vorab über die zu erwartenden Schmerzen informiert und konnten sich dadurch darauf vorbereiten.

Die gegen die medizinische Behandlung sprechenden Gründe entfallen durch den Akt der Einwilligung. Dadurch besteht auch nicht mehr die Gefahr, dass die Würde des Patienten durch den Eingriff bedroht wird. Vielmehr ist es ein Ausdruck des Ernstnehmens der Würde des Gegenübers, ihn um eine autonome Entscheidung über den ihn selbst betreffenden Bereich zu bitten. Es achtet ihn als den Beherrscher seines Körpers und als Wesen, dem man die Autorität zugesteht, über sich selbst bestimmen zu können.

Damit stellt eine medizinische Behandlung dann eine moralisch falsche Handlung dar, wenn sie ohne Einwilligung des Patienten erfolgte, weil sie dann als nicht gerechtfertigte Verletzung der körperlichen Integrität und Intimsphäre des Patienten zu werten ist, gegen die gewichtige moralische Gründe sprechen. Durch die Einwilligung des Patienten wird die medizinische Behandlung jedoch in eine erlaubte Handlung überführt. Die Gründe, die gegen die Durchführung dieser Handlung ohne Einwilligung sprachen, entfallen durch die Einwilligung. Die Notwendigkeit der Einwilligung bringt den notwendigen Respekt vor dem Gegenüber als moralischen Akteur und Träger einer Würde zum Ausdruck und ändert außerdem die Einstellung des Patienten zu dem Geschehen. Zudem führen die behandelnden Ärzte keine verbotenen Handlungen aus, denn die Einwilligung des Patienten macht die medizinische Behandlung zu einer erlaubten Handlung.

Damit die Einwilligung des Patienten diesen Zweck erfüllt, muss sie auf der Autonomie des Patienten beruhen. Das Recht darauf, die Unversehrtheit des eigenen Körpers und der Intimsphäre gegenüber anderen aufzuheben, sprechen wir in der Regel nur autonomen Personen zu. Dies ist beispielsweise der Grund dafür, weshalb davon ausgegangen wird, dass Kinder keine Entscheidung darüber treffen können und sollten, ob sie ihre Organe spenden wollen oder in sexuelle Beziehungen einwilligen. Kinder können keine autonome Entscheidung darüber treffen, ob sie ihr Recht auf körperliche Integrität aufheben wollen. Deshalb sind ihre Einwilligungen in ein solches Vorgehen wirkungslos.

Um in Verletzungen der körperlichen Integrität und der Intimsphäre einwilligen zu können, muss man grundsätzlich dazu fähig sein, die dadurch entstehenden Nachteile und Vorteile mit den eignen Werten, Wünschen und Zielen abgleichen zu können. Fast jede medizinische Behandlung bringt nicht nur Vorteile, sondern auch Nachteile mit sich, seien es das unangenehme Gefühl der Behandlung selbst, Schmerzen oder andere Nebenwirkungen wie körperliche Einschränkungen. Nur ein autonomer Patient kann abwägen, ob er die medizinische Behandlung und die damit einhergehenden negativen Konsequenzen insgesamt als wünschenswert und als mit seinen Werten, Wünschen und Zielen zu vereinbaren betrachtet oder nicht.

Damit eine Einwilligung also tatsächlich dazu führt, dass die ohne sie verbotene medizinische Behandlung in eine erlaubte Handlung transformiert wird, muss sie von einem autonomen Patienten erteilt werden. Die Einwilligung des autonomen Patienten wird damit zum „Türöffner“, der eine medizinische Behandlung legitimiert, die ohne Einwilligung verboten wäre.

2.4.5 Zusammenfassende Begründung der Notwendigkeit der informierten Einwilligung

In Kapitel 2.4 bin ich der Frage nachgegangen, wodurch die Notwendigkeit der informierten Einwilligung vor jeder medizinischen Behandlung eines einwilligungsfähigen Patienten abschließend begründet werden kann. Um diese Frage zu beantworten, habe ich verschiedene Schutzgüter untersucht, die möglicherweise durch das Instrument der informierten Einwilligung sinnvoll vor Verletzungen geschützt werden könnten. Es hat sich dabei gezeigt, dass die Notwendigkeit der informierten Einwilligung in manchen Situationen zwei positive Nebeneffekte aufweist: sie kann in manchen Konstellationen Patienten vor gesundheitlichem Schaden bewahren und führt manchmal dazu, dass Vertrauen in das gesundheitliche System verstärkt oder aufgebaut wird. Doch weder über den Grund der Schadensbewahrung von Patienten, noch über den Grund des Vertrauens lässt sich die Notwendigkeit einer informierten Einwilligung vor *jeder* medizinischen Behandlung abschließend rechtfertigen.

Der medizinethischen Standardansicht folgend ist es die Autonomie, die durch die Notwendigkeit der informierten Einwilligung geschützt wird. Meine Analyse dieser Begründung der Notwendigkeit der informierten Einwilligung hat jedoch ergeben, dass es zwar Entscheidungen für oder gegen eine medizinische Behandlung gibt, denen eine inhärent wertvolle Form der Autonomie zugrunde liegt. Dies trifft auf Einwilligungen oder Ablehnung von medizinischen Behandlungen zu, die Einfluss auf die autonome Lebensführung der Person insgesamt oder auf ihre personale Autonomie haben. Bei solchen Entscheidungen ist es aus ethischer Sicht gefordert, die autonome Entscheidung des Patienten zu achten und medizinische Behandlungen nur mit seiner informierten Einwilligung durchzuführen. Das Durchführen einer medizinischen Behandlung ohne Einwilligung des Patienten würde in solchen Fällen zu einer Verletzung der inhärent wertvollen Patientenautonomie führen.

Da die informierte Einwilligung jedoch auch vor solchen medizinischen Behandlungen notwendig ist, die keine Auswirkung auf die autonome Lebensführung des Patienten oder seine personale Autonomie haben, lässt sich die Notwendigkeit der informierten Einwilligung nicht abschließend über den Schutz der Patientenautonomie begründen.

Der Grund, der die Notwendigkeit der informierten Einwilligung tatsächlich abschließend und umfassend begründet, ist der Schutz der körperlichen Integrität und der Intimsphäre des Patienten. Eine medizinische Behandlung stellt typischerweise eine Verletzung der körperlichen Integrität und

Intimsphäre des Betroffenen dar. Gegen die Verletzung der körperlichen Integrität und Intimsphäre sprechen gewichtige moralische Gründe: sie können eine moralisch bedeutsame Verletzung der Autonomie der Betroffenen darstellen, sie können die Menschenwürde des Betroffenen verletzen, ihm körperliche Schmerzen zufügen, ihn nicht als gleichwertigen moralischen Akteur ernst nehmen, seine Möglichkeit zur Selbstachtung bedrohen, ihn als Souverän über den eignen Körper missachten, ihn der Kontrolle berauben oder ein Gefühl der Ohnmacht gegenüber der Situation entstehen lassen. Aus diesen Gründen sind medizinische Behandlungen moralisch verbotene Handlungen. Um ihren normativen Status zu ändern, bedarf es der autonomen Einwilligung der Betroffenen. Sie transformiert die ohne Einwilligung verbotene medizinische Behandlung in eine erlaubte Handlung. Damit wird der Schutz der körperlichen Integrität und Intimsphäre der Patienten zum schlagenden Grund, der die Notwendigkeit der informierten Einwilligung vor *jeder* medizinischen Behandlung rechtfertigt.

Durch diese Begründung der Notwendigkeit der informierten Einwilligung ergibt sich eine bestimmte normative Funktion, die der Autonomie im Kontext der informierten Einwilligung zugesprochen wird, die im Folgenden erläutert wird.

2.5 Die beiden normativen Funktionen der Patientenautonomie

Jede medizinische Behandlung eines einwilligungsfähigen Patienten, die ohne seine autonome Einwilligung durchgeführt wird, stellt eine nicht gerechtfertigte Verletzung seiner körperlichen Integrität dar. Einzig und allein die Behandlungsentscheidung des Arztes, keine medizinische Behandlung durchzuführen, weil sie nicht medizinisch indiziert ist, bedarf keiner weiteren Einwilligung des Patienten. Beim Durchführen von medizinischen Behandlungen ist eine autonome Einwilligung des Patienten notwendig, um eine nicht gerechtfertigte Körperverletzung zu vermeiden und die medizinische Behandlung von einer moralisch verbotenen in eine erlaubte Handlung zu transformieren. Demnach ist die körperliche Integrität des Patienten die Barriere, die medizinische Behandlungen zunächst moralisch verbietet. Durch eine autonome Entscheidung des Patienten wird diese Barriere aufgehoben. Damit hat die Patientenautonomie die symbolische Funktion eines Schlüssels. Ohne autonome Einwilligung vonseiten des Patienten, darf die „Tür" zum Körper des Patienten nicht geöffnet werden. Ohne den „Schlüssel" der autonomen Einwilligung würde sich der Arzt des „Einbruchs" strafbar machen. Die autonome Entscheidung dient als Schlüssel bzw. Einladung, die die Tür zum eigenen Körper öffnet und die Barriere aufhebt. Der Arzt kann nun in gerechtfertigter Weise die körperliche Grenze des Patienten übertreten und diesen medizinisch behandeln.

Diese Begründung der Notwendigkeit der informierten Einwilligung über die körperliche Integrität des Patienten bezeichne ich als „Einladungsthese"[131], weil sie davon ausgeht, dass medizinische Behandlungen nur durch Einladung des Patienten gerechtfertigt sind. Der Einladungsthese zufolge besteht die normative Funktion der Patientenautonomie darin, für eine ethisch legitimierte medizinische Behandlung den Weg frei zu machen. Ohne das Vorliegen von Autonomie fehlt der Schlüssel zum Öffnen der Barriere, die den medizinischen Eingriff zunächst moralisch verbietet. Die Barriere der körperlichen Integrität existiert unabhängig von der Autonomie des Patienten. Während autonome Patienten jedoch einen Schlüssel haben, der den Weg für eine gerechtfertigte Behandlung frei macht, ist dies bei nicht autonomen Patienten wesentlich schwieriger. Medizinische Behandlungen bei nicht autonomen Menschen, die nicht die Möglichkeit haben mittels ihrer Einwilligung eine Einladung an den Arzt auszusprechen, sind deshalb eine große ethische Herausforderung.

Eine andere normative Funktion kommt der Patientenautonomie hingegen zu, wenn man die medizinethische Standardansicht zur Begründung der Notwendigkeit der informierten Einwilligung heranzieht. Hier scheint es weniger die körperliche Integrität zu sein, die eine Barrierefunktion einnimmt,

131 Für den Vorschlag dieses Terminus möchte ich mich bei Prof. Stoecker bedanken.

sondern vielmehr kommt diese Barrierefunktion der Autonomie selbst zu. Ist ein Patient autonom, so muss seine Autonomie respektiert werden. Medizinische Behandlungen ohne Einwilligung des Patienten laufen deshalb immer Gefahr, die Autonomie des Patienten zu verletzen. Dies gilt, wie von mir aufgezeigt, insbesondere für solche medizinischen Behandlungen, die einen Einfluss auf die autonome Lebensweise oder die Autonomiefähigkeit des Patienten selbst haben, weil hier eine inhärent wertvolle Form der Autonomie des Patienten missachtet werden würde. Ist der Patient hingegen nicht autonom, so scheint die Gefahr der Autonomieverletzungen nicht vorzuliegen. Wer keine Autonomie hat, kann auch nicht in seiner Autonomie verletzt werden. Gemäß der medizinethischen Standardansicht entfällt entsprechend bei nicht autonomen Patienten die Barriere, die eine medizinische Behandlung moralisch verbietet. Medizinische Behandlungen von nicht autonomen Patienten scheinen deshalb der medizinethischen Standardansicht folgend unproblematisch durchgeführt werden zu können.

Folgende Abbildungen sollen die beiden unterschiedlichen normativen Funktionen der Patientenautonomie bei der Einladungsthese und bei der Standardansicht verdeutlichen:

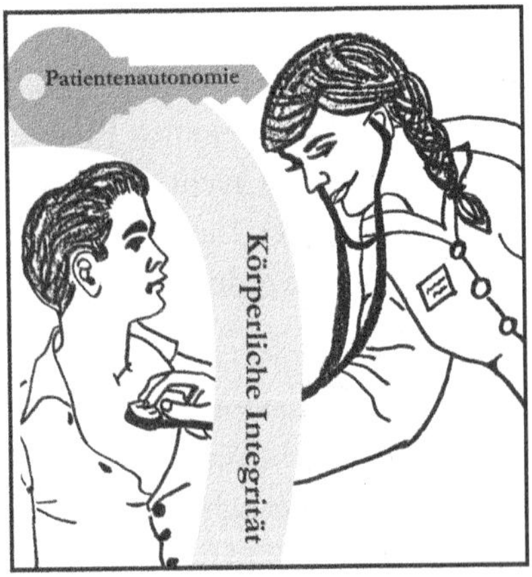

Abb. 1: Einladungsthese

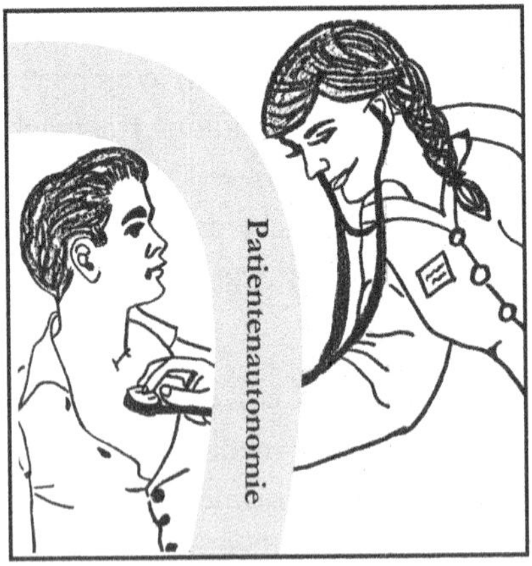

Abb. 2: Medizinethische Standardansicht

Ja nachdem, welche Begründung man für die Notwendigkeit der informierten Einwilligung zugrunde legt – die Einladungsthese oder die medizinethische Standardansicht – scheinen sich zwei unterschiedliche normative Funktionen der Patientenautonomie aufzutun. Nun drängt sich vermeintlich die Frage auf, welche der beiden Funktionen die richtige darstellt. Allerdings scheint es sich bei den beiden beschriebenen Funktionen der Patientenautonomie nicht um ein „entweder-oder" zu handeln, sondern in den meisten Fällen vielmehr um ein „sowohl-als-auch". Da medizinische Behandlungen ohne Einwilligung sowohl die Patientenautonomie verletzen können, als auch die körperliche Integrität verletzen, scheinen beide Funktionen der Autonomie bedeutsam zu sein und sich in bestimmten Fällen zu überlappen.

Aus dem vorangegangenen Kapitel sollte deutlich geworden sein, dass eine medizinische Behandlung ohne Einwilligung mindestens in zweierlei Hinsicht falsch sein kann: zum einen verletzen medizinische Behandlungen ohne Einwilligung immer die körperliche Integrität des Patienten. Darüber hinaus missachten solche medizinischen Behandlungen ohne Einwilligung, die Einfluss auf die autonome Lebensweise des Patienten haben, eine inhärent wertvolle Form der Patientenautonomie und verstoßen damit gegen das Prinzip des Respekts der Autonomie.

Ein autonomer Patient kann also in zweifacher Hinsicht durch eine medizinische Behandlung geschädigt werden, in die er nicht eingewilligt hat: er wird in seiner körperlichen Integrität verletzt, und er wird zusätzlich auch noch in seiner autonomen Entscheidung übergangen, wie er sein Leben führen möchte.

Ist der Patienten hingegen nicht autonom oder hat die medizinische Behandlung keinerlei Einfluss auf seine autonome Lebensweise, so wird bei einer medizinischen Behandlung ohne Einwilligung nicht gegen das Prinzip des Respekts der Autonomie verstoßen, aber es erfolgt nach wie vor eine Verletzung der körperlichen Integrität. Um diese zu vermeiden, hätte es seiner autonomen Einwilligung in die Behandlung bedurft.

Die beiden normativen Funktionen der Patientenautonomie verdeutlichen, dass die medizinethische Standardansicht durchaus eine überzeugende Plausibilität hat. Sie ist deshalb so attraktiv, weil durch sie eine gewichtige Verletzung erfasst wird: Wer ein autonomes Leben führt, möchte in der Regel selbst darüber entscheiden dürfen, wie man mit seinem Körper und seiner Lebensweise umgeht. Dies ist der Grund, warum autonome Menschen gefragt werden müssen, bevor man gesundheitsrelevante Handlungen an ihrem Körper vornimmt und sie ohne Einwilligung medizinisch behandelt. Wenn man etwas dazu sagen kann, ob und wie man medizinisch behandelt werden möchte, dann ist es besonders kränkend, wenn man nicht um eine Einwilligung gebeten wird. Diese Verletzung der Autonomie wird von der medizinethischen Standardansicht durchaus erfasst. Die Patientenautonomie hat deshalb die Funktion einer Barriere. Wenngleich sich damit also der Reiz der Standardansicht erklären lässt, reicht sie aber – wie von mir aufgezeigt – dennoch nicht aus, um die Notwendigkeit der informierten Einwilligung vor jeder medizinischen Behandlung zu rechtfertigen. Auch medizinische Behandlungen, die entweder keinen Einfluss auf die autonome Lebensweise der Person haben oder medizinische Behandlungen von Patienten, die nicht autonom sind, können Verletzungen jenseits der Autonomie hervorrufen, nämlich solche der körperlichen Integrität. Zu der möglichen Verletzung der Patientenautonomie summiert sich entsprechend die Verletzung der körperlichen Integrität auf, die wiederum abschließend begründet, weshalb jede medizinische Behandlung einer Einwilligung vonseiten des Patienten bedarf.

Damit kommt der Patientenautonomie eine doppelte normative Funktion zu: sie ist zum einen der Schlüssel zu einer ethisch legitimierten medizinischen Behandlung, und sie ist in vielen Fällen zugleich eine Barriere, die Patienten davor schützt, durch medizinische Behandlungen in einer autonomen Entscheidung, wie sie leben möchten, missachtet zu werden.

Abbildung 1 trifft damit auf jede medizinische Behandlung zu, ganz gleich, ob der Patient autonom ist, oder, ob die medizinische Behandlung Einfluss auf seine autonome Lebensweise hat. Einzig und allein der abgebildete Schlüssel kommt nur denjenigen Patienten zu, die autonom sind. Abbildung

2 trifft auf sehr viele medizinische Behandlungen zu, nämlich auf all diejenigen, die an einem autonomen Patienten durchgeführt werden und Einfluss auf seine autonome Lebensweise haben. Will man sich also näher mit der Patientenautonomie und ihrer Bedeutung in der medizinischen Ethik beschäftigen – so wie ich das im Folgenden tun werde – so muss man stets diese beiden normativen Funktionen der Patientenautonomie im Auge behalten, die sich aus der Begründung der Notwendigkeit der informierten Einwilligung vor medizinischen Behandlungen ergeben. Die Patientenautonomie kann selbst die Barriere sein, die eine medizinische Behandlung verbietet, sie kann aber auch der Schlüssel sein, der eine Behandlung legitimiert. Beide normative Funktionen der Patientenautonomie haben unterschiedliche Auswirkungen auf den praktischen Umgang mit Patienten hinsichtlich der Zulässigkeit medizinischer Behandlungen. Diese praktischen Konsequenzen der beiden normativen Funktionen der Patientenautonomie sollen im folgenden Kapitel näher beleuchtet werden.

3. Zwei normative Funktionen der Patientenautonomie und deren Folgen für die medizinische Praxis

Im vorherigen Kapitel habe ich mich mit der informierten Einwilligung vor medizinischen Behandlungen und ihrem Zusammenhang mit der Patientenautonomie auseinandergesetzt. Ich habe aufgezeigt, dass medizinische Behandlungen zwei bedeutende Verletzungen hervorrufen können, wenn sie ohne Einwilligung durchgeführt werden: sie können die Autonomie des Patienten missachten, und sie verletzen seine körperliche Integrität. Doch neben dem Prinzip des Respekts der Autonomie und dem der Achtung der körperlichen Integrität gibt es weitere Prinzipien, die auf dem Spiel stehen können, wenn es um eine Entscheidung über eine medizinische Behandlung geht. Beauchamp und Childress haben in ihrem prinzipienorientierten Ansatz vier solcher Prinzipien identifiziert, die es bei medizinischen Interventionen abzuwägen gilt: das Prinzip der Autonomie, das Prinzip des Nicht-Schadens, das Prinzip der Fürsorge und das der Gerechtigkeit.[132] Diese Prinzipien decken nicht unbedingt umfassend alle möglichen Verletzungen durch medizinische Behandlungen ab. Stoecker plädiert beispielsweise überzeugend dafür, dass es bei der Erwägung, ob medizinische Behandlungen angemessen sind, auch einer Betrachtung der Menschenwürde bedarf.[133]

Ganz gleich, welche weiteren Prinzipien in der medizinethischen Praxis eine Rolle spielen, eines ist in jedem Falle unbestreitbar: Weder die Autonomie noch die körperliche Integrität sind die einzigen oder gar die bedeutendsten Prinzipien, die bei medizinethischen Erwägungen berücksichtigt werden müssen. In der alltäglichen medizinischen Praxis ist es vielfach notwendig, zwischen konfligierenden Prinzipien abzuwägen. In Konfliktsituationen muss entschieden werden, welchem der konfligierenden Prinzipien in der konkreten Situation höhere Priorität beigemessen wird. Es kann beispielsweise vorkommen, dass ein Patient eine vom Arzt als medizinisch indizierte und zur

---

132 Vgl. Beauchamp/Childress 2013.

133 Vgl. Vortrag von Stoecker 2016 „Ethical constraints on medical treatment".

P. Becker, *Patientenautonomie und informierte Einwilligung*,
https://doi.org/10.1007/978-3-476-05022-9_3

Erhaltung der Gesundheit notwendig erachtete Behandlung ablehnt. Dies ist der Fall bei dem bereits beschriebenen Zeugen Jehovas, der eine lebensrettende Bluttransfusion ablehnt. Die durch die Patientenentscheidung hervorgerufene Gefahr einer Selbstschädigung muss gegen das Prinzip des Respekts der Autonomie abgewogen werden. Es stellt sich die Frage, ob das körperliche Wohlergehen des Patienten oder die Achtung seiner autonomen Entscheidung und körperlichen Integrität als handlungsleitendes Prinzip in den Vordergrund rücken sollte.

Es kann auch die Situation entstehen, dass das medizinische Personal eine Entscheidung darüber treffen muss, ob die künstliche Beatmung eines komatösen Patienten fortgesetzt werden soll oder ob eine Beendigung der Beatmung im Interesse des Patienten ist. Stellt man sich beispielsweise vor, dass ein Patient zwar ursprünglich einer künstlichen Beatmung zugestimmt hat, sein gesundheitlicher Zustand sich aber mittlerweile so verändert hat, dass er diese jetzt ablehnen würde – er könnte in seiner Patientenverfügung eine solche Ablehnung deutlich gemacht haben. Achtet der Arzt den vorab geäußerten autonomen Wunsch des Patienten und wird damit dem Autonomie-Prinzip gerecht, so verstößt er gleichzeitig gegen das Nicht-Schadens-Prinzip, da das Ausschalten der künstlichen Beatmung unweigerlich zum Tod des Patienten führt. Entsprechend stellt sich die Frage, welchem Prinzip der Vorzug gegeben wird, dem Prinzip des Respekts vor der Autonomie oder dem des Nicht-Schadens.

Daneben gibt es auch ethische Konflikte jenseits von Autonomieerwägungen. Wenn beispielsweise über die Behandlung eines Kindes entschieden wird, das noch nicht autonom ist, aber einen die Behandlung ablehnenden Willen zum Ausdruck bringt. Hier gilt es, die durch die Behandlung und der daraus resultierenden Verletzung seiner körperlichen Integrität entstehende Schädigung gegen die mögliche Steigerung des Wohlergehens für das Kind abzuwägen.

Diese und ähnliche Fragen werden klassischerweise in der Paternalismus-Debatte diskutiert. Als paternalistische Handlungen versteht man im medizinischen Kontext solche Handlungen, die zum (vermeintlichen) Wohl des

Patienten dessen Wünsche missachten. Es wird zumeist – angelehnt an eine Definition von Feinberg[134] – zwischen starkem und schwachem Paternalismus (*hard and soft paternalism*) unterschieden. Beim schwachen Paternalismus werden zum Wohl des Betroffenen Präferenzen von nicht urteilsfähigen Patienten missachtet. Beauchamp nennt diese Form des Paternalismus auch „preference-limiting", da die getroffenen Entscheidungen nicht substantiell autonom sind, wodurch nicht gegen die Autonomie, sondern nur gegen die Präferenzen der Person verstoßen wird.[135] Das dritte Beispiel, in dem es um die Behandlung eines Kindes geht, fällt in diese Kategorie. Von starkem Paternalismus spricht man, wenn der autonome Wille eines einsichtsfähigen Patienten übergangen wird. Beauchamp bezeichnet diese Form von paternalistischem Handeln als „autonomy-limiting". Das erste Beispiel des Patienten, der autonom eine Behandlung ablehnt, würde in die Kategorie des starken Paternalismus fallen.

Welche Art von Paternalismus vorliegt, hängt also davon ab, ob der Patient bzw. seine Entscheidung über die medizinische Behandlung autonom ist oder nicht. Ich möchte dieses Kapitel dazu nutzen, herauszufinden, welche Rolle die beiden normativen Funktionen der Patientenautonomie – einmal als Schlüssel zur medizinischen Behandlung und einmal als Barriere – für die Rechtfertigung von starkem und schwachem Paternalismus spielen. Diese Frage ist bedeutsam, weil sie von großer praktischer Relevanz ist: Je nachdem, ob und wodurch man paternalistisches Handeln im medizinischen Kontext rechtfertigt, wird man zu einem unterschiedlichen Umgang mit Patienten und der Achtung ihrer Entscheidungen kommen. Die drei von mir beschriebenen Beispielfälle machen deutlich, dass einerseits eine voreilige Ablehnung paternalistischer Interventionen verheerende Folgen für den Betroffenen haben kann. Wird beispielsweise im Falle des Kindes auf eine paternalistische Durchführung einer medizinischen Behandlung verzichtet, so kann dies schwere gesundheitliche Folgen haben und ein Verstoß gegen das Prinzip der

---

134 Vgl. Feinberg 1971; Feinberg 1986, 12 ff.

135 Vgl. Beauchamp 2010.

Fürsorge darstellen. Gleiches gilt aber auch für autonome Patienten, bei denen eine Ablehnung von paternalistischen Interventionen ebenfalls zu ihrem vermeidbaren Tod führen kann – wie das Beispiel der Ablehnung eines Zeugen Jehovas einer lebensrettenden Bluttransfusion verdeutlicht. Andererseits läuft man mit einer zu schnellen Zustimmung zu paternalistischen Behandlungen ebenfalls Gefahr, gegen gewichtige Prinzipien wie das der Autonomie oder das der Achtung der körperlichen Integrität zu verstoßen. Bezieht man die beiden normativen Funktionen der Patientenautonomie in die Beurteilung der Zulässigkeit paternalistischer Behandlungen ein, so ergibt sich daraus die Möglichkeit, besser zu analysieren, welche paternalistische Behandlungen gerechtfertigt sind und wo ihre Grenzen liegen. Dies verdeutlicht die hohe praktische Relevanz der beiden Funktionen von Autonomie. Ich unterscheide bei der folgenden Analyse zwischen starkem und schwachem Paternalismus und beginne mit der Frage nach der Zulässigkeit stark paternalistischer Handlungen bei medizinischen Behandlungen.

3.1 Zur Zulässigkeit stark paternalistischer Behandlungen

Bei starkem Paternalismus wird der autonom geäußerte Wunsch eines Patienten mit der Zielstellung übergangen, dadurch sein Wohlergehen zu sichern bzw. Schaden von ihm abzuwenden. Bei dieser Form des Paternalismus spielt die normative Funktion der Autonomie als Barriere eine Rolle. Wie in Kap. 2.4.3 aufgezeigt, sind autonome Entscheidungen nicht immer zum Besten für den Patienten selbst. Patienten können sich darüber täuschen, was zu ihrem Besten ist oder sich bewusst für etwas entscheiden, von dem sie wissen, dass es nicht zu ihrem Besten ist. Entsprechend kommt es auch in der medizinischen Praxis dazu, dass Patienten Entscheidungen treffen, die scheinbar nicht zu ihrem eigenen Wohlergehen sind. Manche Patienten lehnen autonom mögliche medizinische Behandlungen ab, die für die Aufrechterhaltung ihrer Gesundheit oder ihres körperlichen und manchmal geistigen Wohlergehens notwendig wären. Da Ärzte in der Regel das Wohlergehen des Patienten und damit die Sicherung seiner Gesundheit und die Aufrechterhaltung seines Lebens zum Ziel haben, liegt es nahe, dass bei solchen Entscheidungen abgewogen wird, ob eine paternalistische Behandlung des Patienten ethisch rechtfertigbar ist. Das Prinzip des Respekts der Autonomie muss in solchen Situationen gegen das Prinzip der Fürsorge und das des Nicht-Schadens abgewogen werden.

Hat die infrage stehende Behandlung einen Einfluss auf die autonome Lebensweise des Patienten, so würde eine paternalistische Behandlungen gegen den Willen des Patienten eine inhärent wertvolle Form der Patientenautonomie und somit das Prinzip des Respekts der Autonomie verletzen. Dagegen wird jedoch eingewandt, dass dies in spezifischen Situationen gerechtfertigt sei, wenn einzig und allein durch dieses Vorgehen andere Prinzipien wie das der Fürsorge maßgeblich befördert werden. Diese Position beziehen Beauchamp und Childress in ihrem prinzipienorientierten Ansatz.[136] Da sie keinem ihrer vier Prinzipien Priorität einräumen, müssen diese im Fall einer Prinzipienkollision gegeneinander abgewogen werden, und es muss dem Prinzip Vorrang gegeben werden, das in dem konkreten Fall höheres Gewicht hat. Für Situationen, in denen über stark paternalistisches Vorgehen entschieden wird, bedeutet dies, dass je minimaler die Verletzung der Patientenautonomie ist und je größer auf der anderen Seite der dadurch abgewendete Schaden, desto besser kann starker Paternalismus gerechtfertigt werden. In den Worten von Beauchamp und Childress heißt es:

> “as the risk to a patient's welfare increases or the likelihood of an irreversible harm increases, the likelihood of a justified paternalistic intervention correspondingly increases”[137].

Damit wird es möglich, konkrete medizinische Behandlungssituationen auszumachen, in denen das Prinzip der Fürsorge das der Autonomie trumpft.

Diese Position scheint aber nur dann zu überzeugen, wenn die Patientenautonomie nur in ihrer Barrierefunktion betrachtet wird. Das Prinzip der

136 Vgl. Beauchamp/Childress 2013.

137 Beauchamp/Childress 2013, 222.

Fürsorge bzw. das des Nicht-Schadens muss dann einzig und allein gegen eine Missachtung des Prinzips des Respekts vor der Autonomie abgewogen werden. Bezieht man jedoch die in der Einladungsthese herausgearbeitete Barriere der körperlichen Integrität mit ein, so scheint es ungleich schwieriger zu werden, stark paternalistisches Vorgehen bei medizinischen Behandlungen zu rechtfertigen.

Die Einladungsthese macht deutlich, dass eine medizinische Behandlung ohne autonome Einwilligung des Patienten nicht nur seine Autonomie verletzt, sondern ihm auch in anderer Hinsicht schadet: sie verletzt die körperliche Integrität und die Intimsphäre des Patienten. Wie in Kapitel 2.4.4 aufgezeigt, können solche Handlungen dazu führen, dass sich die Betroffenen als moralische Akteure nicht ernst genommen fühlen und der Möglichkeit der Selbstachtung beraubt werden, sich als Souverän über den eigenen Körper missachtet fühlen, Gefühle der Ohnmacht und Kontrolllosigkeit entstehen und in schweren Fällen sogar in ihrer Menschenwürde missachtet werden. Diese Verletzungen stehen wiederum selbst im Widerspruch zu dem Prinzip der Fürsorge und dem des Nicht-Schadens. Sie sind also nicht nur aus der Autonomie-Perspektive fragwürdig, sondern auch aus der Wohlergehens-Perspektive umstritten. Bei der Rechtfertigung von stark paternalistischen Behandlungen muss entsprechend der gesamte Einfluss der Handlung auf das Wohlergehen des Betroffenen betrachtet werden. Selbst wenn eine medizinische Behandlung von Nutzen für die Gesundheit des Betroffenen ist, so schadet sie – wenn sie gegen seinen Willen durchgeführt wird – in anderer Hinsicht massiv seinem Wohlergehen und scheint deshalb weder mit dem Prinzip der Fürsorge noch mit dem des Nicht-Schadens vereinbart werden zu können. Betrachtet man neben der Barriere der Autonomie auch die Barriere der körperlichen Integrität, so wird es entsprechend wesentlich schwieriger stark paternalistisches Verhalten zu rechtfertigen. Paternalistisches Handeln, das einen autonomen Willen missachtet, verletzt nicht nur das Prinzip des Respekts der Autonomie, sondern auch das der Fürsorge und des Nicht-Schadens, da der Patient nicht nur daran gehindert wird, autonom über seine Lebensweise zu bestimmen, sondern darüber hinaus auch noch eine unzulässige Übertretung seiner körperlichen Grenze erfährt.

Doch auch wenn man beide Barrieren – die der Autonomie und die der körperlichen Integrität – in die Betrachtung einbezieht, könnte man vielleicht noch immer geneigt sein, starken Paternalismus in ganz besonderen Situationen zu rechtfertigen, nämlich dann, wenn der Schaden durch die Missachtung der Autonomie und die Verletzung der körperlichen Integrität äußerst gering ist, der Nutzen für das Wohlergehen des Patienten auf der anderen Seite aber sehr hoch. Wenn also trotz Betrachtung der Wohlergehens-Minderung und Schädigung des Patienten die Netto-Bilanz des Wohlergehens positiv ausfällt.

Bei dieser Argumentation stellt sich jedoch die Frage, was unter Wohlergehen verstanden wird und aus welcher Perspektive man dieses ermittelt. Ist es der Arzt, der zuverlässig erkennen kann, was Wohlergehen für den jeweiligen Patienten bedeutet? Ist es die Gesellschaft insgesamt, die eine allgemeingültige Wohlergehens-Vorstellung ausarbeitet, die als Maßstab herangezogen wird? Wird das direkte Umfeld des Patienten befragt, um eine für ihn angemessene Wohlergehens-Vorstellung zu ermitteln? All diese Vorschläge erscheinen geradezu absurd zu sein, wenn man bedenkt, dass es um eine Entscheidung über das Wohlergehen einer Person geht, die sich aufgrund ihrer Autonomiefähigkeit durchaus deutlich dazu äußern kann, was sie für ihr eigenes Wohlergehen für zuträglich oder abträglich hält.

In unserer liberalen und pluralistisch geprägten Gesellschaft gehen wir davon aus, dass es verschiedene gerechtfertigte Vorstellungen über das Wohlergehen, das gute Leben und das eigene Glück geben kann. Autonomen Personen schreiben wir durchaus sowohl die Fähigkeit als auch das Recht zu, selbst zu entscheiden, was sie für ihr Wohlergehen für zuträglich und was für abträglich erachten. Diese Ansicht lässt sich auch in der medizinethischen Standardansicht wiederfinden:

> "Different patients take different views about what constitutes a harm and a benefit, and when each view is reasonable it is morally unacceptable to

> maintain that the notions of medical benefit and harm are objectively independent of the patient's judgment.“[138]

Autonome Menschen können und dürfen damit auch Entscheidungen im Zusammenhang mit dem eigenen Wohlergehen treffen, die sich von der Wohlergehens-Vorstellung ihres Arztes, der Gesellschaft oder der des eigenen Umfelds unterscheidet. Wenn man also herausfinden will, ob eine Behandlung insgesamt zum Wohlergehen eines Patienten ist, dann ist die Willensbekundung des autonomen Patienten zunächst einmal der beste Anhaltspunkt dafür. Auch diese Ansicht wird wiederum von Beauchamp und Childress unterstützt:

> “(…) what an informed and competent person chooses to do is generally the best evidence we have of his or her values (…) Because it seems correct—short of counterevidence in particular cases—that competent informed choice is the best evidence of a person's values, a justified paternalism must, among other things, have adequate evidence that this assumption is misguided in any given case.”[139]

Wenngleich es in spezifischen Fällen Ausnahmen geben kann, so scheint die Willensbekundung des Patienten doch zunächst der beste Anhaltspunkt dafür zu sein, was dem Wohlergehen des Patienten dient. Hat man das Gefühl, dass der Patient sich darüber täuscht, was zu seinem Besten ist, so scheint es durchaus angebracht zu versuchen, ihn mit der Angabe von guten Gründen vom Gegenteil zu überzeugen. Ihn gegen seinen Willen medizinische zu behandeln und damit seine körperliche Integrität zu verletzen, ist hingegen eine kaum zu rechtfertigende Grenzüberschreitung, die weder mit dem Prinzip des Respekts der Autonomie noch mit dem der Fürsorge und des Nicht-Schadens in Einklang zu bringen ist.

Wenn ein autonomer Patient die Ablehnung einer Behandlung deutlich macht, so ist es entsprechend nicht zu rechtfertigen, diesen bekundeten autonomen Willen zu übergehen, um sein vermeintliches Wohlergehen zu sichern. Gegen

---

138 Beauchamp 2013.

139 Beauchamp 2013.

stark paternalistische Interventionen im Kontext von Einwilligungen spricht, dass sie das Prinzip der Autonomie verletzen, in nicht gerechtfertigter Weise die körperliche Integrität des Patienten verletzen und es keinen Anhaltspunkt dafür gibt, dass sie das Wohlergehen des Patienten insgesamt steigern, wenn er selbst dem ausdrücklich widerspricht. Die Argumentation macht deutlich, dass es der Betrachtung der Barriere der Autonomie als auch der Barriere der körperlichen Integrität bedarf, um ein umfassendes Bild davon zu erhalten, ob stark paternalistisches Vorgehen gerechtfertigt werden kann.

Diese Ansicht unterscheidet sich von der von Beauchamp und Childress vertretenen Ansicht, die stark paternalistisches Vorgehen unter folgenden Bedingungen für gerechtfertigt erachten:

> "1. A patient is at risk of a significant, preventable harm.
> 2. The paternalistic action will probably prevent the harm.
> 3. The prevention of harm to the patient outweighs risks to the patient of the action taken.
> 4. There is no morally better alternative to the limitation of autonomy that occurs.
> 5. The least autonomy-restrictive alternative that will secure the benefit is adopted."[140]

Doch obwohl Beauchamp und Childress diese Bedingungen für gerechtfertigten starken Paternalismus benennen, geben sie dennoch kein Beispiel für eine gerechtfertigte Form des starken Paternalismus im Kontext von Einwilligungen[141] an. Andere Vertreter der medizinethischen Standardansicht, wie Schöne-Seifert, sprechen sich deutlich gegen eine Zulässigkeit stark paternalistischer Interventionen im Kontext von Einwilligungen aus:

---

140 Beauchamp/Childress 2013, 222.

141 Bei medizinischen Handlungen im Kontext von Einwilligungen handelt es sich um medizinische Behandlungen, die nur mit einer informierten Einwilligung des Patienten gerechtfertigt werden können. Neben diesen medizinischen Behandlungen gibt es aber auch andere Handlungen von Ärzten, die keine medizinischen Behandlungen sind, weil sie sich beispielsweise nur auf die Weitergabe von Informationen beziehen und damit nicht direkt in den Kontext der Einwilligung fallen, bspw. Fälle der barmherzigen Lüge.

> „Starker Paternalismus gilt inzwischen in der Medizinethik vielen als ‚politisch inkorrekt' und ist zumindest im Kontext von Einwilligungen nicht mit geltendem Recht vereinbar, das autonomiefähigen Patienten die Zustimmungshoheit in allen Behandlungsfragen einräumt."[142]

Wie steht es aber um stark paternalistische Behandlungen, die sich außerhalb des Kontexts von Einwilligungen bewegen. Beauchamp und Childress gehen hierbei explizit auf zwei Beispielfälle ein, die sich im Kontext der barmherzigen Lüge und dem Vorenthalten von Informationen verorten lassen. Ich werde diese beiden Beispielfälle kurz erläutern, um anhand dieser exemplarischen Fälle zu analysieren, ob solche Formen stark paternalistischen Verhaltens außerhalb des Kontexts von Einwilligungen gerechtfertigt sind.

Das erste Beispiel handelt von einem Patienten, dessen Arzt bei einem Myelogramm einen unklaren Befund erhält, den er mittels eines zweiten Myelogramms abklären möchte. Als der Patient den Arzt um die Ergebnisse des ersten Myelogramms bittet, hält der Arzt die potentiell negativen Informationen zurück, um Ängste und Stress beim Patienten zu vermeiden. Der Arzt rät jedoch zu einer zweiten Untersuchung und möchte die gesicherten Befunde dann dem Patienten offenlegen. Beauchamp und Childress weisen dabei explizit darauf hin, dass das Vorenthalten der Informationen keinen Einfluss darauf hat, ob der Patient einer weiteren notwendigen Untersuchung zustimmen wird:

> "the physician is confident that the information would not affect the patient's decision to consent to another myelogram."[143].

Im zweiten Beispiel geht es um einen religiösen Fanatiker, der autonom ist. Sein Verhalten richtet er pflichtbewusst an seinen religiösen Vorstellungen aus. Er fragt seinen behandelnden Arzt nach seinem Befund. Würde der Arzt seinem Patienten den Befund wahrheitsgemäß mitteilen, so führte dies dazu, dass der Patienten – zur Befolgung seiner religiösen Pflichten – zu einem selbstzerstörerischen Verhalten gezwungen sieht und versuchen würde, sich

142 Schöne-Seifert 2009, 112.
143 Beauchamp/Childress 2013, 222.

das Auge auszureißen. Laut Beauchamp und Childress handelt der Arzt ethisch angemessen, wenn er dem Patienten den wahren Befund vorenthält:

> "Here the doctor acts paternalistically, and justifiably, by concealing information from this patient, who is rational and otherwise informed."[144]

Wenngleich in diesem Beispiel deutlich das Prinzip der Autonomie verletzt wird – die religiösen Vorstellungen werden als zentrale Bestandteile der autonomen Lebensweise des Patienten beschrieben – sehen Beauchamp und Childress diese Form des stark paternalistischen Verhaltens als gerechtfertigt an.

Im Gegensatz zu stark paternalistischen ärztlichen Handeln im Kontext von Einwilligungen geht es bei diesen beiden Fällen nicht darum, eine medizinische Behandlung durchzuführen. Die fragwürdige Handlung des Mediziners übertritt entsprechend nicht die körperliche Grenze. Aus diesem Grund fällt die Barriere der körperlichen Integrität bei der Abwägung, ob der Paternalismus gerechtfertigt ist auch nicht ins Gewicht. Was bleibt, ist jedoch die Verletzung des Prinzips des Respekts der Autonomie. In beiden Fällen wird den Patienten, entgegen der von ihnen geäußerten Bitte um Information, die Möglichkeit genommen, die medizinische Information zu nutzen, um anhand derer eine autonome Entscheidung über ihre weitere Lebensweise und Handlungen zu treffen. Da es sich um Informationen handelt, die für die Lebensweise der Patienten relevant sind, wird dadurch eine inhärent wertvolle Form der Autonomie verletzt. Für das paternalistische Verhalten spricht – wie auch von Beauchamp und Childress argumentiert wird – dass das Vorenthalten von Informationen Schaden von den Patienten abwendet, die durch die emotionale Belastung bzw. das selbstzerstörerische Verhalten ausgelöst werden würden. Die Autonomieverletzung im ersten Beispiel muss als geringer eingeschätzt werden als sie es im zweiten Beispiel ist. Der Patienten im ersten Beispiel soll zumindest zeitnah über seinen Befund informiert werden und die

144 Beauchamp/Childress 2013, 222.

zeitverzögerte Information hat scheinbar keinen Einfluss auf seine Behandlungsentscheidung.

Das Prinzip der Fürsorge und das des Nicht-Schadens spricht zwar möglicherweise für das Vorenthalten von Informationen in den Beispielfällen, es lässt sich jedoch einwenden, dass ein solches Verhalten einen Vertrauensverlust nach sich ziehen könnte.[145] Wer in seiner Autonomie nicht respektiert wird, weil er beispielsweise von seinem behandelnden Arzt bewusst getäuscht wird oder ihm Informationen vorenthalten werden, der misstraut zukünftig dem Arzt und wahrscheinlich auch dem medizinischen System als Ganzem und meidet dieses.

Mir erscheint allerdings ein anderes Argument wesentlich schlagkräftiger zu sein, das auch gegen stark paternalistische Behandlungen von Patienten außerhalb des Kontexts von Einwilligungen spricht. In den beiden Fällen geht es um die Frage der Autorität, über die intimen Nahbereiche des Patienten. Der Arzt erhebt aufgrund seiner Untersuchungen höchst intime Informationen über seinen Patienten. Er greift damit in die Bereiche ein, die Stoecker als „intime Nahbereiche eines Menschen"[146] bezeichnet, worunter er den eigenen Körper, die eigene Gesundheit und die eigene Lebensgestaltung fasst. Für diese intimen Nahbereiche haben autonome Personen eine spezielle eigene Verantwortlichkeit, die darin ihren Ausdruck findet, dass einzig und allein sie es sind, die über diese Bereiche bestimmen dürfen. Die Patienten in den Beispielfällen haben ihrem Arzt zwar die Einwilligung gegeben, Informationen über diesen intimen Nahbereich zu erheben, allerdings schloss dies die Annahme ein, die Informationen vom Arzt zu erhalten. Der Arzt verhält sich jedoch paternalistisch, indem er entscheidet, wie mit diesen intimen Informationen umgegangen wird. Er übernimmt damit Verantwortung für einen Bereich, für den es bereits jemanden gibt, der dafür verantwortlich ist. Aus diesem Grund wirft Stoecker Paternalisten ein anmaßendes Verhalten vor:

145 Vgl. u. a. Tännsjö 1999.

146 Stoecker 2007, 158.

> „Paternalisten sind nicht bloß Menschen, die anderen auch gegen deren Willen etwas Gutes tun wollen, sondern es sind Menschen, die das Wohl des anderen zu ihrer eigenen Sache machen, die sich als für das fremde Wohl zuständig, verantwortlich betrachten. Damit ignorieren sie aber, dass gerade der intime Nahbereich eines Menschen (...) ausschließlich seine eigene Sache ist und den Kern *seines* Verantwortungsbereiches bildet.“[147]

Stoecker greift damit einen in der Diskussion um Autonomie gängigen Gedanken auf, nämlich den, dass zur Autonomie fähige Personen in den sie selbst betreffenden Bereichen eine Autorität gegenüber anderen haben. Sie haben die Autorität über die Bereiche zu bestimmen, die sie selbst betreffen. Die Philosophin Catriona Mackenzie fasst diesen Gedanken folgendermaßen zusammen:

> “autonomy confers normative authority over one’s life; the authority to make decisions of practical importance to one’s life, for one’s own reasons, whatever those reasons might be. Autonomous persons are presumed to have the capacity, the right and the responsibility to exercise this authority, even if they do not always exercise it wisely.“[148]

Sie bringt damit zum Ausdruck, dass autonome Personen die Autorität haben, über die sie selbst betreffenden Bereiche entscheiden zu können. Diese Autorität ist unabhängig davon zu achten, ob die Entscheidungen der autonomen Person auch besonders klug sind. Wie bereits festgestellt sind autonome Entscheidungen nicht gleichbedeutend mit klugen oder das Wohlergehen fördernden Entscheidungen. Auch bei autonomen Entscheidungen können sich Menschen darüber täuschen, was zu ihrem Besten ist. Das ändert aber nichts an der Autorität generierenden Funktion ihrer Autonomie. Der entscheidende Punkt besteht nicht darin, epistemische Autorität zu haben, sondern darin, die praktische und normative Autorität über die intimen Nahbereiche zu haben. Das wiederum bedeutet, dass autonome Personen nicht immer das höhere Fachwissen in den sie selbst betreffenden Bereichen haben. Oftmals wissen Ärzte durchaus besser, was für die Gesundheit des Patienten gut ist

147 Stoecker 2007, 158.

148 Mackenzie 2008, 512.

als der Patient selbst. Ärzte haben damit oftmals die epistemische Autorität hinsichtlich der Gesundheit. Manchmal wissen Außenstehende auch besser, was insgesamt zum Besten für den Patienten sein mag als er selbst. Autonomie generiert also keine epistemische Autorität. Autonome Personen schaffen aber aufgrund ihrer Autonomie einen Handlungsgrund höherer Ordnung, der die Handlungsgründe anderer, wie beispielsweise die der Ärzte, in den sie selbst betreffenden Bereichen überwiegt. Auch wenn der Arzt also besser wissen mag, was „gut" für den Patienten ist, so hat er aufgrund der Autonomie des Patienten dennoch einen Grund, von solchen Handlungen abzusehen, die der Patient nicht wünscht.

Auch Christian Seidel beschreibt personale Autonomie als Form praktischer Autorität und verweist darauf, dass sich mit der Autonomie einer Person auch unsere normative Beziehung zu dieser Person verändert. Er bezeichnet dies als „normativen Umschwung" und meint damit, dass wir autonome Personen anders behandeln, nämlich als jemanden der die praktische Autorität hat, über den ihn betreffenden Bereich zu bestimmen, unabhängig vom Inhalt der getroffenen Entscheidungen. Die Autonomie einer Person generiert damit einen Grund für Außenstehende, bestimmte Handlungen gegenüber der Person zu unterlassen beispielsweise Eingriffe in Entscheidungen oder die Lebensweise der autonomen Person.[149] Dabei ist es unerheblich, wie der Inhalt der Entscheidung oder Lebensweise gestaltet ist.

Übertragen auf das Beispiel des religiösen Fanatikers bedeutet dies, dass es nicht dem Arzt zusteht, über den Umgang mit den intimen Informationen zu entscheiden, sondern dem Patienten. Auch wenn die Informationsweitergabe möglicherweise dazu führt, dass der Patient seiner Gesundheit schweren Schaden zufügt, so hat er dennoch aufgrund seiner Autonomie die Autorität, dies selbst entscheiden zu dürfen. Eine Entscheidung von einem Patienten muss nicht gut, richtig oder seinem Wohlergehen dienen, um respektiert zu werden, sondern sie muss autonom sein. Dies allein reicht um praktische Autorität zu generieren. Auch wer sich in epistemischer Hinsicht irrt, hat noch

149 Vgl. Seidel 2011.

immer die praktische Autorität dies ungehindert tun zu dürfen, solange es sich um eine autonome Entscheidung im Hinblick auf seinen intimen Nahbereich handelt.

Ebenso falsch ist das Vorenthalten der Informationen im Beispiel des zweifelhaften Myelogramms. Der Arzt kann den Patienten durchaus über die geringe Aussagekraft der Befunde informieren. Der Patient hat jedoch um die Weitergabe der Informationen gebeten, die eindeutig in seinem intimen Nahbereich und damit in seinen Verantwortungsbereich fallen. Ein Vorenthalten der erbetenen Informationen stellt eine Missachtung der Autorität dar, die dem Patienten in diesem Bereich zukommt.

Mit dieser Argumentation wird deutlich, dass stark paternalistische Handlungen weder innerhalb noch außerhalb des Kontexts von Einwilligungen gerechtfertigt werden können. Es mag vielleicht richtig sein, dass autonome Patienten nicht immer zum eigenen Besten entscheiden. Nicht jede autonome Entscheidung fördert das Wohlergehen und die Gesundheit. Manchmal ist es von außen zu erahnen, dass der Patient eine Entscheidung trifft, die nicht zu seinem Besten ist. Selbstverständlich kann man diese Problematik mit dem Patienten erörtern und versuchen, sie durch Angabe von Gründen zu einer anderen Entscheidung zu bewegen. Hat diese jedoch keinen Erfolg, so darf man sie nicht zwingen oder schlichtweg in ihrer autonomen Entscheidung übergehen. Die Spannungen der Achtung der Patientenentscheidungen mit dem Prinzip der Fürsorge und dem des Nicht-Schadens mögen manchmal für eine außenstehende Person schwer zu ertragen sein. Dies rechtfertigt jedoch nicht, den Patienten gegen seinen autonomen Willen zu behandeln. Stark paternalistische Behandlungen missachten nicht nur die Barriere der Autonomie, sondern auch die der körperlichen Integrität und verletzen den Patienten damit in mehrfacher Hinsicht: durch die Übertretung seiner körperlichen Grenze schaden sie seinem Wohlergehen erheblich und darüber hinaus wird seine Autonomie missachtet, die praktische Autorität generiert. Betrachtet man beide normativen Funktionen der Autonomie, so wird deutlich, dass stark paternalistisches Handeln im medizinischen Kontext nicht gerechtfertigt ist. Auch nicht in den Situationen, die in der medizinethischen

Standardansicht von Beauchamp und Childress beschrieben werden. Damit führt die Einladungsthese in Kombination mit der Autonomie in ihrer Barrierefunktion zu einer deutlichen Ablehnung von starkem Paternalismus und damit zu anderen bedeutsamen praktischen Konsequenzen im Vergleich zur medizinethischen Standardansicht. Es ist schlichtweg Sache der autonomen Patienten über ihren intimen Nahbereich bestimmen zu dürfen. Auch wenn autonome Entscheidungen manchmal zum Schaden der Patienten ist, so generiert Autonomie doch die Autorität genau dies tun zu dürfen.

3.2 Zur Zulässigkeit schwach paternalistischer Behandlungen

Neben der Form des starken Paternalismus gibt es den schwachen Paternalismus. Auch dieser ist dadurch gekennzeichnet, dass zum (vermeintlichen) Wohl des Patienten seine Wünsche die medizinische Behandlung betreffend durchkreuzt werden. Im Gegensatz zum starken Paternalismus sind beim schwachen Paternalismus die durchkreuzten Wünsche des Patienten jedoch nicht autonom. Damit scheint die Barriere der Autonomie zu entfallen, die einer medizinischen Behandlung eines autonomen Patienten gegen seinen Willen entgegensteht.

Während stark paternalistisches Handeln das Prinzip des Respekts vor der Autonomie verletzt und die aus der Autonomie erwachsende Autorität des Patienten, über den intimen Nahbereich selbst bestimmen zu dürfen, missachtet, tut dies der schwache Paternalismus nicht. Er scheint deshalb wesentlich leichter zu rechtfertigen zu sein.

Da die medizinethische Standardansicht Autonomie vornehmlich in ihrer Barrierefunktion betrachtet, überrascht es nicht, dass diesem Ansatz folgend zunächst nichts gegen schwach paternalistisches Handeln spricht. Ist eine medizinische Behandlung zum Wohlergehen und Erhalt der Gesundheit des Patienten notwendig und spricht kein autonomer Wille des Patienten gegen diese, so scheint keine Prinzipienkollision vorzuliegen. Das Prinzip der

Fürsorge und das des Nicht-Schadens rücken hier in den Vordergrund und schwach paternalistisches Handeln wird ermöglicht. Noch mehr: es wird sogar ethisch notwendig, wenn es dem Wohlergehen des Patienten dient.

Diese Möglichkeit der Rechtfertigung schwach paternalistischen Handelns bedeutet jedoch nicht, dass der behandelnde Arzt nun nach eigenem Gutdünken über die medizinische Behandlung entscheiden darf. Um dem Prinzip der Fürsorge und des Nicht-Schadens gerecht zu werden, darf der Arzt nicht seine eigene Vorstellung von Wohlergehen als Maßstab für die Behandlung anlegen, sondern muss die zugrunde gelegte Vorstellung von Wohlergehen am mutmaßlichen Patientenwillen ausrichten. Dies betont auch Schöne-Seifert, wenn sie schreibt:

> „Autonomiedefizite eines Patienten P, das ist unstrittig, stellen keinen Freibrief für wohlmeinende Fremdbestimmung von P nach eigenem Gutdünken dar. Vielmehr ist P's Behandlung, wenn es entsprechende Evidenzen gibt, an seinem mutmaßlichen Willen auszurichten, erst nachrangig ersatzweise am intersubjektiv verstandenen Patientenwohl."[150]

Der mutmaßliche Wille stellt damit eine Orientierung dar, um eine für den Patienten angemessene Vorstellung dessen zu entwickeln, was für sein Wohlergehen förderlich und was diesem abträglich ist. Dieser mutmaßliche Wille kann indirekt aus vorherigen Äußerungen des Patienten und seinen Wertvorstellungen abgeleitet werden.

Viele ehemals autonome Patienten haben jedoch vor dem aktuellen Zustand mangelnder Autonomie schriftlich oder mündlich eine direkte autonome Willensbekundung in Hinblick auf medizinische Behandlungen verfasst. Dieser „erklärte Wille" wird oftmals in Form einer Patientenverfügung festgeschrieben. Solche autonomen Willensbekundungen sind auch dann zu achten, wenn sich der Patienten aktuell im Zustand mangelnder Autonomie befindet. Die autonomen Vorabwünsche bilden erneut die Barriere der Autonomie, deren Übertretung eine Verletzung des Prinzips des Respekts vor der Autonomie

150 Schöne-Seifert 2009, 120

darstellt. Diese Ansicht findet sich auch in der medizinethischen Standardansicht wieder. So stellen Beauchamp und Childress Folgendes fest:

> "The principle of respect for autonomy compels us to respect such preferences, even if the person can no longer express the preference for himself or herself. (...) caretakers should act on the patient's prior autonomous judgments"[151].

Und etwas weiter hinten führen sie aus:

> "we are obligated to respect the previously expressed autonomous wishes of the now-nonautonomous person because of the continuing force of the principle of respect for the autonomy of the person who made the decision."[152]

Die Barrierefunktion der Autonomie wirkt auch in den Zustand mangelnder Autonomie hinein. Falls also ein zum Zeitpunkt seiner Behandlung nicht autonomer Patient medizinisch behandelt werden soll, dann ist der vorab autonom geäußerte Wille des Patienten ausschlaggebend dafür, ob die Behandlung legitimiert ist oder nicht. Hat der Patient vorab in die Behandlung autonom eingewilligt, so wirkt diese Einwilligung in den Zustand mangelnder Autonomie hinein und öffnet die Tür für eine ethisch legitimierte medizinische Behandlung. Wurde vorab jedoch eine Behandlung abgelehnt, so ist dieser Wille auch im Zustand mangelnder Autonomie zu achten. Dieses Vorgehen kann in der alltäglichen medizinischen Praxis zu schwierigen Situationen führen. Es ist durchaus möglich, dass der vorab erklärte autonome Wille und der aktuell geäußerte nicht autonome Wille („natürlicher Wille") nicht deckungsgleich sind. Eine solche Konstellation lässt sich exemplarisch am in der Literatur vielfach diskutierten Fall von Margo erörtern.[153]

Bei Margo handelt es sich um eine lebensfrohe Patientin, die an der Alzheimer-Krankheit erkrankt ist. Margo scheint ihr Leben trotz der fortgeschrittenen Krankheit zu genießen und sich wohl zu fühlen. Es stellt sich jedoch die Frage, wie damit umzugehen ist, wenn Margo einer medizinischen Be-

151 Beauchamp/Childress 2013, 228.
152 Beauchamp/Childress 2013, 229.
153 Vgl. Firlik 1991; Dworkin 1993, 218-241.

handlung bedarf, beispielsweise der Antibiotikagabe, um eine Lungenentzündung zu behandeln. Was ist das richtige Vorgehen, wenn Margo in einer Patientenverfügung zum Ausdruck gebracht hat, dass sie im Falle einer Alzheimer-Erkrankung keine weiteren medizinischen Behandlungen wünscht? Hier würde der autonom erklärte Willen, dem aktuell natürlichen Willen widersprechen und es stellt sich die Frage, welcher Willensäußerung der Vorrang einzuräumen ist. Um diese zu klären, muss man den natürlichen Willen und seine Bedeutung analysieren.

Den Begriff des natürlichen Willens definitorisch zu erfassen ist äußerst schwierig. Juristen verstehen darunter vielfach:

> „die aktuale Willensbekundung eines Menschen, dem zum Äußerungszeitpunkt die Fähigkeit zur freiverantwortlichen Willensbildung fehlen. Der Betroffene ist daher im Regelfall weder geschäfts- noch einwilligungsfähig."[154]

Eine eindeutige Definition findet sich aber in den Gesetzen, der Rechtsprechung oder den Rechtswissenschaften nicht.[155] Der natürliche Wille ist damit ein Terminus technicus unter dem sowohl verbale als auch nonverbale Äußerungen von Patienten gefasst werden, die sich nicht mehr im Zustand der Autonomie befinden und damit als nicht mehr einwilligungsfähig gelten. Solche Patienten können teilweise noch verbal Wünsche äußern, sich manchmal aber auch nur mit Mimik, Gestik oder anderen Handlungen zum Ausdruck bringen. Damit wird ein sehr breites und heterogenes Spektrum an verschiedenen Ausdrucksformen unter den Begriff des natürlichen Willens zusammengefasst.[156] Die Schwierigkeit all dieser Ausdrucksformen besteht darin, dass sie stets der Interpretation bedürfen, um daraus einen Willen zu erkennen. Diese Schwierigkeit zeigt sich bereits bei spezifischen verbalen Äußerungen, weil es offen bleibt, aus welchen Motiven das Verhalten erfolgt und eine Kommunikation darüber nicht mehr möglich ist.[157] Die Schwierigkeit der

154 Jox/Ach/Schöne-Seifert 2014, A 395.
155 Vgl. Jox 2013, 331.
156 Vgl. Jox 2013, 336.
157 Vgl. Jox 2006, 81.

Interpretationsbedürftigkeit des natürlichen Willens tritt besonders deutlich hervor, wenn der Patient sich nur noch nonverbal über Gestik und Mimik äußern kann. Scheinbar abwehrendes Verhalten von Patienten kann aus ganz unterschiedlichen Motiven heraus erfolgen. Verweigert beispielsweise ein dementiell erkrankter Patient die Nahrungsaufnahme, kann dies aus folgenden verschiedenen Gründen geschehen: möglicherweise schmeckt ihm das Essen nicht, er verweigert die Nahrung, weil er depressiv ist, er hat eine Abneigung gegen die dargereichten Speisen, er lehnt die helfende Person ab, er hat Schmerzen beim Essen oder er ist lebensmüde und die ablehnende Haltung ist Ausdruck seines Todeswunsches.[158] Einen eindeutigen Willen aus diesem Verhalten abzuleiten ist deshalb nicht möglich. Unterschiedliche Personen und Stellvertreter des Patienten interpretieren ein und dasselbe Verhalten eines Patienten zudem oftmals ganz unterschiedlich.[159]

Die Schwierigkeit des natürlichen Willens besteht also einerseits darin, dass er nicht eindeutig erkennbar ist und immer der Interpretation bedarf. Zudem ist er kein Ausdruck eines autonomen oder reflektierten Wunsches des Betroffenen, da die Betroffenen nicht mehr über die Fähigkeit der Autonomie verfügen. Dadurch fallen Äußerungen in Form eines natürlichen Willens auch nicht unter das Prinzip des Respekts vor der Autonomie. Dies ist noch kein Grund, sie ungeachtet übergehen zu können. Vielmehr kann der natürliche Wille durchaus sinnvollerweise als Hinweis darauf gedeutet werden, was dem Wohlergehen des Patienten dienen kann und was zu seinem Schaden ist.[160] Ebenso wie der mutmaßliche Wille kann somit auch der natürliche Wille dazu dienen, herauszufinden, welche Handlungen dem Prinzip der Fürsorge und dem des Nicht-Schadens zu- bzw. abträglich sind.

Für das Beispiel von Margo bedeutet dies, dass es nicht zu einem Konflikt zwischen zwei gleichwertigen autonomen Willensäußerungen kommt, sondern ein autonomer Wille mit dem aktuellen Wohlergehen von Margo

158 Vgl. Jox 2006, 82; Jox/Ach/Schöne-Seifert 2014, A 396.
159 Vgl. Jox 2013, 336.
160 Vgl. Jox 2013, 337.

konfligiert. Das führt zu einem Konflikt zwischen dem Prinzip des Wohlergehens und dem Prinzip des Respekts der Autonomie. Margos natürlicher Wille deutet darauf hin, dass sie durchaus Freude am Leben hat und es ihr gut geht. Eine medizinische Behandlung würde damit ihrem aktuellen Wohlergehen dienen, widerspräche aber den vorab geäußerten autonomen Behandlungswünschen. Nun stellt sich die Frage, wie mit einem solchen Fall umzugehen ist. Man kann dafür argumentieren, dass die im Laufe des Lebens ausgebildeten kritischen Werthaltungen und Überzeugungen, die in der autonomen Vorabverfügung ihren Ausdruck gefunden haben, die noch vorhandenen psychisch-emotionalen Interessen Margos in ihrer Bedeutung überwiegen und deshalb beachtet werden sollten. Diese Ansicht vertritt prominent Ronald Dworkin, der zwischen *critical interests* und *experiantial interests* unterscheidet. *Experiantial interests* umfassen diejenigen, bestimmte Erfahrungen zu machen bzw. nicht zu machen, wie beispielsweise das Interesse an Behaglichkeit und Vermeidung von Schmerz. Die *critical interests* beziehen sich hingegen auf das, was dem eigenen Leben einem Sinn gibt und damit beispielsweise auf Werte. Da sich ihm zufolge die Würde und der Wert des Lebens an den *critical interests* bestimmen lässt, ist diesen im Konfliktfall der Vorrang einzuräumen.[161] Dies würde bedeuten, die Barriere, die durch Margos autonome Willensäußerungen geschaffen wurde, auch dann zu beachten, wenn dies ihrem aktuellen Wohlergehen scheinbar schadet. Es ist durchaus einleuchtend, dass ein Mensch, der sein Leben selbstbestimmt geführt hat und der festen Überzeugung ist, dass Demenz ein entwürdigender Zustand ist, diesem vorab geäußerten autonomen Willen ein höheres Gewicht einräumen möchte als den aktuell durchaus noch positiven Erfahrungen. Umgekehrt kann man sich aber auch Menschen vorstellen, die der Auffassung sind, dass die zuvor geäußerten Überzeugungen im Hinblick auf medizinische Behandlungen im Stadium der Demenz als weniger gewichtig betrachtet werden sollten als die zum Ausdruck gebrachte Lebensfreude im Stadium der Demenz. Ralf Jox plädiert hier pragmatisch dafür, dass Menschen beim Verfassen ihrer Patientenverfügung auf diese Problematik aufmerksam gemacht werden sollten. Patienten sollten

161 Vgl. Dworkin 1993.

selbst entscheiden, ob sie dem autonom vorab geäußerten Willen oder dem aktuellen natürlichen Willen höheres Gewicht einräumen:

> „Jeder, der mit Hilfe einer Patientenverfügung für die Zukunft konkrete Entscheidungen antizipieren will, sollte deshalb auch klarstellen, ob er spätere Äußerungen eines natürlichen Willens vorrangig oder nachrangig zur Patientenverfügung sehen will."[162]

Dieser pragmatische Ansatz ist durchaus überzeugend und wird der Vorstellung gerecht, dass Menschen aufgrund ihrer Autonomie auch dazu in der Lage sind, die Grenzen derselben selbst festzulegen. Diesen Ansatz breit zu fördern erscheint sinnvoll.

Um aber dennoch Situationen begegnen zu können, in denen der Patient nicht selbst die Grenzen der Wirksamkeit seiner autonomen Entscheidung bestimmt hat, scheint es hilfreich zu sein, erneut die beiden normativen Funktionen der Autonomie zu betrachten. Am Beispiel Margos wurde bereits aufgezeigt, dass die Barriere der Autonomie durchaus in den Zustand mangelnder Autonomie hineinwirkt. Würde Margo medizinisch behandelt werden, so stellte dies einen klaren Verstoß gegen das Prinzip des Respekts der Autonomie dar. Wie bereits in Kapitel 3.1 dargestellt, könnte dies gemäß des prinzipien-orientierten Ansatz von Beauchamp und Childress dann gerechtfertigt werden, wenn der Wohlergehensgewinn hoch und die Autonomieverletzung gering ist.[163] Bezieht man aber neben der Barrierefunktion der Autonomie auch noch die in der Einladungsthese ausgearbeitete Barrierefunktion der körperlichen Integrität mit in die Betrachtung ein, so zeichnet sich erneut ein von der medizinethischen Standardansicht abweichendes Bild ab. Margos mögliche medizinische Behandlung ist nicht nur deshalb problematisch, weil sie gegen das Prinzip des Respekts vor der Autonomie verstößt, sondern auch deshalb, weil sie die körperliche Grenze von Margo übertritt, ohne dafür eine autonome Einwilligung von Margo erhalten zu können. Da Margo nicht mehr über die Fähigkeit der Autonomie verfügt, fehlt der „Schlüssel" der auto-

162 Jox 2006, 88.

163 Vgl. Beauchamp/Childress 2013, 222.

nomen Einwilligung um die angestrebte medizinische Behandlung ethisch legitimieren zu können. Zu der Verletzung, die sich aus der Missachtung von Margos vorab geäußerten autonomen Wünschen ergibt, summiert sich entsprechend eine weitere Verletzung, die in der nicht durch Margo autonom erlaubten Verletzung ihrer körperlichen Integrität besteht.

Gegen die Behandlung Margos spricht also zum einen der Grund, dass dies aus der Autonomie-Perspektive nicht zu rechtfertigen ist. Zum anderen führt aber auch die Wohlergehens-Perspektive nicht unbedingt zu dem Urteil, dass die Behandlung erfolgen sollte. Die dadurch erfolgende Verletzung der körperlichen Integrität muss in die Abwägung der Behandlung einbezogen werden. Der interpretationsbedürftige natürliche Wille allein scheint dadurch kaum ausreichend für eine Rechtfertigung der medizinischen Behandlung.

Erst wenn beide normativen Funktionen der Autonomie betrachtet werden, zeigt sich wie schwer es ist, schwachen Paternalismus zu rechtfertigen. Selbst in den Fällen, die sich vom Beispiel Margos darin unterscheiden, dass die medizinische Behandlungen nicht gegen das Prinzip des Respekts der Autonomie verstößt, wird eine ethische Rechtfertigung schwierig. Denn auch Patienten, die nicht mehr über die Fähigkeit der Autonomie verfügen, haben nach wie vor das Recht auf die Wahrung ihrer körperlichen Integrität. Eine medizinische Behandlung, in die nicht autonom eingewilligt wurde, verstößt gegen dieses. Scheinen also schwach paternalistische Handlungen, die nicht mit der Autonomie des Betroffenen konfligieren, gemäß der medizinethischen Standradansicht leicht über das Prinzip der Fürsorge zu rechtfertigen zu sein, so ergibt sich mit der Einladungsthese hier ein anderes Bild.

Medizinische Behandlungen, in die nicht autonom eingewilligt wurde, verletzen die körperliche Integrität des Patienten und sind deshalb moralisch bedenklich, unabhängig davon, ob sie zusätzlich auch noch mit dem Prinzip der Autonomie konfligieren oder nicht. Bei Menschen, die nicht (mehr) zu autonomen Entscheidungen fähig sind, aber dennoch einen nicht autonomen und damit natürlichen Willen gegen die Behandlung zum Ausdruck bringen, können medizinische Maßnahmen sogar als besonders verletzend erlebt werden.

Gunnar Duttge fasst diesen Gedanken auf und verweist dabei auf zwei Entscheidungen des Bundesverfassungsgerichts[164] zu Zwangsbehandlungen, die sich seiner Ansicht nach auch auf medizinische Behandlungen bei nicht autonomen Patienten anwenden lassen:

> „Danach ändert auch die krankheitsbedingte Einsichtsunfähigkeit von im Maßregelvollzug Untergebrachten nichts daran, dass eine gegen ihren „natürlichen Willen" vorgenommene Zwangsbehandlung nicht nur in ihre körperliche Unversehrtheit, sondern zugleich in den Schutzbereich des Art. 2 Abs. 2 Satz 1 GG (körperbezogenes Selbstbestimmungsrecht) eingreift. Ein solcher Eingriff könne von dem jeweils Betroffenen aufgrund der fehlenden Einsichtsfähigkeit sogar als besonders bedrohlich erlebt werden, da sich dieser dem Geschehen hilflos und ohnmächtig ausgeliefert sehen, wodurch sich die Schwere des Eingriffs u. U. sogar erhöhe."[165]

Die Gründe, aus denen Eingriffe in die körperliche Integrität als moralische Verstöße anzusehen sind – nämlich die potentiell entstehenden Schmerzen, das Gefühl nicht als gleichwertiger moralischer Akteur ernst genommen zu werden, die Gefährdung der Selbstachtung, die Missachtung als Souverän über den eigenen Körper, die Gefühle der Ohnmacht, des Kontrollverlusts und der Demütigung – gelten nicht nur für autonome Menschen, sondern auch für Menschen, die aufgrund mangelnder Kompetenz nicht zu einer autonomen Entscheidung in der Lage sind. Diese Gründe scheinen bei inkompetenten Patienten in der Hinsicht noch schwerer zu wiegen, da diese Patienten, bedingt durch ihre Inkompetenz zur Entscheidung, eine erhöhte Vulnerabilität aufweisen. Sie könnten sich dem medizinischen Geschehen dadurch noch hilfloser ausgesetzt fühlen, als kompetente Patienten, die viele medizinische Abläufe besser verstehen und verfolgen können. Dadurch könnten die beschriebenen Verletzungen verstärkt hervortreten. Obschon solche medizinischen Eingriffe gegen den Wunsch eines inkompetenten Patienten nicht das Prinzip des Respekts vor der Autonomie verletzen, so schaden sie dem Patienten doch erheblich in anderer Hinsicht.

---

164 BVerfG v. 23.3.2011-2 BvR 882/09 – NJW 2011, 2113 ff.; v. 12.10.2011 – BvR 633/11 – NJW 2011, 3571 ff.

165 Duttge 2013, 87.

Bei der Rechtfertigung schwach paternalistischen Handelns muss also einerseits darauf geachtet werden, ob die medizinische Behandlung vorab geäußerten autonomen Wünschen widerspricht und damit das Prinzip des Respekts vor der Autonomie verletzt. Anderseits muss in die Betrachtung aber auch die aus der Behandlung selbst resultierende Verletzung der körperlichen Integrität miteinbezogen werden. Diese Verletzungen können bei Zwangshandlungen gegen den natürlichen Willen eines nicht mehr autonomen Patienten als besonders schwerwiegend empfunden werden.

Eine Möglichkeit diese Verletzungen abzumildern besteht darin, den betroffenen Patienten durch Gespräche und Beruhigungen von der medizinischen Behandlung zu überzeugen. Wenngleich bei nicht autonomen Patienten auch dann, wenn diese der Behandlung zustimmen, noch immer der Schlüssel der autonomen Einwilligung für die Legitimierung der Behandlung fehlt, so wiegen die Verletzungen bei Deckungsgleichheit mit dem natürlichen Willen der Person doch deutlich weniger schwer.

Hier scheinen die Hilfspflichten, die wir notleidenden Menschen gegenüber haben, eine Möglichkeit darzustellen, die Verletzung der körperlichen Integrität zu rechtfertigen. Hilfsbedürftigen und notleidendenden Menschen gegenüber haben wir Hilfspflichten. Ein autonomer Mensch kann diese Hilfspflicht durch seinen autonomen Willen aufheben und die angebotene Hilfe dadurch autonom zurückweisen.

Nicht autonome Menschen sind in vieler Hinsicht vulnerabler als autonome Menschen, da sie nicht für sich selbst Sorge tragen können. Nicht autonomen Menschen gegenüber gibt es deshalb Fürsorgepflichten. Menschen die in einer besonderen Beziehung der Verantwortung gegenüber nicht autonomen Menschen stehen, haben ihnen gegenüber die Pflicht, Fürsorge für sie zu tragen. Eine solche Fürsorgepflicht haben beispielweise Eltern gegenüber ihrem Kind. Diese Verpflichtung existiert nicht in gleicher Weise für autonome Menschen. Autonome Menschen können in der Regel gut für sich selbst sorgen. Wenn sie Hilfe bedürfen, haben sie in der Regel die Möglichkeit dies kundzutun. Wir müssen unsere Hilfe nicht ständig anbieten oder gar aufdrängen. Wenn ich auf der Straße einen Nachbarn treffe, der sich zu dünn für die Witterung angezogen hat, so wäre es äußerst übergriffig, ihm eine Mütze über den Kopf zu stülpen, mit dem Hinweis, dass er diese unbedingt benötige. Ganz anders ist das gleiche Verhalten zu beurteilen, wenn es gegenüber meinem zweijährigen Sohn stattfindet. Dieser kann noch nicht für sich selbst sorgen. Er ist auf meine Fürsorge angewiesen. Ihn nicht der Witterung entsprechend zu kleiden, würde eine Verletzung meiner Fürsorgeverpflichtung darstellen. Autonome Menschen sind für sich selbst verantwortlich. Bei nicht autonomen Menschen trifft dies nicht zu, wir sind in einer anderen Weise für sie verantwortlich als wir es für autonome Menschen sind.

Menschen in Situationen von besonderer Not gegenüber sind wir also aufgrund von Hilfspflichten verpflichtet zu Helfen. Außerdem haben wir nicht autonomen Menschen gegenüber, zu denen wir in einer besonderen Beziehung der Verantwortung stehen, Fürsorgepflichten.

Beide Pflichten haben auch Relevanz für den medizinischen Kontext. Stellen wir uns ein Unfallopfer am Straßenrand vor, das sein Bewusstsein verloren hat. Das Opfer kann nicht autonom in die notwendige und lebensrettende Behandlung einwilligen. Sollte der Notarzt die medizinische Behandlung trotz mangelnder Einwilligungsfähigkeit durchführen? Aufgrund seiner Notlage hat der Notarzt dem Verletzten gegenüber Hilfspflichten. Des Weiteren hat der Notarzt auch eine Fürsorgepflicht, die seinem Berufsethos als Arzt entspringt. Er ist für die körperliche Gesundheit seiner Patienten mit verantwortlich. Weder ein erklärter, noch mutmaßlicher oder natürlicher Wille deuten darauf hin, dass der Patient die Behandlung ablehnen würde. Zwar behandelt der Notarzt aufgrund der Hilfs- und Fürsorgepflichten den Patienten, verletzt aber mit dieser Behandlung nach wie vor dessen körperliche Integrität. Diese *prima facie* falsche Handlung scheint jedoch durch die starke Hilfs- und Fürsorgeverpflichtung aufgehoben werden zu können. Wenngleich auch diese Verletzung der körperlichen Integrität potentiell die Gefahr birgt, im Patienten ein Gefühl der Ohnmacht des Kontrollverlusts und eventuell sogar der Demütigung zu erzeugen, so scheint die Gefahr für eben diese Effekte durch eine Nichtbehandlung ungemein größer zu sein. Einer hilfsbedürftigen

Person nicht zu helfen, obgleich man dies könnte, einen Kranken leiden zu lassen, statt sein Leiden zu lindern, scheint ebenso das Gefühl des Kontrollverlusts gegenüber der Krankheit und der Ohnmacht gegenüber dem Leiden beim Betroffenen entstehen zu lassen.

Stellen wir uns ein Kind vor, das dringend medizinischer Hilfe bedarf, das aber ebenfalls nicht autonom in die Behandlung einwilligen kann. Ebenso wie bei dem Unfallopfer verletzt auch diese medizinische Behandlung die körperliche Integrität des Patienten. Aber wie viel schwerer wiegt die Verletzung, die dadurch entstehen würde, dem um Hilfe bittenden Kind keine Linderung seines Leidens zu gewähren, mit dem Hinweis, man habe Angst, dadurch das Gefühl der Ohnmacht und Kontrolllosigkeit in ihm zu erzeugen? Das Nichtstun bei der bestehenden Möglichkeit einer Leidenslinderung erzeugt im Patienten nicht nur das Gefühl des Kontrollverlusts gegenüber der Krankheit und dem Leiden, sondern darüber hinaus wird der Eindruck erzeugt, dass man ihn als moralischen Akteur nicht ernst nimmt, indem es zum Ausdruck bringt, seinem Leiden gegenüber indifferent zu sein. Eine solche Situation kann sich bis hin zu einer Demütigung steigern.

In Fällen, in denen der Patient nicht zur autonomen Einwilligung fähig ist, keine Abwehr – sei es in Form eines erklärten, mutmaßlichen oder natürlichen Willens – gegen die vorgeschlagene medizinische Behandlung zeigt und nur durch die medizinische Behandlung starkes Leid abgewendet werden kann, scheint es gerechtfertigt zu sein, die körperliche Integrität trotz fehlender autonomer Einwilligung zu verletzen. Dies liegt daran, dass durch Nichtstun ein mindestens ebenso großer Schaden und eine mindestens ebenso schwere moralische Verfehlung erfolgen würde, wie durch die Verletzung der körperlichen Integrität selbst.

Wir haben es hier also mit einer Abwägungsfrage zu tun: Bei der Verletzung der körperlichen Integrität macht man *prima facie* etwas moralisch Bedenkliches. Dadurch bleibt bei dieser Handlung immer etwas bestehen, was man als „reminder“ bezeichnen kann. Wenn dem aber sehr wichtige Güter entgegenstehen, wie es der Fall sein kann, wenn die Hilfs- und Fürsorgepflichten besonders schwer wiegen, dann kann die Abwägung dahingehend ausfallen, dass die Verletzung der körperlichen Integrität durch die medizinische Behandlung das geringere Übel darstellt und dadurch die moralisch unbedenklichere Handlung ist.

Es ist also durchaus möglich, medizinische Behandlungen zu rechtfertigen, obwohl in diese nicht autonom eingewilligt wurde. Dies ist aber wesentlich schwieriger, als es in der medizinethischen Standardansicht deutlich wird. Wenn die Barriere der Autonomie als Beschränkung der medizinischen Behandlung entfällt, so ist diese noch lange nicht unbedenklich möglich. Die Wohlergehens-Perspektive darf sich dann nicht nur darauf richten, ob der mutmaßliche oder natürliche Wille geachtet bleibt, sondern muss immer auch den durch die medizinische Behandlung selbst potentiell erfolgenden Schaden und moralische Verfehlung zur Kenntnis nehmen.

Die Abwägung von medizinischen Behandlungen an nicht mehr autonomen Patienten ist dadurch vielschichtig. Die beiden ausgearbeiteten normativen Funktionen der Autonomie als Barriere und als Schlüssel ermöglichen es, diese Vielschichtigkeit transparenter zu machen. Dadurch wird eine angemessene Abwägung aller relevanten moralisch zu bedenkenden Güter überhaupt erst möglich.

Medizinische Behandlungen von autonomen Patienten gegen deren autonomen Willen scheinen nicht gerechtfertigt zu können. Ein aktueller natürlicher Wille hebt die Barrierefunktion eines vorab geäußerten autonomen Willens nicht auf, solange dies nicht dem Vorschlag von Jox folgend, selbst so vom Patienten bestimmt wurde. Selbst ohne autonome Ablehnung der Behandlung führt die mangelnde autonome Einwilligung dazu, dass die Schlüsselfunktion nicht erfüllt werden kann. Besteht dann auch noch eine erkennbare Abwehr in Form eines natürlichen Willens, so wird die medizinische Behandlung moralisch äußerst bedenklich und kann nur in gut begründeten Ausnahmefällen gerechtfertigt werden.

Dies scheint der Fall zu sein, wenn die Hilfs- und Fürsorgepflichten besonders schwer wiegen. Wehrt sich beispielsweise ein Kleinkind gegen die lebensnotwendige Entfernung seines Blinddarms, aus Angst vor Schmerz und Trennung von den Eltern, so gibt es auf der anderen Seite eine starke Verpflichtung zur Fürsorge der Eltern und eine unbedingte Hilfspflicht, da es um den Erhalt des Kinderlebens geht. Auch hier sollte dringend versucht werden, die Zustimmung des Kindes zur Behandlung einzuholen oder wo möglich, die Behandlung auf einen Zeitpunkt zu verschieben, zu dem eine autonome Einwilligungsfähigkeit gegeben ist. Allerdings scheint in diesem Fall eine Nichtbehandlung moralisch bedenklicher und eher zum Schaden des Kindes als die Behandlung selbst. Solche Entscheidungen müssen aber in jedem konkreten Fall neu durchdacht werden, indem beide normativen Funktionen der Autonomie in die Betrachtung miteinbezogen werden und eine gründliche Abwägung der verletzten Güter stattfindet.

Eine weitere Möglichkeit Zwangsbehandlungen an nicht autonomen Patienten zu rechtfertigen, stellen die sogenannten Odysseus-Verträge dar. Die Bezeichnung dieser Art von Verträgen geht auf den griechischen Helden Odysseus zurück. Dieser bat seine Gefährten im Zustand der Autonomie darum, ihn an den Mast zu binden, damit er nicht dem Gesang der Syrien verfalle. Die Gefährten sollten ihn auch dann nicht losbinden, wenn er, verführt von den Sirenen, darum flehen würde. Ähnliche Verträge werden auch in psychiatrischen Anstalten zur Vereinbarung von Zwangsbehandlungen mit Patienten vorgeschlagen. Dazu können mit den Patienten im noch einwilligungsfähigen Zustand, Vereinbarungen darüber getroffen werden, wie mit ihnen in Hinblick auf möglicherweise notwendige Zwangsmaßnahmen im Zustand mangelnder Einwilligung umzugehen ist. Die Patienten verfügen dann vorab autonom darüber, ob und in welcher Form Zwangsmaßnahmen eingesetzt werden. Solche Verträge werden in Form von Behandlungsvereinbarungen beispielsweise häufig in Bielefeld eingesetzt.[166] Sie bieten deshalb eine Möglichkeit zur Rechtfertigungen von Zwangsbehandlungen an, weil den Patienten dadurch die Möglichkeit gegeben wird, ihre vorhanden Autonomie dazu zu nutzen, eine Einladung an das Behandlungsteam auszusprechen, die

166 Vgl. Stoecker 2017.

Grenze der körperlichen Integrität zu übertreten. Die Wirksamkeit dieser Einladung erstreckt sich dann in den Zustand mangelnder Autonomie hinein und ermöglicht eine Behandlung entgegen des natürlichen Willens des Patienten.

In Fällen in denen kein natürlicher Wille gegen die Behandlung zum Ausdruck gebracht wird und die damit strenggenommen gar nicht mehr in die Kategorie des Paternalismus fallen, besteht noch immer die Barriere der körperlichen Integrität. Die gegen ihre Übertretung sprechenden moralischen Gründe können jedoch von Hilfs- und Fürsorgepflichten aufgehoben werden. Auch hier bleibt die körperliche Integrität als in Form eines „reminders" bestehen, der dazu mahnt, genau abzuwägen, welche konkreten medizinischen Maßnahmen gerechtfertigt sind.

Damit wird deutlich, dass sich erst durch die Betrachtung der Autonomie als Barriere und als Schlüssel eine angemessene Rechtfertigung des Paternalismus ergibt. Schwach paternalistische Handlungen sind in Ausnahmefällen zwar durchaus zu rechtfertigen. Im Gegensatz zu der medizinethischen Standardansicht ist dies aber eine Abwägungsfrage, die in jedem konkreten Einzelfall neu gestellt werden muss. Abgewogen werden muss dabei nicht nur die möglicherweise durch eine Nicht-Behandlung entstehende Wohlergehens-Minderung, sondern auch der durch die medizinische Behandlung und die daraus resultierende Verletzung der körperlichen Integrität hervorgehende Schaden für den Patienten. Die aus der Einladungsthese folgenden Konsequenzen fordern damit zu einem wesentlich bewussteren Umgang und einem gründlicheren Nachdenken zu medizinischen Behandlungen an nicht autonomen Patienten auf als es in der medizinethischen Standardansicht der Fall ist. Besonders schwierig und nur in Fällen starker Hilfs- und Fürsorgepflichten ist eine Zwangsbehandlung zu rechtfertigen, da hier die Verletzung der körperlichen Integrität oftmals als besonders schwerwiegend empfunden werden kann.

Starker Paternalismus scheint nicht in gerechtfertigter Weise durchgeführt werden zu können. Wie aufgezeigt ist dies aufgrund der Autonomie sowohl in ihrer Barriere- als auch in ihrer Schlüsselfunktion nicht möglich. Der autonome Patient hat die Autorität über die ihn betreffenden intimen Nahbereiche selbst bestimmen zu dürfen.

Dieser Unterschied in der Legitimität von starken und schwachem Paternalismus verdeutlicht, dass die Fähigkeiten des Patienten autonome Entscheidungen in Hinblick auf die Behandlung treffen zu können, ein bedeutsames Kriterium dafür bildet, wie im Weiteren mit dem Patienten umgegangen werden sollte. Von diesem Kriterium hängt wesentlich ab, ob eine medizinische Behandlung in gerechtfertigter Weise durchgeführt werden kann. Die Patientenautonomie kann als Barriere sowohl Behandlungen verbieten als auch in ihrer Funktion als Schlüssel, den Weg zu einer ethisch legitimierten Behandlung bereiten. Damit hat das Vorliegen oder Fehlen von Autonomie hohe ethische Relevanz. Ich möchte mich deshalb im Folgenden mit der Frage beschäftigen, wodurch Autonomie gekennzeichnet ist und wann vom Vorhandensein von Autonomie beim Patienten gesprochen werden kann.

4. Handlungsautonomie als mögliche Grundlage der Patientenautonomie

Die bisherigen Ausführungen zu der Notwendigkeit der informierten Einwilligung haben gezeigt, dass die Autonomie des Patienten im medizinischen Kontext zwei normative Funktionen erfüllt: Zum einen dient die Autonomie des Patienten in Form seiner autonomen Einwilligung in eine medizinische Behandlung als Schlüssel, der den Weg für eine ethisch legitimierte Behandlung öffnet. Ohne eine autonome Einwilligung erfolgt eine nicht gerechtfertigte Köperverletzung. Medizinische Behandlungen ohne autonome Einwilligung sind nur in stark begrenzten Fällen von schwachem Paternalismus – und auch dann nur nach gründlicher Abwägung im konkreten Einzelfall – zu legitimieren. Zum anderen kann die Patientenautonomie neben dieser normativen Funktion als Schlüssel auch die Funktion einer Barriere einnehmen. Diese liegt dann vor, wenn ein autonomer Patient eine vorgeschlagene medizinische Behandlung ablehnt, deren Durchführung Einfluss auf seine autonome Lebensweise oder Autonomiefähigkeit haben würde.

Beide beschriebenen normativen Funktionen von Autonomie sind im medizinischen Kontext relevant und müssen bei der Beurteilung der Zulässigkeit einer medizinischen Behandlung betrachtet werden. Die aus der medizinethischen Standardansicht abgeleitete Barrierefunktion der Autonomie verdeutlicht, warum es autonome Patienten als schwerwiegende moralische Verletzung empfinden, wenn sie nicht nach ihrer Einwilligung zu einer medizinischen Behandlung gefragt werden. Aufgrund ihrer Autonomie und der daraus erwachsenden Autorität über den eigenen intimen Nahbereich sind sie es, die entscheiden sollten, wie mit ihrem Körper umgegangen wird und welcher Lebensweg für sie der richtige ist. Werden sie in dieser Entscheidung übergangen, fühlen sie sich zu recht in moralisch bedeutsamer Weise missachtet. Diese Autorität über den eigenen intimen Nahbereich kommt in der normativen Funktion der Autonomie als Barriere zum Ausdruck.

Diese normative Funktion der Autonomie reicht aber nicht als Erklärung dafür aus, weshalb *jede* medizinische Behandlung der Einwilligung vonseiten des

P. Becker, *Patientenautonomie und informierte Einwilligung*,
https://doi.org/10.1007/978-3-476-05022-9_4

Patienten bedarf – auch solche, die gar nicht in Konflikt mit der autonomen Lebensweise oder der Autonomiefähigkeit des Patienten in Konflikt geraten. Zudem kann über diese Barrierefunktion nicht das Unbehagen erfasst werden, das entsteht, wenn nicht autonome Patienten einer medizinischen Behandlung bedürfen. Da weder eine medizinische Behandlung an nicht autonomen Patienten noch eine medizinische Behandlung an autonomen Patienten, die keinen Einfluss auf die autonome Lebensweise oder Autonomiefähigkeit hat, gegen die Barriere der Autonomie verstoßen, bedarf es einer anderen Erklärung, um das moralisch Falsche dieser Handlungen zu erfassen. Diese Erklärung bietet die Schlüsselfunktion der Autonomie, die aus der Einladungsthese abgeleitet wurde. Der Einladungsthese folgend gibt es neben der Barriere der Autonomie auch noch die Barriere der körperlichen Integrität, die unabhängig vom Vorliegen von Autonomie auf jeden Patienten zutrifft, weil jede medizinische Behandlung eine Gefährdung der körperlichen Integrität und Intimsphäre des Patienten darstellt. Erst eine autonome Einwilligung des Patienten ermöglicht es, diese Barriere ohne moralische Bedenken übertreten zu können.

In Kapitel 3 habe ich die praktischen Konsequenzen erörtert, die sich aus diesen beiden normativen Funktionen der Autonomie für die Zulässigkeit medizinischer Behandlungen an autonomen und nicht autonomen Patienten ergeben. Dabei hat sich gezeigt, dass es im Hinblick auf den weiteren Umgang mit dem Patienten ist von großer Relevanz ist, ob dieser autonom ist oder nicht. Autonome Menschen verfügen nicht nur über die Barriere der körperlichen Integrität, sondern zugleich auch noch über die Barriere der Autonomie. Beide Barrieren sind zu beachten, wenn es um die Frage nach der Zulässigkeit einer medizinischen Behandlung geht. Zudem können autonome Patienten ihre Autonomie in der Schlüsselfunktion nutzen und dadurch die beiden Barrieren aufheben, die ansonsten einem ethisch legitimierten medizinischen Eingriff entgegenstehen. Bei nicht autonomen Patienten liegt zwar – abgesehen von möglichen autonomen Vorabverfügungen – nicht die Barriere der Autonomie vor, allerdings liegt auch bei ihnen die Barriere der körperlichen Integrität vor. Da ihnen der Schlüssel der Autonomie und damit die Möglichkeit, eine medizinische Behandlung durch eine autonome Einwilligung ethisch zu legitimieren fehlt, sind medizinische Behandlungen dieser Patientengruppe wesentlich schwieriger zu rechtfertigen und bedürfen einer sorgfältigen Abwägung.

Dies verdeutlicht, dass es für den praktischen Umgang mit Patienten einen großen Unterschied macht, ob man ihnen das Prädikat zuschreibt, über Autonomie in ihrer Barriere- und Schlüsselfunktion zu verfügen oder nicht. Die Zuschreibung oder Absprache dieses Prädikats entscheidet darüber, wie der ethisch angemessene Umgang mit den Patienten aussieht. Es stellt sich von daher die normativ bedeutsame Frage, auf wen das Prädikat zutrifft, über Autonomie in ihrer Barriere- und Schlüsselfunktion zu verfügen. Dieser Frage gehe ich in diesem Kapitel nach. Dazu werde ich zuerst aufzeigen, dass es sich bei dem Begriff der Autonomie um einen facettenreichen Begriff handelt. Dieser changiert zwischen verschiedenen Bedeutungen und wird unterschiedlich dahingehend konzipiert, welche Bedingungen für das Vorliegen von Autonomie erfüllt sein müssen. Die leitende Frage soll nun sein, welches der angemessene Autonomiebegriff im Hinblick darauf ist, ob von ihm die beiden dargestellten normativen Funktionen erfüllt werden können. Kurzum, welche Bedingungen muss ein Patient erfüllen, um über Autonomie in ihrer Barriere- und Schlüsselfunktion zu verfügen?

Da die normative Funktion der Autonomie als Barriere aus der medizinethischen Standardansicht abgeleitet wurde, liegt es nahe, sich zunächst diesen Ansatz zu betrachten und zu überprüfen, ob der darin zugrundgelegte Autonomiebegriff sich eignet, um diese normative Funktion zu erfüllen. Dazu werden die Autonomiebedingungen der medizinethischen Standardansicht betrachtet und im Zusammenhang mit der Erfüllung der normativen Funktion als Barriere überprüft.

Dabei wird sich zeigen, dass der Autonomiebegriff der medizinethischen Standardansicht nicht ausreichend ist, um die Barrierefunktion der Autonomie erfüllen zu können. Deshalb wird im Anschluss daran nach weiteren Autonomiekonzeptionen gesucht, um einen Autonomiebegriff zu entwickeln, der beiden normativen Funktionen der Autonomie gerecht wird. Wer diese für Autonomie notwendigen Bedingungen erfüllt, dem kommt das Prädikat zu, Autonomie sowohl in der normativen Barriere- als auch in der Schlüsselfunktion nutzen zu können. Mit Patienten, die diese Bedingungen erfüllen, ist entsprechend anders umzugehen, als mit Patienten, die die beschriebenen Bedingungen nicht erfüllen können.

4.1 Die vielfältigen Bedeutungen des Autonomiebegriffs

Wer über Autonomie verfügt, der kann diese in der Funktion als Barriere oder Schlüssel gebrauchen und dadurch einerseits medizinische Behandlungen gut begründet abwehren und darüber hinaus aber ebendiese auch mit guten Gründen legitimeren. Diese Aussage ergibt sich aus den vorherigen Kapiteln. Unklar an dieser Aussage ist jedoch, wer über Autonomie verfügt, in anderen Worten, die Frage danach, auf wen die Beschreibung autonom zu sein zutrifft.

Ganz allgemein kann der Begriff der Autonomie als Beschreibung von Kollektiven, wie Staaten oder anderen Institutionen, von Individuen oder von einzelnen Handlungen verwendet werden. Der Begriff Autonomie stammt aus dem Griechischen und setzt sich aus den Wörtern „autos“ für „selbst“ und „nomos“ für „Gesetz“ zusammen und bedeutet damit Selbstgesetzgebung. In seiner ursprünglichen Verwendungsweise bezog sich der Begriff vornehmlich auf Stadt-Staaten. Diese waren autonom, wenn sie sich selbst Gesetze gaben und damit keiner beherrschenden Macht unterstellt waren, sondern sich mittels ihrer eigenen Gesetzen selbst bestimmten.

Auch heute verwenden wir den Begriff der Autonomie noch dazu, Kollektive, wie zum Beispiel Staaten oder Institutionen, zu charakterisieren. Über Deutschland kann man beispielsweise sagen, dass Deutschland ein autonomer Staat ist. Ist man hingegen ein Gegner der Europäischen Union, würde man vielleicht behaupten wollen, dass Deutschland seine Autonomie immer mehr verliert, weil es den Gesetzen der Europäischen Union unterstellt ist und sich dadurch nicht mehr als Staat selbst bestimmen kann.[167]

Auch über Universitäten kann man sagen, dass sie autonom sind. Damit verweist man beispielsweise darauf, dass sie selbst entscheiden können, welches Forschungsprofil sie ausbilden und welche Lehre sie betreiben.

Wenn man von Kollektiven behauptet, dass sie autonom sind, dann meint man damit, dass sie sich selbst verwalten, indem sie eigene Regeln und Gesetze erlassen. Sie unterstehen nicht der Anordnung anderer, sondern bestimmen sich selbst. Bezeichnet man ein Kollektiv als autonom, so trifft man damit eine Aussage über die innere Verfassung des Kollektivs. Um sich als Kollektiv selbst zu bestimmen, bedarf es eines inneren steuernden Organs, das beispielsweise Gesetze erlässt und durchsetzt. Ohne ein solches inneres steuerndes Organ würde es sich nicht um ein autonomes, sondern vielmehr um ein anarchistisches Kollektiv handeln.

Außerdem sagt man auch etwas über das Verhältnis des Kollektivs zu seiner Umwelt aus. Im Gegensatz zu einem autonomen Kollektiv wird ein heteronomes Kollektiv von außen bestimmt. Ein Kollektiv als autonom zu bezeichnen bedeutet demnach, ihm das Merkmal zuzuschreiben, nicht von außen bestimmt zu werden. Nicht von außen bestimmt zu werden ist allerdings nicht gleichzusetzen mit völliger Unabhängigkeit von der Umwelt. Auch ein autonomer Staat kann beispielsweise auf die Erdgas-Lieferungen anderer Staaten angewiesen sein, da Autonomie nicht gleichbedeutend mit Autarkie ist. Entscheidend für ein autonomes Kollektiv ist nur, dass es seine Beziehungen zu anderen selbst bestimmt und gestaltet und in seinem Wirken nicht der Kontrolle durch andere untersteht. Damit gibt es – sehr grob gesprochen – zwei Eigenschaften autonomer Kollektive: eine bestimmte innere Verfassung in Form eines steuernden Organs, das ihm Selbstverwaltung bzw. Selbst-

167 Bei einer solchen Aussage würde man natürlich übersehen, dass Deutschland Teil der EU ist und deshalb die Gesetze der EU mitbeschließt, was wiederum bedeutet, dass Deutschland sich noch immer selbst die eigenen Gesetze gibt.

bestimmung ermöglicht und außerdem ein bestimmtes Verhältnis zu der Umwelt, von der es weder kontrolliert noch verwaltet wird.

Wenn wir über die Autonomie von Patienten reden, geht es allerdings ganz offensichtlich nicht um die Autonomie von Kollektiven, sondern vielmehr um die Autonomie von Individuen und um die Autonomie der Handlungen von Individuen, nämlich ihren Entscheidungen für oder gegen medizinische Behandlungen. Diese Verschiebung des Autonomiebegriffs von der Beschreibung einer gewissen Organisationsform von Staaten hin zu einer Beschreibung eines Individuums wurde prominent von Kant eingeführt. Er überträgt den Begriff der Autonomie vom Staat auf den Menschen. Dabei lehnte sich Kant stark an die wörtliche Bedeutung des Begriffs an. Der Mensch ist Kant zufolge autonom, weil er sich selbst Gesetze geben kann, die dem kategorischen Imperativ entsprechen.[168] Ähnlich wie ein autonomer Staat hat auch ein autonomes Individuum eine innere Verfassung, die es ihm ermöglicht, sich selbst zu bestimmen, und es wird nicht heteronom von außen bestimmt. Wenn Kant von Autonomie spricht, so bezieht er sich auf moralische Autonomie. Über diese verfügt man, wenn man sich dem moralischen Gesetz durch Selbstgesetzgebung unterwerfen kann. Da der Mensch nach Kant über Vernunft verfügt, hat er die Möglichkeit, sich unabhängig von seinen Neigungen in seinem Willen durch die reine Vernunft bestimmen zu lassen. Die Gesetze der Vernunft sind zugleich moralischer Natur. Autonom zu sein bedeutet, sich nicht von seinen Neigungen leiten zu lassen – denn dann wäre man wiederum heteronom –, sondern sich an der reinen Vernunft in seinem Handeln zu orientieren. Autonomie wird bei Kant zu einem Merkmal, das dem Menschen einen besonderen moralischen Status verleiht. Aufgrund seiner Autonomie kann der Mensch Kant zufolge moralisch richtig und falsch handeln.[169]

Wenngleich Kants Philosophie noch immer große Auswirkungen auf unser heutiges Denken hat, wird der Autonomiebegriff für Individuen heutzutage

168 Vgl. Kant 1785.
169 Vgl. Kant 1785.

zumeist in einer stärker individualistisch zentrierten Form verwendet als Kant dies tat. Unter Autonomie wird heutzutage oftmals personale Autonomie verstanden, die zunächst moralisch neutral ist.[170] Auch bei diesem Begriff steht die Selbstkontrolle im Mittelpunkt. Das Selbst gilt aber nicht dann allein als kontrolliert, wenn es sich den Gesetzen der Vernunft unterwirft, sondern vielmehr dann, wenn es sich in „Treue zu sich selbst" selbst in seinen Handlungen bestimmt, ganz unabhängig davon, ob diese Handlungen im Sinne Kants auch vernünftig sind und damit dem kategorischen Imperativ entsprechen oder nicht. Moralisch falsches Handeln kann damit immer noch autonomes Handeln sein.

Ebenso wie sich ein autonomer Staat selbst bestimmen kann, schreiben wir autonomen Menschen zu, sich selbst bestimmen zu können. Mit dieser sehr allgemeinen Beschreibung ist noch nicht allzu viel an Erkenntnis gewonnen, denn es stellt sich ganz offenkundig die Frage, was an sich selbst man überhaupt bestimmen kann. Es gibt eine ganze Reihe von Eigenschaften, die wir haben, ohne diese bestimmen zu können. Wir können unsere biologischen Merkmale nicht selbst bestimmen, ebenso wenig können wir bestimmen, über welche Talente wir verfügen oder welche Bedürfnisse und Emotionen in uns aufsteigen, aber wir können bestimmen, wie wir uns diesen Dingen gegenüber verhalten. So können wir uns beispielsweise unseren Wünschen und Bedürfnissen hingeben, ohne weiter darüber nachzudenken oder sie zu reflektieren und zurückzuweisen. Wir können unsere Talente gutheißen und ausbauen oder sie ungenutzt lassen. Wir können uns über unsere biologischen Eigenschaften ärgern oder sie als positiv annehmen. Demzufolge können wir eine Einstellung zu den Dingen einnehmen, die uns ausmachen. Wir können Dinge an uns selbst gut oder schlecht finden. Wir können uns in ein Verhältnis zu uns selbst setzen, doch dadurch allein haben wir uns noch nicht selbst bestimmt. Um davon zu reden, dass wir uns selbst bestimmen, kommt hinzu, dass wir gemäß dieser Einstellung handeln.

---

170 Vgl. Betzler 2013b, 13.

Dies ist beispielsweise ein Grund dafür, warum Kleinkinder nicht autonom sind. Ihr Handeln ist größtenteils unhinterfragt von ihren Wünschen geleitet. Sie verfügen noch nicht über die Fähigkeit, eine Einstellung zu diesen einzunehmen und sich mittels dieser Einstellung in ihrem Handeln selbst zu bestimmen.

Dieser Beschreibung zufolge handelt es sich bei dem Begriff Autonomie um eine Fähigkeit dazu, etwas Bestimmtes tun zu können. Wenn wir nun aber von der Autonomie eines Patienten reden, können wir auf mehr als nur diese Fähigkeit der Autonomie verweisen. Bezeichnet man jemanden als autonom, kann man damit auch noch etwas anderes zum Ausdruck bringen, als einzig die Tatsache, dass der Patient eine Person ist, die etwas Bestimmtes kann und damit über eine bestimmte Fähigkeit verfügt. Man kann ebenfalls damit meinen, dass es sich bei diesem Patienten um eine Person handelt, die etwas Bestimmtes tun darf, also ein bestimmtes Recht hat, beispielsweise das Recht, medizinische Behandlungen abzulehnen. Des Weiteren kann man auch geneigt sein zu behaupten, dass dieser Patient etwas Bestimmtes tun sollte, beispielsweise tatsächlich eine autonome Entscheidung treffen und die Entscheidung nicht an andere abgeben. Oder man bringt damit zum Ausdruck, dass dieser Patient aktuell etwas ganz Bestimmtes tut und sich dadurch gerade in einem bestimmten Zustand befindet.

Diese Beschreibung verdeutlicht, dass sich bei dem Begriff der Autonomie vier verschiedene Bedeutungen unterscheiden lassen. Diese vier Bedeutungen und deren Beziehungen zueinander wurden von Feinberg näher beleuchtet[171]: Autonomie kann als graduelle (1) Fähigkeit beschrieben werden. Ab einem bestimmten Maß an autonomierelevanten Fähigkeiten *kann* man autonom handeln und verfügt dadurch über die grundlegende Fähigkeit der Autonomie. Diese Autonomiefähigkeit bildet die Voraussetzung für das Vorliegen von Autonomie als (2) Recht. Wer über Autonomie als Recht verfügt, der *darf* – in den Grenzen des moralisch und gesetzlich Erlaubten – selbst bestimmen, welche Handlungen er vollführt und seinen Lebenslauf selbst bestimmen.

171 Vgl. Feinberg 1989.

Eingriffe von anderen sind diesbezüglich zu unterlassen. Autonomie wird damit zur Quelle der Autorität über den eigenen Lebensverlauf. Doch selbst wer über Autonomie als Fähigkeit und Recht verfügt, kann sich dennoch in einem (3) Zustand befinden, in dem er aktuell nicht autonom ist. Autonomie als Zustand beschreibt eine Art und Weise, wie man *tatsächlich* lebt. Hierbei werden die aktuellen Gegebenheiten und ihr Einfluss auf die Möglichkeit zur Autonomie berücksichtigt. Autonomie als Zustand wird sowohl definiert durch eine bestimmte innere Verfassung und Selbstbeziehung als auch durch die Beziehung zu anderen. Welche Eigenschaften und Merkmale vorhanden sein müssen, um vom Zustand der Autonomie einer Person sprechen zu können, ist eine vielfach diskutierte Frage in der Philosophie. Einigkeit besteht jedoch überwiegend darin, dass es sich dabei um einen Zustand handelt, der erstrebenswert ist, denn Autonomie hat auch die Bedeutung eines (4) Ideals. Eine autonome Lebensweise wird für gewöhnlich als eine Art und Weise verstanden, in der man idealerweise leben *sollte*.

Darüber hinaus wird oftmals unterschieden zwischen Autonomie, die sich global auf die Person und ihre Lebensweise bezieht und Autonomie, dich sich lokal auf einzelne Handlungen der Person bezieht. Die globale Verwendungsweise von Autonomie wird zumeist als personale Autonomie bezeichnet. Die lokale Verwendungsweise als Handlungsautonomie. Spricht man einer Person personale Autonomie zu, so verweist man damit zumeist auf die allgemeine Fähigkeit einer Person zur autonomen Lebensführung. Manche Philosophen versuchen mit der Zuschreibung personaler Autonomie aber auch darauf zu verweisen, dass eine Person hinreichend oft autonom handelt, um aufgrund ihrer tatsächlichen Lebensweise als autonom zu gelten.[172] Wenn ich im Folgenden von globaler oder personaler Autonomie spreche, so verwende ich den Begriff dazu, um auf die Autonomiefähigkeit der Person zu verweisen. Die lokale Autonomie, damit meine ich die Autonomie einzelner Handlungen, verweist darauf, ob die Person aktuell tatsächlich im Zustand der Autonomie ist, sprich, ob ihre aktuelle Handlung oder Entscheidung autonom ist.

---

172 Vgl. Friedmann 2003, 4.

In der vorliegenden Arbeit habe ich mich bisher vor allem mit der Autonomie in der Bedeutung als Recht auseinandergesetzt. Es wurde aufgezeigt, dass Autonomie als Recht umfasst, selbst die Entscheidung über den eigenen Körper und die eigene medizinische Behandlung treffen zu dürfen (die Autonomie in ihrer Barrierefunktion). Des Weiteren erwächst aus Autonomie auch das Recht, andere dazu einzuladen, die eigenen körperlichen Grenzen zu übertreten und eine medizinische Behandlung durchzuführen (Autonomie in ihrer Schlüsselfunktion). Autonomie als Recht ist jedoch daran gebunden, dass auch Autonomie bei dem Akteur vorliegt, der das Recht beansprucht.[173] Dieses Kapitel beschäftigt sich nun mit der Frage, was genau vorhanden sein muss, um von Autonomie als Recht im Sinne der beiden normativen Funktionen sprechen zu können.

Es wäre möglich, dass man sich bei der Zuschreibung von Autonomie als Recht an der Autonomie als Ideal orientiert. Dies könnte bedeuten, man schreibt Patienten nur dann Autonomie als Recht zu, wenn sie gemäß dem Ideal der Autonomie leben. Damit Patienten also Autonomie als Barriere und Schlüssel nutzen könnten, müssten sie tatsächlich eine bestmöglich autonome Entscheidung treffen. Dazu könnte man sie durch Aufklärung unterstützen und dafür Sorge tragen, dass sie, unbeeinflusst von außen, zu einer maximal autonomen Entscheidung finden. Im Umkehrschluss würde dies bedeuten, dass nur Patienten, die über eine möglichst ideale Autonomie verfügen, auch tatsächlich Autonomie in ihrer Barriere- und Schlüsselfunktion einsetzen könnten. Die Zuschreibung von Autonomie als Recht würde sich damit an einem maximalen Autonomiebegriff orientieren, dem wahrscheinlich viele Patienten nicht gerecht werden könnten oder wollten. Das Recht der Autonomie an eine ideale Autonomie zu binden, ist entsprechend wenig sinnvoll

Man könnte aber auch versuchen die beiden normativen Funktionen der Autonomie an einen minimaler ausgelegten Autonomiebegriff zu binden. Man würde von Patienten dann nicht maximal autonome Entscheidungen erwarten, die auf möglichst umfassender Information und möglichst großer

173 Vgl. Miller 2004, 247.

Freiwilligkeit beruhen. Vielmehr könnte man dafür plädieren, dass Patienten bereits dann Autonomie in ihrer Barriere- und Schlüsselfunktion zugestanden wird, wenn die Patienten grundlegend über die Fähigkeit der Autonomie verfügen, ganz gleich, ob sie von dieser Fähigkeit aktuell Gebrauch machen oder nicht.

Andererseits ist es aber auch möglich, darauf zu verweisen, dass die grundlegende Fähigkeit der Autonomie eben gerade nicht ausreicht, um sicherzustellen, dass die aktuelle Entscheidung hinsichtlich der medizinischen Behandlung auch tatsächlich autonom ist. Jemand kann zwar grundsätzlich über die Fähigkeit der Autonomie verfügen, aber diese dennoch nicht zum Treffen der fraglichen Entscheidung einsetzen. Es ist deshalb grundsätzlich auch vorstellbar, dass Autonomie in ihren normativen Funktionen an das Vorhandensein von Autonomie als Zustand gebunden wird.

Dieser dritte Weg wird prominent von Beauchamp, Childress und Faden beschritten. Sie sehen es als Voraussetzung für das Prinzip des Respekts vor der Autonomie an, dass der Patient sich auch tatsächlich im Zustand der Autonomie befindet, sprich, dass seine Entscheidung eine autonome Handlung ist. Ganz ausdrücklich lehnen sie es ab, das Prinzip des Respekts vor der Autonomie einzig und allein an die Fähigkeit der Autonomie zu binden.[174] Das nachfolgende Kapitel wird sich diesem Ansatz widmen und untersuchen, ob er eine geeignete Grundlage für das Zusprechen von Autonomie in ihrer Funktion als Barriere und Schlüssel darstellt.

4.2 Das Prinzip des Respekts vor der Autonomie nach Beauchamp und Childress

Als autonome Handlungen gelten nach Beauchamp und Childress Handlungen, die absichtlich ausgeführt, verstanden und in Abwesenheit von Kontrolle

174 Vgl. Beauchamp/Childress 2013, 102.

von einem kompetenten Akteur durchgeführt werden. Entscheidungen, die diese Bedingungen erfüllen, sind autonom und aus diesem Grund zu respektieren, unabhängig davon, ob der Akteur auch noch über personale Autonomie verfügt oder nicht.

Damit stellen Beauchamp und Childress bewusst die Handlungsautonomie in den Mittelpunkt ihrer Betrachtungen. Ihrem Ansatz nach kommt im Kontext medizinischer Behandlungen der personalen Autonomie und damit dem Vorliegen von Autonomie als grundsätzlicher Fähigkeit keine normative Bedeutung zu. Der von Beauchamp und Childress geforderte Respekt für die Autonomie findet ihrem Ansatz zufolge nur dort Anwendung, wo aktuell eine autonome Handlung vorliegt. Daraus folgt, dass nur solche Menschen Autonomie in ihrer Barriere- und Schlüsselfunktion nutzen können, die auch tatsächlich eine autonome Entscheidung für oder gegen die medizinische Behandlung treffen. Patienten, die zwar grundsätzlich über eine Autonomiefähigkeit verfügen, sich aber dennoch nicht autonom für oder gegen die medizinische Behandlung aussprechen, erfüllen nicht die Voraussetzungen für Autonomie in ihrer normativen Funktion als Barriere oder Schlüssel.

Beauchamp und Childress sprechen stets nur von dem Prinzip des Respekts vor der Autonomie. Sie explizieren dieses nicht als Barriere- und Schlüsselfunktion. Die Barrierefunktion lässt sich aber, obwohl sie nicht direkt mit diesem Begriff beschrieben wird, deutlich bei Beauchamp und Childress erkennen. Im Hinblick auf das Prinzip des Respekts vor der Autonomie schreiben sie:

> "To respect autonomous agents is to acknowledge their right to hold views, to make choices, and to take actions based on their values and beliefs."[175]

Andere in ihren Ansichten, Entscheidungen und Handlungen zu respektieren, wenn diese autonom sind, bedeutet nichts anderes, als Autonomie in ihrer Barrierefunktion zu beachten. Da Beauchamp und Childress eine andere Begründung der Notwendigkeit der informierten Einwilligung vertreten, ergibt

---

175 Beauchamp/Childress 2013, 106.

sich aus ihrem Ansatz nicht unbedingt die Schlüsselfunktion von Autonomie, wie sie von mir in Kapitel 2.4.4 ausgearbeitet wurde. Ich habe aber deutlich aufgezeigt, dass ebendiese Schlüsselfunktion von Autonomie eine angemessene und notwendige normative Funktion von Autonomie ist (Kapitel 2.4.3 und 2.4.4). Der Autonomie-Ansatz von Beauchamp und Childress muss sich deshalb ebenfalls daran messen lassen, ob er eine geeignete Grundlage sowohl für Autonomie in ihrer Barriere- als auch für Autonomie in ihrer Schlüsselfunktion bildet. Deshalb werde ich im Folgenden zwar manchmal in Beauchamps und Childress' Worten von dem Prinzip des Respekts der Autonomie reden, dabei bedenke ich aber stets neben der Barrierefunktion auch eine Schlüsselfunktion der Autonomie.

Das Prinzip des Respekts vor der Autonomie tritt Beauchamp und Childress zufolge nur dann in Kraft, wenn eine autonome Handlung vorliegt. Die grundsätzliche Autonomiefähigkeit eines Patienten, also seine personale Autonomie, ist hingegen nicht für die Anwendung dieses Prinzips erforderlich. Beauchamp und Childress begründen diese Annahme damit, dass wenngleich eine Person insgesamt autonom ist und ihr Leben in der Regel autonom führt, bestimmte Einschränkungen wie Krankheit oder Kontrolle durch andere dazu führen können, dass bestimmte Entscheidungen nicht autonom sind:

> "Even autonomous persons who have self-governing capacities and are, on the whole, good managers of their health sometimes fail to govern themselves in particular choices because of temporary constraints caused by illness, depression, ignorance, coercion, or other conditions that limit their judgment or their options."[176]

Damit ist die generelle Fähigkeit zur Autonomie, die konstitutiv für das Vorliegen personaler Autonomie ist, nicht *hinreichend* für die Begründung des Respekts vor der Autonomie, da die generelle Autonomiefähigkeit noch nicht die aktuale Ausübung der Autonomie sicherstellt. Wer autonomiefähig ist, handelt noch lange nicht immer auch tatsächlich autonom.

---

176 Beauchamp/Childress 2013, 102.

Beauchamp und Childress gehen noch weiter und stellen fest, dass personale Autonomie darüber hinaus auch nicht *notwendig* für die Anwendung des Prinzips des Respekts vor der Autonomie ist. Personen, wie beispielsweise manche Patienten psychiatrischer Einrichtungen, denen die generelle Autonomiefähigkeit abgesprochen wird, können, Beauchamp und Childress folgend, noch immer einzelne Entscheidungen autonom treffen:

> "Similarly, some persons who are generally incapable of autonomous decision making can at times make autonomous choices. For example, some patients in mental institutions who cannot care for themselves and have been declared legally incompetent may still make some autonomous choices, such as stating preferences for meals, refusing medications, and making phone calls to acquaintances."[177]

Damit entkoppeln Beauchamp und Childress die Handlungsautonomie vollkommen von der personalen Autonomie. Handlungsautonomie kann ihrem Konzept zufolge weder aus der personalen Autonomie abgeleitet werden, noch lässt eine autonome Handlung einen Rückschluss auf das Vorhandensein der für personale Autonomie konstitutiven Fähigkeiten zu. Handlungsautonomie und personale Autonomie sind demnach zwei voneinander unabhängige Konzepte.

Das Prinzip des Respekts vor der Autonomie wird allein an das Vorliegen einer autonomen Handlung gebunden. Dies bedeutet im Hinblick auf die beiden normativen Funktionen von Autonomie, dass einzig und allein eine autonome Handlung – im Kontext medizinischer Behandlungen heißt dies eine autonome Entscheidung für oder gegen die medizinische Behandlung – entscheidend dafür ist, Autonomie sowohl in der Barrierefunktion als auch in ihrer Funktion als Schlüssel nutzen zu können. Die Fähigkeit der Autonomie ist weder hinreichende noch notwendige Bedingung dafür, Autonomie in der Barriere- oder Schlüsselfunktion nutzen zu können.

Den Respekt vor der Autonomie an das Vorhandensein personaler Autonomie und damit an die generelle Autonomiefähigkeit zu binden, halten Beau-

---

177 Beauchamp/Childress 2013, 102.

champ und Childress sogar für gefährlich, da hierdurch zu viele im Alltag als autonom geltende Handlungen als nicht autonome Handlungen deklariert werden könnten und aus diesem Grund nicht respektiert werden müssten. Beauchamp und Childress explizieren diesen Gedanken am hierarchischen Wunschmodell, das von Dworkin[178] und Harry Frankfurt[179] prominent vertreten wird und ein Konzept der personalen Autonomie darstellt, das auf Authentizität rekurriert.

Dem hierarchischen Wunschmodell folgend, konstituiert sich personale Autonomie durch die Fähigkeit, sich mit Wünschen erster Stufe durch Wünsche zweiter Stufe zu identifizieren oder sie zurückzuweisen und dadurch nicht handlungswirksam werden zu lassen.[180] Beauchamps und Childress Haupteinwand gegen die Verwendung dieser Autonomiekonzeption als Grundlage für die Anwendung des Prinzips des Respekts vor der Autonomie ist ein Überforderungseinwand. Nach Beauchamp und Childress rekurriert diese Autonomiekonzeption auf eine idealisierte Autonomie, die nur von sehr wenigen Akteuren erreicht werden kann. In unserem alltäglichen Umgang miteinander respektieren wir auch solche Entscheidungen als autonom, die nicht die vom hierarchischen Wunschmodell geforderte Bedingung der reflexiven Identifikation erfüllen. Als Beispiele für solche Handlungen nennen sie Fremdgehen, obwohl man diese Art von Person nicht zu sein wünscht oder das Schwachwerden vor dem Süßigkeitenregal des Supermarktes:

> "If reflective identification with one's desires or second-order volitions is a necessary condition of autonomous action, then many ordinary actions that are almost universally considered autonomous, such as cheating at one's spouse (when one truly wishes not to be such a person) or selecting tasty snack foods when grocery shopping (when one has never reflected on one's desires for snack foods), would be rendered *non*autonomous in this theory."[181]

---

178 Vgl. Dworkin 1988.

179 Vgl. Frankfurt 1971.

180 Vgl. Dworkin 1988; Frankfurt 1971.

181 Beauchamp/Childress 2013, 103.

Beauchamp und Childress sehen eine Gefahr darin, den Respekt vor der Autonomie an personale Autonomie zu knüpfen. Dadurch könnte im medizinischen Kontext ein inakzeptabler Paternalismus befördert werden, da vermehrt Patientenentscheidungen als nicht autonome Entscheidungen keines Respekts bedürften. Die beiden betonen, dass eine sinnvolle Konzeption von Autonomie alltägliche Entscheidungen wie das Eröffnen eines Bankkontos oder Einkaufen von Lebensmitteln als autonom werten sollte und diese Handlungen deshalb auch Respekt verdienen. Die Zuschreibung von Autonomie dürfe sich nicht an einem Ideal orientieren, sondern müsse sich stattdessen am gewöhnlich kompetenten Akteur orientieren:

> "A theory should not be inconsistent with pretheoretical assumptions implicit in the principle of respect for autonomy, and no theory of autonomy is acceptable if it presents an ideal beyond the reach of ordinary, competent agents and choosers."[182]

Damit entwerfen Beauchamp und Childress eine Autonomiekonzeption, in der das Prinzip des Respekts vor der Autonomie nur an das Vorliegen einer aktual autonomen Entscheidung gebunden ist. Autonomie als Fähigkeit spielt in diesem Ansatz keine Rolle für das Zustandekommen der normativen Funktionen der Autonomie als Barriere oder Schlüssel.

Dies lässt sich durchaus als Vorteil dieses Ansatzes auslegen. Durch Kopplung des Prinzips des Respekts vor der Autonomie an das Vorhandensein von Handlungsautonomie wird es ermöglicht, Entscheidungen von solchen Patienten zu übergehen, die zwar insgesamt als autonome Personen gelten, deren aktuale Entscheidung aber aufgrund gewisser Einschränkungen nicht die Bedingungen für Autonomie erfüllt. So werden Patienten vor möglicherweise falschen Entscheidungen bewahrt, die sie aufgrund einer vorübergehenden Verwirrtheit, Angst oder Zwang von außen treffen und später bereuen würden.

182 Beauchamp/Childress 2013, 104.

Ob die Loslösung der Handlungsautonomie von der personalen Autonomie jedoch insgesamt überzeugen kann und ob die Handlungsautonomie tatsächlich die angemessene Grundlage für das Prinzip des Respekts vor der Autonomie und damit auch für die beiden normativen Funktionen der Autonomie als Barriere und Schlüssel ist, lässt sich erst feststellen, wenn man sich den Ansatz von Beauchamp und Childress näher betrachtet. Das folgende Kapitel wird sich deshalb damit auseinandersetzen, welche Bedingungen erfüllt werden müssen, um von autonomen Handlungen sprechen zu können. Welche Kriterien muss eine Patientenentscheidung hinsichtlich einer medizinischen Behandlung erfüllen, damit sie als autonom gilt und damit die Barriere- und die Schlüsselfunktion der Autonomie erfüllt.

4.3 Die Autonomiebedingungen nach Beauchamp und Childress

In ihrer Betrachtung von Autonomie konzentrieren sich Beauchamp und Childress auf die Autonomie einzelner Handlungen bzw. Entscheidungen. Sie fragen entsprechend nicht danach, über welche Eigenschaften eine Person insgesamt verfügen muss, um als autonome Person zu gelten, sondern vielmehr danach, welche Bedingungen erfüllt sein müssen, damit eine konkrete Handlung als ausreichend autonom gilt, um ihre normative Funktion zu entfalten und das Prinzip des Respekts vor der Autonomie zu begründen. In Kapitel 2.4.3 habe ich bereits aufgezeigt, dass eine derart gestaltete autonome Handlung dann die normative Funktion einer Barriere vor Eingriffen von außen entfaltet, wenn es sich dabei um eine Entscheidung handelt, die Einfluss auf die autonome Lebensweise oder die personale Autonomie der fraglichen Person hat.

Die Bedingungen für autonomes Handeln, wie sie in der medizinethischen Standardtheorie in Anlehnung an Beauchamp, Childress und Faden vertreten werden, sollen in den folgenden Kapiteln dargestellt werden. Da der medizinethischen Standardansicht folgend eine autonome Entscheidung aus ähnlichen Elementen besteht wie eine informierte Einwilligung, kommt es vielleicht an manchen Stellen zur Wiederholung bereits dargelegter Inhalte. Die Beschreibung der Elemente einer informierten Einwilligung und die der Bedingungen für autonomes Handeln überschneiden sich, auch wenn sie nicht vollkommen deckungsgleich sind. An dieser Stelle geht es aber nicht mehr um die Frage, wie eine erfolgreiche informierte Einwilligung beschaffen ist, sondern vielmehr soll herausgefunden werden, welche Bedingungen ein Patient und seine Entscheidung im Zusammenhang mit einer medizinischen Behandlung erfüllen muss, damit diese als autonom gilt und dadurch sowohl eine Barriere- als auch eine Schlüsselfunktion entfalten kann.

Beauchamp und Childress vertreten die Ansicht, dass ihre Autonomiekonzeption durchaus dazu geeignet ist, den Respekt vor der Patientenautonomie zu begründen. Aufgrund der Prominenz dieser Autonomiekonzeption ist es naheliegend, die dort genannte Autonomiebedingungen als erstes daraufhin zu überprüfen, ob sie eine geeignete Grundlage darstellen, um die normative Funktion von Autonomie als Barriere und Schlüssel zu erklären.

In diesem Kapitel werde ich zunächst die von Beauchamp und Childress formulierten Autonomiebedingungen möglichst umfassend darstellen. Im Anschluss daran werde ich sie kritisch überprüfen. Im Fokus dieser kritischen Untersuchung wird die Frage stehen, ob es tatsächlich möglich ist, Handlungsautonomie völlig unabhängig von personaler Autonomie zu konzipieren, so wie es in der medizinethischen Standardtheorie zur Autonomie versucht wird.

Die Entscheidungskompetenz des Patienten kann als grundlegende Voraussetzung für autonomes Handeln verstanden werden und wird deshalb von mir als erstes erläutert. Die drei nachfolgend vorgestellten Bedingungen – Absichtlichkeit, Verstehen und Abwesenheit von Kontrolle – werden von Beauchamp und Childress jeweils als notwendig und gemeinsam als hinreichend erachtet, um eine Handlung bzw. Entscheidung als autonom zu charakterisieren.

4.3.1 Die Vorbedingung der Kompetenz

Die Kompetenz des Patienten bildet nach Beauchamp und Childress die grundsätzliche Voraussetzung für eine autonome Entscheidung. Kompetent zu sein bedeutet allgemein gesprochen, über spezifische Fähigkeiten zu verfügen, eine bestimmte Aufgabe ausführen zu können. Diese Formulierung zeigt bereits, dass Kompetenz kontextsensitiv verstanden werden muss: verschiedene Aufgaben erfordern unterschiedliche Fähigkeiten. Im Hinblick auf medizinische Behandlungen bedarf es der Entscheidungskompetenz, um eine autonome Entscheidung für oder gegen eine medizinische Behandlung treffen zu können. Das bedeutet, der Patient muss über diejenigen Fähigkeiten verfügen, die notwendig sind, um die infrage stehende medizinische Entscheidung treffen zu können.[183] Beauchamp und Childress zufolge sollte ein kompetenter Patient dazu fähig sein, die wesentlichen Informationen zu verstehen, vor dem eigenen Wertekanon eine Entscheidung zu treffen, ein bestimmtes Ergebnis beabsichtigen und die eigenen Wünsche frei kommunizieren können.[184]

Die genannten Fähigkeiten können unterschiedlich stark ausgeprägt sein. So wird ein medizinisch geschulter Patient die Informationen besser verstehen und einordnen können als ein Patient ohne medizinische Ausbildung. Man könnte deshalb sagen, dass der medizinisch geschulte Patient besser dazu befähigt ist, die medizinische Entscheidung zu treffen. Allerdings handelt es sich bei Kompetenz um ein Schwellenkonzept, wodurch eine bessere Befähigung nicht zu höherer Kompetenz führt. Beauchamp und Childress gehen vielmehr davon aus, dass die erforderlichen Fähigkeiten in einem ausreichenden Maß vorhanden sein müssen, um die Schwelle der Kompetenz zu erreichen.[185] Dies bedeutet, dass wenngleich nicht alle Patienten gleich gut dazu

---

183 Vgl. Beauchamp/Childress 2013, 114-120.

184 Vgl. Beauchamp/Childress 2013, 116: "Patients (...) are competent to make a decision if they have the capacity to understand the material information, to make a judgment about this information in light of their values, to intend a certain outcome, and to communicate freely their wishes to caregivers".

185 Vgl. Beauchamp/Childress 2013, 116 f.

befähigt sind, die infrage stehende Entscheidung zu treffen, dennoch alle kompetenten Patienten im ausreichendem Maß dazu befähigt sind, die Entscheidung zu treffen.[186]

Verfügt ein Patient nicht über die für Entscheidungskompetenz notwendigen Fähigkeiten, sprich, ist er nicht entscheidungskompetent, ist seine Entscheidung nicht autonom und bedarf von daher keiner besonderen Achtung aus Gründen des Respekts vor der Autonomie. Kompetenz wird damit zur Nadelöhr-Bedingung. Beauchamp und Childress schreiben dazu:

> "Competence or capacity judgments in health care serve a gatekeeping role by distinguishing persons whose decisions should be solicited or accepted from persons whose decisions need not or should not be solicited or accepted."[187]

Damit enthält die Kompetenzzuschreibung eine normative Komponente, da von diesem Urteil abhängt, wie im Weiteren mit dem Patienten umgegangen wird. Diese normative Funktion des Kompetenzurteils wird auch von Beauchamp und Childress betont:

> "Competence judgments have the distinctive *normative* function of qualifying or disqualifying persons for certain decisions or actions (...) The test is an empirical measuring device, but normative judgments establish how the test is to be used to sort persons into two classes of competent and incompetent, which determines how persons ought to be, or may permissibly be, treated."[188]

Aus pragmatischen Gründen wird im medizinischen Kontext meist auf der Grundlage einer Kompetenzvermutung gehandelt. Das bedeutet, dass Patienten in der Regel zunächst einmal Entscheidungskompetenz zugetraut wird. Diese Kompetenzvermutung wird allerdings dann hinterfragt, wenn der Patient die Behandlungsempfehlung des Arztes ablehnt oder es um komplexe Eingriffe mit hohem Risiko geht.[189] In solchen Fällen ist zu untersuchen, ob

---

186 Vgl. Beauchamp/Childress 2013, 117.

187 Beauchamp/Childress 2013, 114.

188 Beauchamp/Childress 2013, 115.

189 Vgl. Beauchamp/Childress 2013, 117.

der Patient über die notwendige Kompetenz verfügt, die infrage stehende Behandlungsentscheidung treffen zu können.

Beauchamp und Childress verweisen darauf, dass Kompetenz über die Zeit variieren kann. Kompetenzurteile sollten entsprechend keine allgemeingültigen Urteile über eine Person sein, sondern vielmehr den aktuellen Zustand der Person berücksichtigen. So kann eine generell kompetente Person durch Krankheit oder äußere Umstände in ihrer Entscheidungskompetenz vorübergehend eingeschränkt sein. Zudem kann eine Person für bestimmte Aufgaben nicht kompetent sein, für andere Aufgaben aber wiederum durchaus über die notwendige Kompetenz verfügen.[190]

Aufgrund der erwähnten Kompetenzvermutung in der medizinischen Praxis erscheint es sinnvoll, sich anzuschauen, welche Unfähigkeiten auf eine Inkompetenz des Patienten hindeuten. Beauchamp und Childress verweisen dabei auf sieben in der gängigen Literatur häufig beschriebenen Unfähigkeiten: (1) die Unfähigkeit seine Präferenzen auszudrücken oder mitzuteilen, (2) die Unfähigkeit, die eigene Situation und die daraus erwachsenden Konsequenzen einzuschätzen, (3) die Unfähigkeit, die wesentlichen Informationen zu verstehen, (4) die Unfähigkeit, Gründe anzugeben, (5) die Unfähigkeit vernünftige Gründe anzugeben (wenngleich andere Gründe genannt wurden), (6) die Unfähigkeit, Kosten-Nutzen basierte Gründe anzugeben (obschon manche vernünftige Gründe genannt wurden), (7) die Unfähigkeit, eine vernünftige Entscheidung zu treffen.[191]

Die genannten Unfähigkeiten können einzeln oder auch in Kombination genutzt werden, um auf Inkompetenz zu testen. Beauchamp und Childress äußern sich nicht dazu, ob die genannten Unfähigkeiten notwendig, hinreichend, ausreichend oder zu anspruchsvoll sind. Außerdem bleibt offen, was genau unter einem vernünftigen Grund bzw. einer vernünftigen Entscheidung zu verstehen ist.

---

190 Vgl. Beauchamp/Childress 2013, 115 f.

191 Vgl. Beauchamp/Childress 2013, 118.

Mit der Vorbedingung der Kompetenz verweisen Beauchamp und Childress darauf, dass für eine autonome Entscheidung das entscheidende Subjekt über bestimmte grundlegende Fähigkeiten verfügen muss. Autonom entscheiden können damit nur solche Subjekte, die in einer bestimmten Weise verfasst sind. Dennoch treffen nicht alle entscheidungskompetenten Personen auch immer eine autonome Entscheidung. Sie erfüllen lediglich die grundlegende Voraussetzung dafür. Die Voraussetzung der Kompetenz kann daher mit den Worten von Schöne-Seifert als „Vorsortierung" verstanden werden. Erst für diejenigen Patienten, die nicht bereits an dieser Vorsortierung scheitern, werden die nachfolgend erläuterten drei Bedingung für autonomes Handeln überhaupt relevant.[192]

4.3.2 Die Bedingung der Absichtlichkeit

Damit eine Handlung autonom ist, muss sie, Beauchamp und Childress folgend, absichtlich ausgeführt werden. Dies bedeutet, dass die Handlung einem vom Handelnden verfassten Plan folgt:

> "Whether a given act, X, is intentional, depends on whether in performing X the actor could, upon reflection, say, 'I did X as I planned', and in that sense, 'I did the 'X' I intended to do.'"[193]

Der Handelnde benötigt dabei eine im Vorhinein verfasste oder die Durchführung der Handlung begleitende Konzeption, auf welche Weise er seine Handlung durchführen will und ein Wissen davon, dass er die Handlung dieser Konzeption gemäß durchführt. Die Handlung muss gemäß der vom Akteur gefassten Absicht durchgeführt worden sein. Dem Akteur lediglich widerfahrende Ereignisse, solche die durch Außenstehende verursacht sind oder aus Versehen passieren, sind keine absichtlichen Handlungen des Akteurs.[194]

---

192 Vgl. Schöne-Seifert 2009, 119.

193 Faden/Beauchamp 1986, 243.

194 Vgl. Beauchamp/Childress 2013, 104; Faden/Beauchamp 1986, 241 ff.

Handlungen können auch dann absichtlich sein, wenn die geplanten Konsequenzen nicht eingetreten sind, solange sie in Übereinstimmung mit einem Plan ausgeführt wurden. Beauchamp und Childress schreiben hierzu:

> "For an act to be intentional, as opposed to accidental, it must correspond to the actor's conception of the act in question, although a planned outcome might not materialize as projected."[195]

Eine Handlung gilt auch dann als absichtlich, wenn sie zu unerwünschten, aber dennoch vorausgesehenen Konsequenzen führt. Ebenso können Handlungen auch absichtlich ausgeführt werden, obwohl sie insgesamt unerwünscht sind.[196] Dies lässt sich am Fall eines Bergsteigers erläutern, der sich mit seinem Taschenmesser selbst den Arm amputieren musste, um sich von einem herabgestürzten Felsbrocken befreien zu können.[197] Zwar hätte er gern sowohl die Handlung der Amputation seines Armes als auch die Konsequenz mit nur einem Arm leben zu müssen gerne vermieden, dennoch war die Amputation seines Armes eine absichtlich ausgeführte Handlung, da sie die Bedingung absichtlichen Handelns erfüllt, die Faden und Beauchamp wie folgt formulieren:

> "we can say that intentional action is an action *willed in the accordance with a plan*, whether the act is wanted or not."[198]

Faden und Beauchamp unterscheiden drei Arten von absichtlichem Handeln: eine Handlung kann um ihrer selbst willen gewollt werden ("intrinsic wanting"), um etwas anderen willen gewollt sein ("instrumental wanting") oder in keinem der beiden Arten gewollt sein, aber dennoch toleriert werden ("tolerated acts").[199] Die tolerierten Handlungen sind solche ungewollten Handlungen, die nur deshalb ausgeführt werden, weil sie in anderen gewünschten

195 Beauchamp/Childress 2013, 104.

196 Vgl. Beauchamp/Childress 2013, 104.

197 Vgl. Spiegel Online (2003): Überlebenskampf: Bergsteiger amputierte sich selbst den Arm. Online unter: http://www.spiegel.de/panorama/ueberlebenskampf-bergsteiger-amputierte-sich-selbst-den-arm-a-246972.html [03.05.16].

198 Faden/Beauchamp 1986, 243.

199 Vgl. Faden/Beauchamp 1986, 245.

Handlungen enthalten sind. Ein Beispiel dafür ist ein Hautkrebspatient, der keine Narbe haben möchte, aber dennoch der operativen Entfernung und der dadurch verursachten Narbe zustimmt, weil er den Hautkrebs entfernt haben möchte. Diese tolerierte Handlung gilt Faden und Beauchamp als absichtliche Zustimmung zur Narbe:

> "[He] intentionally consents to *surgery*, and in so doing he intentionally consents to *being scarred* by surgery." (...) "a person's willing acceptance of tolerated outcomes is properly describable as intentional."[200]

Da Handlungen unterschiedlich stark gewollt oder teilweise auch nur toleriert werden und dennoch als absichtlich gelten können, liegt die Vermutung nahe, dass Handlungen mehr oder weniger absichtlich sein könnten. Man könnte annehmen, dass Handlungen absichtlicher sind, wenn sie auch in höherem oder emphatischerem Ausmaß gewollt werden. Eine zweite Möglichkeit der Gradualisierung von Absichtlichkeit bestünde darin, dass Handlungen in einem höheren Grad absichtlich sind, in dem sie mit dem vom Handelnden verfassten Plan übereinstimmen. Handlungen, die in gewissen Teilen vom Plan des Handelnden abweichen, wären entsprechend weniger absichtliche Handlungen. Beauchamp, Childress und Faden lehnen beide Formen der Gradualisierung von Absichtlichkeit ab. Ihnen zufolge gibt es kein Kontinuum im Zusammenhang mit absichtlichen Handlungen; Handlungen sind entweder absichtlich oder unabsichtlich. Auch wenn Handlungen unterschiedlich gut durchdacht wurden, sind sie nicht unterschiedlich stark in ihrer Absichtlichkeit. Faden und Beauchamp schreiben hierzu:

> "But even comparatively nondeliberate acts, such as automatically breaking or flipping a light switch, may still be intentional in the same respects as deliberate actions like consenting to surgery. All things considered, then, it seems best to avoid succumbing to the tempting idea of degrees of intentional action."[201]

200 Faden/Beauchamp 1986, 246.
201 Faden/Beauchamp 1986, 248.

Absichtlichkeit ist entsprechend keine graduierbare Bedingung autonomen Handelns, die beiden folgenden Bedingungen autonomen Handelns sind es hingegen schon.

4.3.3 Die Bedingung des Verstehens

Eine Handlung muss verstanden werden, um Beauchamp und Childress zufolge eine autonome Handlung zu sein:

> "An action is not autonomous if the actor does not adequately understand it."[202]

Beauchamp und Childress beginnen ihre Analyse, wann eine Handlung als verstanden gelten kann, vom Ausgangspunkt des vollständigen Verstehens einer Handlung aus. Ein vollständiges Verstehen der Handlung wird beschrieben als:

> "a person has such total understanding of an action if the person correctly apprehends all the propositions or statements that correctly describe (1) the nature of the action, and (2) the foreseeable consequences and possible outcomes that might follow as a result of performing and not performing the action."[203]

Diese Definition vollständigen Verstehens fordert vom Akteur sehr viel, wodurch einerseits deutlich wird, dass es sich dabei um ein kaum erreichbares Ideal handelt. Des Weiteren lässt sich andererseits gegen die Definition des vollständigen Verstehens einer Handlung einwenden, dass dieses für autonomes Handeln überhaupt nicht erforderlich ist. Beauchamp und Faden greifen diesen Einwand auf, akzeptieren ihn und modifizieren ihre Definition dahingehend, dass nur ein *angemessenes* Verstehen aller *relevanten* Aussagen und Beschreibungen der Natur und der vorhersehbaren Konsequenzen einer Handlung für vollständiges Verstehen der Handlung erforderlich ist.[204]

---

202 Beauchamp/Childress 2013, 104.

203 Faden/Beauchamp 1986, 251.

204 Vgl. Faden/Beauchamp 1986, 252.

Je nachdem, wie umfassend eine Handlung verstanden wird, ändert sich auch der Grad der Autonomie der Handlung. Eine Handlung gilt insofern als weniger autonom, wie sie auch weniger verstanden wird. Um zwischen ausreichend autonomen und nicht autonomen Handlungen unterscheiden zu können, fordern Beauchamp und Childress Grenzpunkte auf dem Kontinuum von komplett fehlendem bis hin zu vollkommenem Verstehen der Handlung.[205] Diese Grenzpunkte markieren ein angemessenes Verstehen der Handlung als Voraussetzung für autonomes Handeln. Sie hängen von der konkret zu treffenden Entscheidung ab und sind entsprechend kontextspezifisch zu definieren. Für autonomes Handeln ist ein substantielles Verstehen der Handlung ausreichend. Würde für die Autonomie einer Handlung ein vollständiges Verstehen der Handlung gefordert, so könnte dieses Ideal im Alltag kaum erreicht werden, und man liefe Gefahr, zu viele Handlungen als nicht autonome Handlungen zu deklarieren.[206] Im medizinischen Kontext könnte dadurch in zahlreichen Fällen ungerechtfertigtes paternalistisches Vorgehen zunehmen:

> "To chain informed consent to *fully or completely* autonomous decisionmaking stacks the deck of the argument and strips informed consent of any meaningful place in the practical world, where people's actions are rarely, if ever, fully autonomous."[207]

An autonome Entscheidungen im medizinischen Kontext sollten ähnliche Ansprüche an das Verstehen dieser Handlungen gestellt werden, wie an andere alltägliche Entscheidungen wie beispielsweise Entscheidungen über finanzielle Investments oder die Annahme eines Stellenangebots. Da auch solche Handlungen nicht vollkommen autonom sind, ist eine substantielle Autonomie ausreichend, um von einer für die informierte Einwilligung notwendigen autonomen Entscheidung auszugehen. Substantiell autonome Handlungen sind dabei solche, die auf einem Kontinuum zwischen vollkommen

205 Vgl. Beauchamp/Childress 2013, 105.
206 Vgl. Beauchamp/Childress 2013, 104 f.
207 Faden/Beauchamp 1986, 240.

autonomer Handlung und nicht autonomer Handlung relativ nah an vollkommen autonomen Handlungen liegen.[208]

Um eine autonome Entscheidung für oder gegen eine medizinische Behandlung treffen zu können, sollte der Patient die Diagnose, Prognose, Art und Ziel der Intervention, Alternativen, Risiken und Nutzen der Behandlungsempfehlung verstanden haben. Darüber hinaus muss für eine autonome Einwilligung in die Behandlung verstanden werden, *was* genau mit der Einwilligung autorisiert wird[209] und *dass* mit der Einwilligung ein Eingriff autorisiert wird:

> "persons must understand not only *what* they are authorizing but, more basically, *that* they are authorizing."[210]

Diese Autorisierung ist verstanden worden, wenn folgende Beschreibung für den Patienten X zutrifft:

> "X must understand, at a minimum, that by consenting, X has given a specific agent, Y, express permission to do something, R. In most cases, X must also understand that X's express permission is required for Y to do R. (...) X must understand which among the certain and possible consequences of R are X's responsibility (by virtue of X's having consented to R) and which, if any, remain Y's responsibility."[211]

Für ein Verstehen der Handlung ist es, wie bereits erläutert, ausreichend, die für den Patienten relevanten Beschreibungen der Handlung zu verstehen. Was relevant ist, variiert jedoch von Patient zu Patient und stellt damit ein subjektives Kriterium dar. Beschreibungen der Handlung sind dann relevant für einen Patienten, wenn davon abhängt, ob der Patient die Handlung unter der vorliegenden Beschreibung autorisiert:

---

208 Vgl. Faden/Beauchamp 1986, 241. Eine grafische Darstellung zu den unterschiedlichen Graden an Autonomie einer Handlung und dem Bereich der substantiell autonomen Handlungen findet man bei Faden/Beauchamp 1986, 239.

209 Vgl. Beauchamp/Childress 2013, 132.

210 Faden/Beauchamp 1986, 300.

211 Faden/Beauchamp 1986, 301.

> "What distinguishes relatively important descriptions of R from relatively unimportant descriptions? Perhaps the most important general criterion is the extent to which the description is *material to the person's decision* to authorize R. (...) a person must understand those propositions about R and about authorizing R that are germane to the person's evaluation of whether R is an intervention the person should authorize."[212]

Informationen, die für die autonome Entscheidung des einen Patienten von größter Bedeutung sind, müssen dies entsprechend nicht unbedingt auch für einen anderen Patienten sein. So wird die Information einer eventuell notwendigen Bluttransfusion bei einem Zeugen Jehovas ein relevantes Kriterium sein, auf dem seine Entscheidung fußt, während sie für das Verständnis der Handlung eines anderen vollkommen irrelevant ist.

Um das Verstehen der Handlung beim Patienten sicherzustellen und ihm dadurch eine autonome Entscheidungsfindung zu ermöglichen, bedarf der Patient in der Regel der Aufklärung durch den Arzt. Bei der Aufklärung des Patienten gibt es verschiedene Ansätze darüber, welche Informationen den Patienten zugänglich gemacht werden sollten. Beauchamp und Childress empfehlen dabei zunächst den sogenannten *reasonable person standard*, demzufolge das Aufklärungsgespräch mit den Informationen begonnen werden sollte, von denen angenommen werden kann, dass ein vernünftiger Patient diese für wesentlich und für die Entscheidung als relevant erachtet. Damit wird der Informationsprozess initiiert und eine Grundaufklärung sichergestellt. Im Anschluss daran sollte sich das Aufklärungsgespräch am *subjective standard* orientieren. Dazu wird die Aufklärung am individuellen Patienten ausgerichtet und auf seine spezifischen Informationsprozesse eingegangen. Der Patient sollte dabei zum Nachfragen eingeladen werden. Der *subjective standard* ermöglicht es auf die verschiedenen Bedürfnisse von Patienten einzugehen. So haben manche Patienten unkonventionelle Überzeugungen, ungewöhnliche Gesundheitsprobleme oder einzigartige Familiengeschichten, die im Aufklärungsgespräch zu berücksichtigen sind, um dem jeweiligen

212 Faden/Beauchamp 1986, 302.

Patienten ein angemessenes Verständnis dessen, worum es bei der zu treffenden Entscheidung geht, zu ermöglichen.[213]

Beauchamp und Childress verweisen darauf, dass die Aufklärung des Patienten nicht immer unproblematisch verläuft. So zeigen Studien, dass trotz Aufklärung oftmals wesentliche Informationen vom Patienten nicht angemessen verstanden werden.[214] Solchen Informationsdefiziten könne größtenteils durch angemessene Kommunikationsstrategien entgegengewirkt werden. So erkennen manche Patienten nicht von selbst, dass sie schlecht informiert sind. Ein Nachfragen vonseiten des Arztes kann helfen, solche Informationslücken offenzulegen und zu schließen. Patienten, die sich schwer tun, die teilweise komplexen medizinischen Informationen zu verstehen, können in ihrem Verständnis unterstützt werden, indem an ihr bereits vorhandenes Wissen angeknüpft wird, beispielsweise durch das Schaffen von Analogien. Zusätzlich hilft es oftmals, auf eine einfachere Kommunikation zurückzugreifen, auf Fachausdrücke zu verzichten und eine für den Patienten verständlichere Sprache zu verwenden. Schätzen Patienten Informationen falsch ein, beispielsweise durch mangelnde Vorstellungskraft in Bezug auf postoperative Schmerzen und durch Überbewertung des zu erwartenden Nutzens, kann man diesen Fehleinschätzungen entgegenwirken, indem man dieses Problem anspricht. So kann es beispielsweise das Verständnis des Patienten erhöhen, wenn die zu erwartenden Risiken und Chancen anstatt in relativen Zahlen in absoluten Zahlen ausgedrückt werden.[215] Mit dieser Beschreibung einer grundlegenden Art und Weise der Kommunikation mit dem Patienten verdeutlichen Beauchamp und Childress, dass es durchaus Strategien dafür gibt, das Verstehen des Patienten vonseiten des medizinischen Personals zu fördern und zu erreichen.

213 Vgl. Beauchamp/Childress 2013, 125 ff.
214 Vgl. Beauchamp/Childress 2013, 131.
215 Vgl. Beauchamp/Childress 2013, 132 ff.

4.3.4 Die Bedingung der Freiwilligkeit

Die dritte Bedingung für autonomes Handeln ist bei Beauchamp und Childress die Abwesenheit von äußerer Kontrolle der Handlung. Diese Bedingung ist erfüllt, wenn die handelnde Person ihr Handeln selbst steuert und nicht unter einer ihre Selbststeuerung beeinträchtigenden internen oder externen Kontrolle steht:

> "The third of the three conditions of autonomous action is that a person be free of controls exerted either by external sources or by internal states that rob the person of self-directedness."[216]

Etwas weiter hinten schreiben Beauchamp und Childress:

> "We hold only that a person acts voluntarily if he or she wills the action without being under the control of another person or condition."[217]

Bei dieser Bedingung handelt es sich im Gegensatz zu den anderen Bedingungen, um eine negative Bedingung, da die Abwesenheit eines bestimmten Faktors gefordert wird, wohingegen die anderen Bedingungen für autonomes Handeln die Präsenz einer gewissen Eigenschaft der Handlung fordern und somit positiv formuliert sind.[218] Da die Formulierung „Abwesenheit der Kontrolle der Handlung" im Deutschen aber sehr sperrig wirkt und zudem Beauchamp in einem anderen Text selbst auch von „voluntariness"[219] spricht, werde ich im Folgenden von der Bedingung der „Freiwilligkeit der Handlung" sprechen.

Die Freiwilligkeit der Handlung ist wie auch das Verstehen der Handlung eine graduierbare Bedingung. Eine Handlung kann vollständig kontrolliert oder vollkommen freiwillig sein. Vollkommen frei von Kontrolle ist eine Handlung, wenn entweder keine Versuche der Einflussnahme unternommen wurden oder eine Einflussnahme zwar versucht wurde oder diese nicht erfolgreich war

---

216 Beauchamp/Childress 2013, 104.
217 Beauchamp/Childress 2013, 138.
218 Vgl. Faden/Beauchamp 1986, 256.
219 Vgl. Beauchamp 2010, 69.

und der Akteur noch immer auf der Grundlage seines eigenen Willens handelt. Vollständig kontrollierte Handlungen werden hingegen durch den Willen eines anderen als der handelnden Person selbst dominiert.[220] Die Grenze zwischen einem akzeptablem Maß an Freiwilligkeit und unangemessener Kontrolle ist, wie auch bei der Bedingung des Verständnisses, kontextspezifisch. Zudem unterscheiden sich von Person zu Person die Einflüsse, die als kontrollierend empfunden werden und damit autonomes Handeln verhindern. Damit wird auch die Einflussnahme zu einem subjektiven Kriterium erhoben, da nur mit Blick auf die jeweils beeinflusste Person entschieden werden kann, ob eine Kontrolle der Handlung durch andere vorlag.

Beauchamp und Childress betrachten drei Kategorien der Einflussnahme: Zwang, Überzeugung und Manipulation. Dabei zeigen sie auf, dass nicht alle Formen der Einflussnahme kontrollierend sind. Bestimmten Einflüssen kann der Betroffene widerstehen, sie gelten damit nicht als kontrollierend. Manche Einflüsse können sogar vom Betroffenen gewünscht sein.[221] Bei den drei Formen der Einflussnahme ist Manipulation die einzige Form, die ein Kontinuum darstellt zwischen komplett kontrollierenden und nicht kontrollierendem Einfluss.[222] Zwang befindet sich hingegen immer klar auf der Seite der kontrollierenden Einflüsse und ist nicht graduell im Hinblick auf Kontrolle:

> “Coercive interventions always entirely compromise autonomy by wholly controlling action.“[223]

Überzeugung appelliert an die Vernunft und wird auf der Seite der nicht kontrollierenden Einflüsse verortet, da man Handlungen, von denen man überzeugt wurde, willentlich ausführt:

> “When persuaded by another, one willingly acts or accepts a belief as one’s own.“[224]

---

220 Vgl. Faden/Beauchamp 1986, 258.
221 Vgl. Beauchamp/Childress 2013, 138.
222 Vgl. Faden/Beauchamp 1986, 258 f.
223 Faden/Beauchamp 1986, 259.
224 Faden/Beauchamp 1986, 259.

Zwang ist die erste Form der Einflussnahme. Von allen drei Formen schränkt Zwang die Freiwilligkeit einer Entscheidung am meisten ein und ist von daher abzulehnen. Zwang beruht Beauchamp und Childress zufolge auf einer absichtlich ausgesprochenen glaubwürdigen und starken Androhung von unerwünschtem und vermeidbarem Schaden gegenüber einer anderen Person.[225] Für Zwang reicht es nicht, dass sich eine Person nur zu etwas gezwungen fühlt, obwohl keine tatsächliche Androhung von Zwang vorliegt. Der Zwang muss tatsächlich intentional von einer anderen Person eingesetzt werden und die gezwungene Person aufgrund des Zwangs handeln:

> "Coercion occurs only if an intended and credible threat displaces a person's self-directed course of action, thereby rendering even intentional and well-informed behavior nonautonomous."[226]

Was als Androhung von Schaden empfunden wird und das Verhalten entsprechend beeinflusst, unterscheidet sich Beauchamp und Childress folgend von Person zu Person. Manche Drohungen werden von nahezu allen Betroffenen als Zwang empfunden, beispielsweise die Bedrohung des eigenen Lebens; andere, wie der Verlust des Arbeitsplatzes, werden nur von bestimmten Personen als Zwang empfunden.[227]

Überzeugung ist die zweite beschriebene Form der Einflussnahme. Im Gegensatz zu Zwang ist Überzeugung nach Beauchamp und Childress ethisch legitim, da sie nicht die autonome Handlung des Überzeugten unterminiert. Überzeugung liegt vor, wenn eine Person durch die Angabe rationaler Gründe zu einer bestimmten Einsicht bewegt wird:

> "In *persuasion* a person must come to believe in something through the merit of reasons another persons advances."[228]

Eine Einflussnahme durch das Hervorrufen bestimmter Emotionen, z. B. Angst, gilt Beauchamp und Childress folgend nicht als Überzeugung.

---

225 Vgl. Beauchamp/Childress 2013, 138.
226 Beauchamp/Childress 2013, 138.
227 Vgl. Beauchamp/Childress 2013, 138.
228 Beauchamp/Childress 2013, 139.

Allerdings verweisen sie auf die Schwierigkeit, zwischen Einflussnahme mittels der Angabe von rationalen Gründen und Einflussnahme mittels emotionaler Beeinflussung zu unterscheiden, da auch die Angabe rationaler Gründe bei manchen Beeinflussten bestimmte Emotionen erzeugen und darüber deren Entscheidung beeinflussen können, beispielsweise wenn die Angabe eines Risikos Angst beim Betroffenen auslöst.[229]

Die dritte Form der Einflussnahme ist bei Beauchamp und Childress die Manipulation, bei der die Betroffenen weder durch Zwang noch durch Überzeugung zu einem von dem Manipulierenden gewünschten Verhalten beeinflusst werden:

> "Manipulation is a generic term for several forms of influence that are neither persuasive nor coercive. The essence of manipulation is swaying people to do what the manipulator wants by means other than coercion or persuasion."[230]

Beauchamp und Childress nennen die informationelle Manipulation als eine der gängigsten Manipulationen im Gesundheitswesen. Über informationelle Manipulation ist es möglich, autonomes Entscheiden des Patienten zu unterminieren, wenn beispielsweise Informationen vorenthalten werden oder gelogen wird. Informationelle Manipulationen können aber auch subtiler durch eine bestimmte Präsentation der Information erfolgen, indem beispielsweise versucht wird, die Entscheidung des Patienten über die Tonlage, kraftvolle Gesten oder eine bestimmte Darstellung der Informationen zu beeinflussen.[231] Beauchamp und Childress warnen allerdings vor einer Überbewertung der Beeinflussungen durch Manipulation im Gesundheitswesen. Immerhin seien wir auch in unseren alltäglichen Entscheidungen zahlreichen Einflüssen ausgesetzt – beispielsweise durch familiäre Bindungen, persönliche Wünsche oder institutionelle Verpflichtungen – ohne dass diese unsere autonomen Entscheidungen unterminieren.[232]

---

229 Vgl. Beauchamp/Childress 2013, 139.
230 Beauchamp/Childress 2013, 139.
231 Vgl. Beauchamp/Childress 2013, 139.
232 Vgl. Beauchamp/Childress 2013, 139.

4.3.5 Eine kritische Betrachtung der Autonomiebedingungen nach Beauchamp und Childress

Beauchamp und Childress zufolge handelt ein kompetenter Patient genau dann autonom, wenn seine Entscheidung für oder gegen die vorgeschlagene medizinische Behandlung absichtlich erfolgt, der Patient versteht, worum es geht und seine Entscheidung freiwillig ist. Alle drei Bedingungen sind Beauchamp und Childress folgend notwendig und gemeinsam hinreichend, um daraus das Prinzip des Respekts vor der Autonomie abzuleiten. Für das Prinzip des Respekts vor der Autonomie ist es nicht notwendig, dass beim Patienten stabil generelle Autonomiefähigkeiten vorhanden sind, die mit personaler Autonomie assoziiert werden. Personale Autonomie und Handlungsautonomie sind für Beauchamp und Childress zwei voneinander unabhängige Konzeptionen. Personale Autonomie ist weder notwendig noch hinreichend für Handlungsautonomie. Nur die Handlungsautonomie, bestimmt durch die drei Bedingungen, ist eine angemessene Grundlage für das Prinzip des Respekts vor der Autonomie.[233]

Die drei von Beauchamp und Childress beschriebenen Bedingungen lassen jedoch Zweifel daran entstehen, ob diese Unabhängigkeit von Handlungsautonomie und personaler Autonomie wirklich Bestand hat, denn in den von Beauchamp und Childress ausgearbeiteten Autonomiebedingungen lassen sich Hinweise darauf finden, dass Handlungsautonomie nicht unabhängig von personaler Autonomie konzipiert werden kann. Vielmehr scheinen die Fähigkeiten, die für Handlungsautonomie benötigt werden, teilweise die gleichen Fähigkeiten zu sein, die auch für personale Autonomie konstitutiv sind. Damit würde die personale Autonomie zu einer notwendigen Bedingung von Handlungsautonomie erhoben werden. Auf diese Korrelationen von Handlungsautonomie und personaler Autonomie möchte ich in diesem Kapitel eingehen.

---

233 Vgl. Beauchamp/Childress 2013, 102.

Bereits die Beschreibung der ersten Bedingung für Handlungsautonomie, der Absichtlichkeit, gibt einen Hinweis darauf, dass dabei auf Fähigkeiten zurückgegriffen wird, die auch für das Vorhandensein personaler Autonomie einschlägig sind. Absichtliches Handeln erfordert nach Beauchamp und Childress vom Handelnden, dass er willentlich in Übereinstimmung mit einem Plan handelt. Damit werden vom Handelnden Fähigkeiten gefordert, die für Personalität einschlägig sind: der Handelnde muss für absichtliches Handeln sowohl erstpersönliche Propositionen fassen können als auch ein Wissen über die eigene zeitlich ausgedehnte Existenz haben.[234] Dieses Zusammenfallen der für Handlungsautonomie geforderten Fähigkeiten mit Fähigkeiten, die ebenfalls für Personalität einschlägig sind, gibt einen ersten Hinweis darauf, dass die Konzeption von Handlungsautonomie als vollkommen unabhängig von personaler Autonomie schwierig zu sein scheint.

Auch die beiden anderen Bedingungen können nicht von dieser Unabhängigkeit überzeugen. Dies liegt daran, dass sowohl die Bedingung des Verstehens als auch die der Freiwilligkeit an ein subjektives Kriterium geknüpft sind, das nur in Abhängigkeit von der Persönlichkeit des Handelnden bestimmt werden kann. Damit wird die Persönlichkeit zur indirekten Basis, anhand derer bestimmt wird, ob Autonomie vorliegt.

Bei der Bedingung des Verstehens betonen Beauchamp und Childress, dass der *reasonable person standard* nicht ausreicht, um ein angemessenes Verstehen beim Patienten sicherzustellen. Vielmehr bedarf es des *subjective standard*, demgemäß die individuellen Informationsbedürfnisse des Patienten berücksichtigt werden müssen. Gibt man zwei Patienten A und B exakt dieselbe Liste an Informationen, so mögen diese zwar das Verstehen von A sicherstellen, das von B jedoch nicht, da für B aufgrund seiner persönlichen Geschichte, seines Wertekanons oder seiner unkonventionellen Überzeugungen andere Informationen relevant dafür gewesen wären, um zu verstehen, worin er einwilligt. Um ein angemessenes Verstehen beim Patienten zu sichern muss ein Arzt deshalb, Beauchamp und Childress folgend, die individuell spezifischen

234 Vgl. Quante 2002, 211 f.

Bedürfnisse, Wertvorstellungen und Überzeugungen seines jeweiligen Patienten beachten. Damit wird die Persönlichkeit des Patienten zur indirekten Basis für autonome Handlungen erhoben. Es gibt keine materiale Liste darüber, welches die für den individuellen Patienten relevanten Aspekte für das Verstehen und die darauf beruhende autonome Einwilligung sind, vielmehr wird die Persönlichkeit des Handelnden zur indirekten Basis, an der die Autonomie einer Handlung bestimmt werden kann.[235] Dadurch sind Handlungen „nicht generell qua Handlungstyp autonom, sondern nur relativ zur jeweiligen Persönlichkeit des Handelnden."[236] Dies ist ein weiterer Hinweis darauf, dass eine von personaler Autonomie vollkommen unabhängige Konzeption von Handlungsautonomie nicht möglich ist. Die für autonome Handlungen relevanten Fähigkeiten sind teilweise solche, die die Person insgesamt kennzeichnen und für ihre personale Autonomie einschlägig sind.

Auch bei der von Beauchamp und Childress formulierten folgenden dritten Bedingung für autonomes Handeln scheint die Persönlichkeit eine Basis für die Autonomie der Handlung zu bilden. Ebenso wie bei der Bedingung des Verstehens muss auch bei der Bedingung der Freiwilligkeit der subjektive Standard angelegt werden, um beurteilen zu können, ob die vollzogene Handlung autonom ist. Dies ist darauf zurückzuführen, dass Zwang und Manipulation ebenfalls subjektive Kriterien darstellen, bei denen keine materiale Liste existiert, unter welchen Umständen diese Form der Einflussnahmen zu einer nicht mehr als autonom einzustufenden Handlung führen. Dies hängt vielmehr von der Persönlichkeit des Beeinflussten ab, sodass zur Beurteilung der Autonomie seiner Handlung seine Wünsche, Werte und Überzeugungen mit in Betracht gezogen werden müssen. Damit wird wiederum die Persönlichkeit des Handelnden benötigt, um die Autonomie seiner Handlung bestimmen zu können.[237]

---

235 Vgl. Quante 2002, 212 f.

236 Quante 2002, 213.

237 Vgl. Quante 2002, 212 f.

Alle drei von Beauchamp und Childress formulierten Bedingungen für autonomes Handelns lassen also Zweifel daran aufkommen, dass Handlungsautonomie völlig unabhängig von der Persönlichkeit des Handelnden und damit unabhängig von für personale Autonomie konstitutiven Fähigkeiten konstruiert werden kann. Die Fähigkeit, sein Leben autonom führen zu können, setzt voraus, über bestimmte Überzeugungen, Wertvorstellungen und eine persönliche Geschichte zu verfügen. Dies wiederum scheint teilweise notwendig zu sein, damit einzelne autonome Handlungen erst möglich werden.

Neben dieser grundlegenden Kritik an der Autonomiekonzeption von Beauchamp und Childress gibt es noch einen weiteren Einwand, der dagegen spricht, Autonomie einzig und allein an die Erfüllung der drei von Beauchamp und Childress genannten Bedingungen zu knüpfen. Es gibt paradigmatische Fälle für nicht autonome Handlungen, die über die drei Bedingungen nicht als solche erfasst werden können. Erst durch die Einbeziehung von Eigenschaften, die als konstitutiv für personale Autonomie gelten, lassen sich diese nicht autonomen Handlungen auch als solche verstehen. Dies lässt sich an der dritten Bedingung der Freiwilligkeit aufzeigen.

Bei den paradigmatischen Fällen mangelnder Autonomie, auf die ich mich beziehe, handelt es sich zum Beispiel um schwere Formen von Drogensucht, die gemeinhin als nicht autonomes Handeln verstanden werden. Auch Beauchamp und Childress erkennen diese und andere Beispiele als nicht autonome Handlungen an[238], können dies aber nicht mit ihrer Autonomiekonzeption erfassen. Dies liegt daran, dass sich Beauchamp und Childress in ihrer Erläuterung der verschiedenen Formen der Einflussnahme allein auf die Betrachtung von externen Einflüssen beschränken, die durch andere Personen verursacht werden. Daneben räumen sie zwar ein, dass es ebenfalls interne Formen der Einflussnahme geben kann, die auch kontrollierend wirken können und dadurch die Handlungsautonomie der Betroffenen einschränken

238 Vgl. Beauchamp/Childress 2013, 138.

können, gehen aber nicht näher auf diese Formen der Kontrolle ein. Sie erwähnen diese Art von Einflüssen lediglich an zwei kurzen Stellen:

> "We (...) concentrate on external controlling influences—usually influences of one person or another—but no less important to autonomy are internal influences on the person, such as those caused by mental illness. All of those conditions can limit voluntariness."[239]

Und weiter hinten schreiben sie:

> "We will consider here only the condition of control by other individuals, but we note that conditions such as debilitating disease, psychiatric disorders, and drug addiction can also diminish or destroy voluntariness, thereby precluding autonomous choice and action."[240]

Wenngleich Beauchamp und Childress hier die internen Formen der Einflussnahme einräumen, welche die Autonomie einschränken, so erläutern sie dennoch leider nicht näher, welche innere Verfassung gegeben sein muss, damit eine solche interne Kontrolle vorliegt, die autonomes Handeln einschränkt. Handlungen, die nicht allein der Kontrolle des handelnden Subjekts entspringen, sondern scheinbar einer von ihm als extern empfundenen inneren Kraft entstammen, begegnen uns in Fällen von Drogensucht, bei pathologischen Zwangshandlungen, psychiatrischen Störungen und vielleicht in abgeschwächter Form auch schon bei Handlungen aus Willensschwäche. Mit den von Beauchamp und Childress bisher erläuterten Bedingungen autonomen Handelns ist es nicht möglich, diese Handlungen als nicht autonome Handlungen zu erfassen, da sie durchaus als absichtlich, frei von äußerer Kontrolle und mit Verstehen durchgeführte Handlungen beschrieben werden können und damit die von Beauchamp und Childress geforderten Bedingungen für Autonomie erfüllen. So greift ein Drogensüchtiger, der alles versucht, um von der Droge loszukommen, nicht unabsichtlich zur Spritze; dieses Ereignis stößt ihm nicht zu, sondern wird von ihm absichtlich ausgeführt. Er kann im vollen Verstehen seiner Handlung handeln und wird auch von keiner anderen

239 Beauchamp/Childress 2013, 105.
240 Beauchamp/Childress 2013, 138.

Person manipuliert oder gar zum Drogenkonsum gezwungen. Dennoch widerspricht es unserer Intuition und unserem Sprachgebrauch, diese Handlung als autonome Handlung zu verstehen. Um eben diese mangelnde Autonomie bei fehlender Selbststeuerung der Handlung beschreiben zu können, bietet es sich an, auf Konzepte der personalen Autonomie zurückzugreifen. Erst dadurch scheint das, was autonomes Handeln ausmacht, in Gänze erfasst werden zu können, da in diesen Konzepten auch vermehrt die innere Haltung des Akteurs zu seiner Handlung beschrieben wird. So greift Frankfurt in seiner Autonomiekonzeption zur personalen Autonomie explizit auf einen Drogensüchtigen zurück und erklärt die Ursache, weshalb es diesem an Autonomie mangelt.[241]

Die fehlende Betrachtung interner kontrollierender Faktoren, ebenso wie die dargestellte Verschränkung von Handlungsautonomie mit Fähigkeiten, die einschlägig für personale Autonomie sind, zeigen auf, dass eine vollständige Unabhängigkeit von Handlungsautonomie und personaler Autonomie nicht überzeugend ist. Die von Beauchamp und Childress aufgestellten Bedingungen scheinen nicht hinreichend zu sein, um Autonomie angemessen erfassen zu können. Für personale Autonomie relevante Fähigkeiten scheinen ebenfalls eine Rolle zu spielen. Diese werde ich in Kapitel 5 näher beleuchten und untersuchen, ob sie eine sinnvolle und notwendige Ergänzung der von Beauchamp und Childress entworfenen Autonomiekonzeption bilden.

Wenn Handlungsautonomie und personale Autonomie nicht unabhängig voneinander sind, ist es aber auch nur schwerlich möglich an der von Beauchamp und Childress formulierten Forderung festzuhalten, dass das Prinzip des Respekts einzig und allein an das Vorliegen von Handlungsautonomie gebunden wird.[242] Ich möchte deshalb das folgende Kapitel dazu nutzen, aufzuzeigen, dass die Handlungsautonomie keine angemessene Grundlage für das Prinzip des Respekts vor der Autonomie bildet – dies gilt selbst dann, wenn

241 Vgl. Frankfurt 1971. Auf den Ansatz Frankfurts wird in Kapitel 5.2 noch ausführlich eingegangen werden.

242 Vgl. Kapitel 4.2.

es möglich wäre, Handlungsautonomie als unabhängig von der personalen Autonomie zu konzipieren. Personale Autonomie scheint wesentlich besser dazu geeignet zu sein, zu erklären, warum Autonomie Respekt erfordert.

4.4 Personale Autonomie als geeignetere Grundlage für das Prinzip des Respekts vor der Autonomie

In der von Beauchamp und Childress vertretenen medizinethischen Standardansicht wird die normative Funktion der Autonomie an das Vorliegen von Handlungsautonomie geknüpft. Für das Prinzip des Respekts vor der Autonomie ist es für Beauchamp und Childress weder hinreichend noch notwendig, dass personale Autonomie vorliegt. Eine einzelne autonome Handlung in Form einer Entscheidung für oder gegen eine medizinische Behandlung reicht unabhängig von der sonstigen Beschaffenheit des Handelnden aus, um den Respekt vor der autonomen Handlung zu begründen. Damit kommt der autonomen Handlung ein hohes normatives Gewicht zu, was von Beauchamp und Childress der personalen Autonomie nicht zugestanden wird. Es stellt sich allerdings die Frage, weshalb einzelne Handlungen, die keinen Rückschluss auf die Beschaffenheit der Person zulassen, Respekt generieren sollten. Dies scheint nicht die Art und Weise zu sein, wie die Zuschreibung von Respekt funktioniert. Diesen Gedanken möchte ich in diesem Kapitel erläutern.

4.4.1 Respekt als personengebundene Forderung

Sucht man nach Situationen, in denen typischerweise Respekt vor den Handlungen bzw. Entscheidungen des Gegenübers gefordert wird, so findet man diese beispielsweise dort, wo ein hierarchisches Gefüge zwischen dem entscheidenden Subjekt und dem Subjekt, von dem Respekt vor dieser Entscheidung eingefordert wird existiert. Die Offiziersentscheidung muss vom Soldaten respektiert werden. Der Angestellte muss die Entscheidung seines Chefs achten, unabhängig davon, ob er sie in gleicher Weise gefällt hätte. Der Vater kann von seinem Kleinkind erwarten, dass es seine Entscheidung respektiert, wann das Kind ins Bett gehen muss. Die OP-Schwester hat die Entscheidungen der Chirurgin im OP zu befolgen.

Die beschriebenen Entscheidungen generieren Respekt beim Gegenüber. Die Beispiele können helfen zu verstehen, wie Respekt vor Entscheidungen funktioniert. Betrachtet man diese Beispiele näher, kann man feststellen, dass die Entscheidungen nicht deshalb zu respektieren sind, weil sie einen bestimmten Inhalt haben, sondern vielmehr deshalb, weil die entscheidende Person eine Autorität gegenüber der anderen Person ausübt. Das entscheidende Subjekt A generiert für sein Gegenüber B einen Grund, die Entscheidung zu achten. A übt damit eine normative Autorität gegenüber B aus, weil A einen Handlungsgrund zweiter Ordnung schafft, der die Handlungsgründe von B überwiegt. B kann beispielsweise auch eigene Handlungsgründe haben, deren Bedeutung jedoch aufgrund der Entscheidung von A in den Hintergrund tritt. So ist der Angestellte vielleicht der Ansicht, dass die Anweisung seines Chefs den Umsatz des Unternehmens verringert oder der Soldat hält eine andere Einsatzstrategie für die sinnvollere, dennoch haben beide die Entscheidung ihres Vorgesetzten zu respektieren, weil dem Vorgesetzen die normative Autorität zukommt, diese Entscheidung zu treffen, ungesehen des Inhalts der Entscheidung. Respekt ist entsprechend dort gefordert, wo dem entscheidenden Subjekt eine normative Autorität zukommt. Gleichzeitig kann A gegenüber B auch eine praktische Autorität zukommen. Dies bedeutet wiederum, dass A mit seiner Entscheidung von B berechtigterweise verlangen darf, bestimmte Handlungen zu unterlassen oder auszuführen. So macht die Chirurgin beispielsweise von ihrer praktischen Autorität gegenüber der Schwester Gebrauch, indem sie diese bittet, ihr Operationsinstrumente zu reichen und generiert damit einen berechtigten Grund für die OP-Schwester, dieser Bitte Folge zu leisten. Respekt für Entscheidungen scheint also einerseits inhaltsneutral zu sein und darüber hinaus dort generiert zu werden, wo der entscheidenden Person eine Autorität zukommt.

Die Beispiele verdeutlichen auch, dass die Autorität der entscheidenden Person auf bestimmte Bereiche beschränkt ist. Die Chirurgin kann der OP-

Schwester während einer Operation die Anweisung geben, ein bestimmtes Skalpell zu reichen, und diese muss von der OP-Schwester befolgt werden, da der OP einen Bereich darstellt, für den der Chirurgin eine besondere Verantwortung zukommt. Darüber hinaus kann die Chirurgin der OP-Schwester jedoch keine Anweisungen geben, welches Besteck die OP-Schwester in ihrem eigenen Zuhause verwenden soll, da dies offensichtlich keine Entscheidung im Verantwortungsbereich der Chirurgin ist, sondern sich auf einen Bereich bezieht, für den die OP-Schwester die Verantwortung trägt. Respekt für bestimmte Entscheidungen wird entsprechend dort gefordert, wo das entscheidende Subjekt über den eigenen Verantwortungsbereich entscheidet.

Aus den Beispielen lässt sich also schlussfolgern, dass Respekt nicht an den Inhalt der Entscheidung gekoppelt ist, sondern vielmehr inhaltsneutral der Anerkennung der Autorität des Gegenübers geschuldet ist. Respekt bedeutet eben nicht, die Entscheidung des Gegenübers aus dem Grund zu achten, weil man sie für inhaltlich richtig hält, sondern es bedeutet die Entscheidung deshalb zu achten, weil die Autorität des Gegenübers einen ganz eigenen Grund generiert, seine Entscheidung zu achten. Die Autorität des Gegenübers bezieht sich dabei auf bestimmte Bereiche, für die das Gegenüber die normative und praktische Autorität hat und die Verantwortung trägt.

In Kapitel 3.1 habe ich bereits darauf verwiesen, dass autonomen Patienten die Autorität zukommt, über die eigene Lebensgestaltung, ihre eigene Gesundheit und ihren eigenen Körper selbst zu entscheiden. Dies wurde damit begründet, dass autonome Patienten für diese intimen Nahbereiche eine besondere Verantwortung haben.[243] Ebenso wie dem Offizier die Autorität zukommt, Entscheidungen über die ihm untergeordnete Truppe zu treffen, die Chirurgin im OP die Autorität hat, der Vater gegenüber dem Kind Autorität zukommt und die Autorität des Chefs zu achten ist, indem man in der Firma die von ihm getroffenen Entscheidungen respektiert, ebenso hat ein autonomer Patient die Autorität, über den eigenen intimen Nahbereich zu entscheiden. Im medizinischen Kontext sind deshalb Entscheidungen autonomer

243 Vgl. Stoecker 2007, 158.

Patienten, die sich auf ihren intimen Nahbereich richten, zu respektieren. Es sind Entscheidungen, die in den Verantwortungsbereich des Patienten fallen und generieren deshalb ungeachtet des Inhalts der Entscheidung einen Grund für andere respektiert zu werden.

Nun stellt sich aber die Frage, ob die Autorität aus der Beschaffenheit der einzelnen Entscheidungen generiert wird oder ob nicht vielmehr die Beschaffenheit der Person insgesamt Autorität generiert. Anders ausgedrückt heißt das: Was ist der primäre Grund, aus dem Respekt vor bestimmten Entscheidungen abgeleitet wird? Ist dies der Respekt vor einer in einer bestimmten Weise konstituierten Handlung oder liegt der primäre Grund für Respekt in der entscheidenden Person selbst begründet?

Bei Beauchamp und Childress ist der Respekt vor Entscheidungen einzig und allein an eine bestimmte Beschaffenheit von einzelnen Handlungen gebunden. Handlungen, die die Kriterien von Handlungsautonomie erfüllen – also absichtlich, mit Verstehen und freiwillig ausgeführt werden – generieren eine Autorität, die es zu respektieren gilt. Dieser Ansatz deckt sich durchaus mit der Forderung, dass Respekt bedeutet, eine Entscheidung ungesehen ihres Inhalts zu achten. Die Autonomiebedingungen von Beauchamp und Childress sind inhaltsneutral formuliert.

Allerdings scheint der Respekt in den Beispielen nicht allein der Tatsache geschuldet zu sein, dass Handlungen bzw. Entscheidungen in einer bestimmten Art und Weise verfasst sind. Ein Soldat mag ebenso wie der Offizier eine Entscheidung treffen, die die Bedingung der Absichtlichkeit, des Verstehens und der Freiwilligkeit erfüllt. Dennoch generiert allein die Entscheidung, die vom Offizier getroffen wurde Respekt und, nicht etwa die Entscheidung des Soldaten. Die Entscheidung des Offiziers scheint also nicht allein deshalb respektiert zu werden, weil sie absichtlich, gut informiert und freiwillig erfolgte, sondern vielmehr deshalb, weil dem Offizier qua seiner Offiziersstellung Autorität zukommt, die dem einfachen Soldaten nicht zukommt. Der Respekt verweist damit auf ein personengebundenes Merkmal, und nicht auf ein Merkmal, das allein an die Beschaffenheit einer Entscheidung geknüpft ist.

Der primäre Grund für Respekt ist also in der Person zu suchen, und nicht allein in der Beschaffenheit ihrer einzelnen Handlungen.

Dies lässt sich besonders gut an Beispielen aus unserem alltäglichen Umgang miteinander erkennen. Ich möchte diesen Gedanken am viel diskutierten Beispiel von Stephen Darwall zur Tochter, die keinen Brokkoli essen möchte, erläutern.[244] Es scheint durchaus in Ordnung zu sein, dass die Eltern den Wunsch der Tochter, keinen Brokkoli zu essen, übergehen, solange es sich dabei um ein sehr junges Kind handelt. Eltern sind dafür verantwortlich zum Wohlergehen ihrer Kinder darauf zu achten, dass diese sich gesund ernähren und dürfen sie notfalls auch zu einer solchen Ernährung gegen ihren eigenen Willen zwingen. Dies ändert sich jedoch im Erwachsenenalter der Tochter. Der Wunsch einer erwachsenen Tochter keinen Brokkoli zu essen sollte von Eltern geachtet werden, wenngleich Brokkoli noch immer eine gesunde Ernährungsweise, auch für erwachsene Töchter, darstellt. Erwachsene Töchter dürfen selbst entscheiden, wie sie sich ernähren, und Eltern sollten diese Entscheidung respektieren.

Tim Henning greift dieses Beispiel auf und beschäftigt sich mit der Frage, ob es der Wunsch der erwachsenen Tochter selbst ist, der den Respekt generiert, oder ob der Respekt nicht viel eher der Tochter gegenüber geschuldet ist. Henning gibt Folgendes zu bedenken: Wenn Eltern den Wunsch der Tochter nur deshalb achten, weil sie der Ansicht sind, dass Wünsche von Erwachsenen intrinsisch normativ bedeutsam sind und daher einen Grund für Autorität schaffen, dann habe die Tochter auch das Recht dazu sich über mangelnden Respekt ihr gegenüber zu beschweren. Dies ist darauf zurückzuführen, dass die Eltern dann nur den Wunsch respektieren würden, nicht aber die Tochter selbst.[245] Hennings Beschreibung dieser Situation verdeutlicht diesen Punkt:

> "Suppose the daughter says 'Listen, I do not want to eat this', and the parents turn to each other and say 'Uh oh, here we have an adult person's desire – that changes everything'. Then, turning to their daughter, 'It's OK, mom and

244 Vgl. Darwall 2006.

245 Vgl. Henning 2011, 738.

> dad have just decided that you are allowed not to eat the broccoli'. Obviously, the daughter still has reason to complain that she plays no role in the parents' practical reasoning, and so she may still not feel that she has been properly respected. She wants her parents to back off not because they somehow cherish adult people's desires, but because it is what she demands. That is, her desire has normative significance in this context in so far as, in this context, respecting it is required in order to respect her."[246]

Henning präzisiert hier, dass es nicht die Beschaffenheit eines Wunsches, einer Handlung oder einer Entscheidung ist, die den primären Grund für Respekt bilden sollte, sondern der primäre Grund immer in der Person selbst zu suchen ist. Handlungen, Entscheidungen und Wünsche sind keine losgelösten, eigenständig in Raum und Zeit existierenden Entitäten, die es zu respektieren gilt. Wir respektieren in erster Linie die Person selbst. Allerdings ist es ein Ausdruck eben dieses, der Person gegenüber geschuldeten Respekts, dass wir auch ihre Wünsche, Handlungen und Entscheidungen respektieren.

Weil wir einen Grund dafür haben Personen als Autorität zu respektieren, haben wir also wiederum auch einen Grund, deren Entscheidungen zu respektieren. Diesen Gedanken greift Henning ebenfalls auf, indem er schreibt:

> "respect for persons gives us an exclusionary reason to respect their decisions, a reason to abstain from objecting to these decisions"[247] (...) "Thus when respect for persons requires us to attach normative weight to their desires, then the *object* of our respect is still the person. We are trying to respect *them* by treating their desires in certain ways".[248]

Er verweist also darauf, dass die Person selbst das primäre Objekt von Respekt ist, auch wenn wir abgeleitet davon, verpflichtet sind, ihre Handlungen zu respektieren. Damit kann Respekt als personengebunden – und nicht allein handlungsgebunden – verstanden werden, weil die Autorität der Person der entscheidende Grund ist, der Respekt generiert. Die Anwendung des Prinzips des Respekts vor der Autonomie allein auf das Vorliegen von

---

246 Henning 2011, 738.
247 Henning 2011, 736.
248 Henning 2011, 738.

Handlungsautonomie zu beschränken, wie Beauchamp und Childress es tun, würde jedoch die Handlung als von der Person losgelösten Grund für Respekt verstehen. Es käme für Respekt entsprechend nicht auf die Beschaffenheit der Person, sondern allein auf die Beschaffenheit ihrer Handlung an.

Respektieren wir eine Person, so haben wir dadurch einen Grund ihre Wünsche, Handlungen und Entscheidungen zu respektieren, die in ihren Verantwortungsbereich fallen. Wir sollten zuerkennen, dass diese Angelegenheiten der Person sind, die wir respektieren und nicht so tun, als wären diese Wünsche, Entscheidungen oder Handlungen unsere Angelegenheiten.[249] Aus dem Respekt für die Person erwächst also ebenfalls ein Grund, auch ihre Entscheidungen zu respektieren. Die Entscheidungen werden dann aber nicht als isolierte Entität bestimmter Beschaffenheit respektiert, sondern deshalb, weil sie Ausdruck der Person selbst sind, weil sie in gewisser Weise auf die Person selbst verweisen. Deshalb muss eine Entscheidung, um Respekt zu generieren, in bestimmter Weise dem entscheidenden Subjekt zugeordnet werden können. Entscheidungen müssen in einem emphatischen Sinn die Entscheidungen der zu respektierenden Person sein.[250] Auch diesen Gedanken findet man bei Henning:

> “the relation between the person and the desire turns out to be important. For if desires are normatively relevant only in so far as they speak for persons, then of course it is important whether they *do* indeed speak for the persons who have them.“[251]

Damit wird indirekt die Beschaffenheit von Wünschen, Handlungen und Entscheidungen relevant für Respekt, nämlich im Hinblick darauf, ob sie dem entscheidenden Subjekt zuordenbar sind und damit als „Kompass“ für den angemessenen Umgang mit dem entscheidenden Subjekt dienen können. Es kommt darauf an, in welcher Beziehung die Person selbst zu ihren Wünschen, Handlungen und Entscheidungen steht.

---

249 Vgl. Henning 2011, 737.
250 Vgl. Schaber 2017, 101.
251 Henning 2011, 738.

Diesem Gedanken liegt die Annahme zugrunde, dass es durchaus Wünsche, Handlungen und Entscheidungen geben kann, die dem Handelnden gegenüber extern sind. Sie werden zwar von diesem absichtlich durchgeführt und passieren ihm nicht zufällig, aber der Handelnde distanziert sich innerlich von eben diesen und empfindet sie als extern zu sich selbst. Solche als extern erlebten Wünsche, Handlungen und Entscheidungen sind nicht dadurch gekennzeichnet, dass sie unabsichtlich geschehen, sondern können oftmals durchaus planvoll durchgeführte Handlungen sein. Ebenso können diese Handlungen gut informiert und frei von externer Kontrolle sein. Die externen Wünsche, Handlungen und Entscheidungen einer Person sind deshalb nicht solche, die nach den Kriterien von Beauchamp und Childress als nicht autonome Handlungen erfasst werden könnten, dies wurde bereits in Kapitel 4.3.5 aufgezeigt. In Konzeptionen zur personalen Autonomie finden sich aber eben Erklärungen für die Unterscheidung zwischen externen Wünschen, Handlungen und Entscheidungen und solchen, die der Person im emphatischen Sinn zu eigen sind.

Eine solche Beschreibung findet sich prominent im hierarchischen Wunschmodell Frankfurts, das er in zahlreichen Publikationen ausgearbeitet hat.[252] Frankfurt selbst gibt dafür das Beispiel eines Drogensüchtigen, dessen Entscheidung, die Droge zu nehmen, deshalb als extern erlebt wird, weil der Drogensüchtige sich nicht mit dem Wunsch nach der Droge identifiziert, sondern diesen Wunsch auf höherer Stufe zurückweist.[253] Dennoch kann seine Handlung, die Droge zu konsumieren als absichtliche Handlung beschrieben werden, die vom handelnden Subjekt verstanden und nicht durch andere Personen kontrolliert wird. Sie gilt also nach dem von Beauchamp und Childress beschriebenen Bedingungen als autonome Handlung und generiert Respekt.

Respekt für Personen, wie er hier beschrieben wurde, bedeutet aber, die Wünsche, Handlungen und Entscheidungen nur dann zu respektieren, wenn diese tatsächlich dem entscheidenden Subjekt zuordenbar sind und nicht als extern

---

252 Vgl. u. a. Frankfurt 1971, Frankfurt 1988, Frankfurt 1999.

253 Vgl. Frankfurt 1971.

erlebt werden. Für die Anwendung des Prinzip des Respekts vor der Autonomie scheint es also nicht auszureichen, dass eine Handlung absichtlich, frei von Kontrolle und mit einem Verständnis der Handlung durchgeführt wird. Zusätzlich hierzu ist es von Bedeutung, dass man die Handlung dem handelnden Subjekt in bestimmter Weise zuschreiben kann.

Autonomiekonzeptionen aus der Debatte zur personalen Autonomie scheinen dafür eine geeignete Grundlage zu bilden, wie es am Beispiel Frankfurts gezeigt wurde. Will man eine tragfähige Begründung dafür, warum Entscheidungen und Handlungen autonomer Patienten zu respektieren sind, so reicht es also nicht aus, einzig und allein ihre Entscheidung daraufhin zu überprüfen, ob sie den drei Autonomiebedingungen Beauchamp und Childress gemäß als autonom gilt. Vielmehr muss der Grund für Respekt primär in der Autorität der Person selbst liegen. Ihre Entscheidungen sind deshalb zu respektieren, weil sie Ausdruck der Person sind. Um dies zu sein, müssen Entscheidungen der Person zugeordnet werden können. Deshalb bedarf es für Respekt vor der Autonomie weiterer Bedingungen, die sich in den Konzeptionen zur personalen Autonomie finden lassen. Das Kriterium der Authentizität, das darauf verweist, dass Wünsche dann authentisch sind, wenn sich die Person mit ihnen identifiziert hat, scheint ein vielversprechender Kandidat dafür zu sein, Respekt vor Entscheidungen zu begründen. Das Prinzip des Respekts vor der Autonomie würde dann an das Vorliegen von personaler Autonomie geknüpft werden und nicht – wie von Beauchamp und Childress gefordert – allein an das Kriterium der Handlungsautonomie. Eine solche Verbindung zwischen dem Prinzip des Respekts vor der Autonomie und der personalen Autonomie ist jedoch, wie in Kapitel 4.2 dargestellt wurde, dem Überforderungseinwand von Beauchamp und Childress ausgesetzt. Das folgende Kapitel soll dazu dienen, zu untersuchen, ob man diesen Einwand vermeiden kann und dadurch einen Grund hat, an der Verknüpfung vom Prinzip des Respekts vor der Autonomie und dem Vorliegen personaler Autonomie festzuhalten.

4.4.2 Die Entkräftung Überforderungseinwand von Beauchamp und Childress

Beauchamp und Childress warnen explizit davor, das Prinzip des Respekts vor der Autonomie an personale Autonomie zu knüpfen. Dadurch könnten zu viele im alltäglichen Kontext als autonom geltende Handlungen als nicht autonome Handlungen abgetan werden. Dies wiederum führte dazu, dass eine an personaler Autonomie ausgerichtete Autonomiekonzeption im medizinischen Kontext eine inakzeptable Anwendung von Paternalismus hervorrufen würde, da viele Patientenentscheidungen diesen Kriterien nicht genügten und deshalb als nicht autonom gelten würden und von daher keine Notwendigkeit bestünde, diese Entscheidungen zu respektieren.

Beauchamp und Childress explizieren diesen Einwand direkt an dem hierarchischen Wunschmodell von Frankfurt und Dworkin.[254] Frankfurt und Dworkin stellen für Autonomie die Bedingung der Authentizität auf, die besagt, dass Wünsche dann autonom sind, wenn sich die Person auf höherer Wunschebene mit ebendiesen identifiziert. Personen, die über diese Fähigkeit der reflexiven Identifikation verfügen, sind autonome Personen.[255]

Beauchamp und Childress erachten es als notwendig für eine überzeugende Autonomiekonzeption, dass Handlungen von normalen oder durchschnittlichen Entscheidern (*normal choosers*) als autonom gelten. Eine überzeugende Autonomiekonzeption darf entsprechend keine Bedingungen fordern, die von normalen Entscheidern kaum zu erfüllen sind und deshalb dem Überforderungseinwand ausgesetzt wären. Ihre eigene Autonomiekonzeption versuchen sie vor einem Überforderungseinwand zu schützen, indem sie vom Handelnden kein vollständiges Verstehen und keine vollständige Freiwilligkeit der Handlung einfordern. Die beiden genannten Bedingungen für autonome Handlungen müssen nur im substantiellen, aber nicht im vollständigen Maß erfüllt sein, um von einer autonomen Entscheidung zu sprechen.[256] Dadurch wird Autonomie graduierbar, und es kann von mehr oder weniger autonomen

254 Vgl. Beauchamp/Childress 2013, 102 f.

255 Vgl. Frankfurt 1971; Dworkin 1970; Dworkin 1988.

256 Vgl. Kapitel 4.3.3 und 4.3.4.

Entscheidungen gesprochen werden. Eine autonome Entscheidung bildet dann einen Grund für die Anwendung des Respekts vor der Autonomie, wenn sie substantiell autonom ist.

Diese von Beauchamp und Childress angewandte Strategie lässt sich aber nicht nur auf die von ihnen formulierten Bedingungen anwenden, sondern ebenso auf die Bedingung der Authentizität übertragen, um diese vor dem Überforderungseinwand zu schützen. So könnte man die Authentizitätsbedingung schwächer formulieren und nicht etwa einfordern, dass sich der Patient mit jedem einzelnen seiner Wünsche und Überzeugungen in reflexiver Weise identifiziert haben muss, damit diese als autonom gelten, sondern das Ausbleiben von Widerstand gegen die eigenen Wünsche und Überzeugungen als ausreichendes Kriterium für autonomes Handeln verstehen.

Diese abgeschwächte Authentizitätsbedingung ist auch deshalb attraktiv, weil es dadurch möglich wird, die mangelnde Autonomie von Handlungen zu erklären, die aufgrund von inneren Zwängen ausgeführt werden, gegen die der Akteur Widerstand ausbildet.[257] Dies ist beispielsweise der Fall bei pathologischen Zwängen, wie dem des Waschzwangs. Die erlebte Unfähigkeit sich gegen einen solchen Waschzwang zu wehren, lässt die Handlung des zwanghaften Händewaschens als nicht autonome Handlung erscheinen. Diese mangelnde Autonomie kann jedoch nicht über die drei Bedingungen von Beauchamp und Childress für autonomes Handeln aufgezeigt werden.[258] Über die Einbeziehung der Authentizitätsbedingung lässt sich die mangelnde Autonomie solcher und vergleichbarer Handlungen erfassen.

Wenngleich Beauchamp und Childress einräumen, dass diese Strategie einer abgeschwächten Authentizitätsbedingung den Vorteil hat, die fehlende Autonomie bestimmter Zwangsbehandlungen zu erklären, so sehen sie jedoch ein

257 Vgl. Kapitel 4.3.5.

258 Vgl. Faden/Beauchamp 1986, 267. Die beiden Autoren räumen in Bezug auf das Beispiel des Waschzwangs ein: "Many psychiatric and nonpsychiatric cases relevantly resembling this one present a challenge for a theory of autonomy like ours because the acts of handwashing seem to be intentional, noncontrolled, and done with understanding." (Faden/Beauchamp 1986, 267).

anderes Problem. Dieses bezieht sich auf die Anwendung der abgeschwächten Authentizitäts-Bedingung auf alltäglichere Handlungen, gegen die sich Widerstand beim Akteur ausbildet. Diese alltäglichen Handlungen könnte man dann, Beauchamp und Childress folgend, in nicht gerechtfertigter Art und Weise als nicht autonome Handlungen abtun. Um diesen Punkt zu verdeutlichen geben sie das Beispiel einer Hausfrau, die ihre Aufgaben als Hausfrau nur mit Widerwillen ausführt, weil sie sich von den Wertvorstellungen befreien möchte, die mit der Rolle aus Hausfrau in Verbindung gebracht werden. Da sie die Hausarbeiten jedoch absichtlich, mit Verstehen für die Handlung und frei von äußerer Kontrolle ausführt, kann ihre Handlung dem Konzept von Beauchamp und Childress folgend als autonom beschrieben werden. Legt man die abgeschwächte Authentizitätsbedingung an, könnten die Tätigkeiten der Hausfrau jedoch in ungerechtfertigter Weise als nicht autonom abgetan werden, da die Frau einen inneren Widerstand gegen ihre Hausarbeiten hat.[259]

Michael Quante weist jedoch zu Recht darauf hin, dass der von Beauchamp und Childress formulierte Einwand nicht überzeugen kann. Dies lässt sich darauf zurückführen, dass die Handlungen der Hausfrau unter bestimmten Beschreibungen einerseits als gewollt und unter einer anderen Beschreibung derselben Handlung wiederum als mit Widerwillen ausgeführt beschrieben werden können:

> „Im Falle der Hausfrau bedeutet dies z. B., dass sie das Kaffeekochen unter einer Beschreibung (‚gleich einen Kaffee zum Kuchen trinken zu können') positiv bewertet, unter einer anderen Beschreibung (‚Ausdruck der Reduktion von Frauen auf die Hausfrauenrolle und der Dominanz der Männerwelt') dagegen negativ bewertet."[260]

Dies ist ein Anzeichen dafür, dass die Handlung zwar noch ausreichend autonom sein könnte, um Respekt zu verdienen, aber nicht im vollem Maße autonom ist, da sie teilweise mit Widerstand ausgeführt wird. Damit wird mit

259 Vgl. Faden/Beauchamp 1986, 267 f.
260 Quante 2002, 220.

der abgeschwächten Authentizitätsbedingung ein Kriterium erschaffen, das bestimmte Intuitionen über Autonomie besonders gut abbilden kann. Immerhin scheinen wir die Handlungen, die die Hausfrau zwar ohne äußeren Zwang, absichtlich und im vollen Verstehen der Handlung, jedoch mit Widerwillen ausführt als weniger autonom zu begreifen, als dieselben Handlungen, die von einer Person ohne Widerwillen ausgeführt werden. Geht man also davon aus, dass nicht nur Handlungsautonomie graduierbar ist, sondern ebenfalls personale Autonomie in Graden vorliegen kann, scheint eine abgeschwächte Authentizitätsbedingung eine sinnvolle und notwendige Ergänzung zu Beauchamps und Childress Autonomiekonzeption darzustellen, die sich nicht dem Überforderungseinwand ausgesetzt sehen muss.

Es scheint also durchaus Strategien zu geben, die es ermöglichen, personale Autonomie als entscheidende Grundlage für das Prinzip des Respekts vor der Autonomie zu verstehen, ohne sich dabei dem Überforderungseinwand von Beauchamp und Childress ausgesetzt zu sehen.

4.5 Zusammenfassende Kritik an den Autonomiebedingungen nach Beauchamp und Childress

Die leitende Frage dieses Kapitels war es, herauszufinden, welche Bedingungen ein Patient erfüllen muss, um über Autonomie zu verfügen und dadurch die Barriere- und Schlüsselfunktion seiner Autonomie gerechtfertigter Weise beanspruchen zu können. Es hat sich gezeigt, dass sich allgemein unterschiedliche Bedeutungen von Autonomie unterscheiden lassen. Autonomie kann sich auf Handlungen beziehen, dann spricht man von Handlungsautonomie oder Autonomie kann als eine Charakterisierung einer Person dienen, die aufzeigt, dass diese Person über die Fähigkeit der Autonomie verfügt, dann spricht man von personaler Autonomie.

Es stellt sich die Frage, wann Autonomie als Recht vorliegt und vom Patienten als Schlüssel oder Barriere für medizinische Behandlungen genutzt werden kann.

Rein theoretisch könnte man fordern, dass für Autonomie als Recht das Ideal der Autonomie erfüllt werden muss. Allerdings würde man damit fordern, dass Autonomie dann in ihrer maximalen Form vorliegen muss. Hier scheint es eindeutig, dass der Überforderungseinwand von Beauchamp und Childress auf eine solche Bedingung zutreffen würde. Es ist von daher recht leicht, von dieser Forderung Abstand zu nehmen.

Es bleiben dann noch zwei Möglichkeiten übrig, um Autonomie als Recht zu beschreiben: Man kann Autonomie als Recht an das Vorhandensein von Autonomie als Zustand binden. Damit fordert man, dass Autonomie in ihrer Schlüssel- und Barrierefunktion nur diejenigen Patienten nutzen können, deren Entscheidung sich mit für Handlungsautonomie konstitutiven Kriterien deckt. Oder man bindet Autonomie als Recht an das Vorliegen von Autonomie als Fähigkeit. Dann muss man in Konzeptionen der personalen Autonomie nach Bedingungen suchen, die erfüllt sein müssen, um Autonomie als Barriere und Schlüssel nutzen zu können.

In der medizinethischen Standardansicht wird der erste Weg beschritten. Hier wird Autonomie als Recht vornehmlich als Prinzip des Respekts vor der Autonomie gedeutet und somit eine Betonung auf Autonomie als Barriere und weniger als Schlüssel vorgenommen. Es stellt sich die Frage, ob es überzeugend ist, dass Autonomie als Barriere tatsächlich allein über das Vorliegen von Handlungsautonomie begründet werden kann. Der medizinethischen Standardansicht zufolge stellt das Vorhandensein von Handlungsautonomie nicht nur eine notwendige Rechtfertigung des Prinzips des Respekts vor der Autonomie dar, sondern darüber hinaus auch eine hinreichende Rechtfertigung. Dies liegt daran, dass Beauchamp und Childress Handlungsautonomie und personale Autonomie als völlig unabhängig voneinander konzipieren. Sie gehen davon aus, dass die von ihnen formulierten drei Bedingungen nicht zugleich auf das Vorhandensein personaler Autonomie beim Handelnden schließen lassen. Gleichzeitig sind sie der Ansicht, dass das Vorhandensein personaler Autonomie keine angemessene Begründung für das Prinzip des Respekts vor der Autonomie liefert. Diese beiden Überzeugungen wurden von mir kritisch überprüft.

Es hat sich dabei herausgestellt, dass die drei von Beauchamp und Childress formulierten Autonomiebedingungen nicht unabhängig von der Persönlichkeit des Betroffenen sind und dadurch nicht an der Behauptung festgehalten werden kann, Handlungsautonomie könne unabhängig von personaler Autonomie vorliegen. Zudem haben die drei Bedingungen die Schwäche, paradigmatische Fälle mangelnder Autonomie, wie sie bei Zwangshandlungen oder Drogensucht vorliegen, nicht angemessen als solche erklären zu können. Dies scheint nur mit für die personale Autonomie konstitutiven Bedingungen möglich zu sein. Dies ist der erste Punkt, der dafür spricht, dass es notwendig ist, die von Beauchamp und Childress geforderten Autonomiebedingungen zu ergänzen und sich dabei an für personale Autonomie konstitutiven Bedingungen zu orientieren.

Des Weiteren habe ich mich auch kritisch mit der Ansicht auseinandergesetzt, dass eine von der personalen Autonomie unabhängig konzipierte Handlungsautonomie eine geeignete Grundlage für das Prinzip des Respekts vor der Autonomie darstellt. Auch diese Ansicht scheint nicht tragfähig zu sein. Respekt scheint etwas zu sein, das wir primär Personen schulden. Dieser Respekt findet darin seinen Ausdruck, dass auch die Entscheidungen von Personen respektiert werden. Es ist aber nicht überzeugend, Entscheidungen als eigenständige Entitäten aufgrund bestimmter struktureller Merkmale zu respektieren. Achtungswürdig sind Entscheidungen von Handelnden nur deshalb, weil die Handelnden als Person respektiert werden müssen. Nur wenn Entscheidungen in einer bestimmten Weise der Person zugeordnet werden können, verdienen sie Respekt. Entscheidungen, die dieses Merkmal erfüllen, sind solche Entscheidungen, die die für personale Autonomie konstitutiven Bedingungen der Authentizität erfüllen. Die Bedingung der Authentizität lässt sich wiederum so formulieren, dass sie nicht dem von Beauchamp und Childress formulierten Überforderungseinwand ausgesetzt ist. Damit gibt es einen zweiten Punkt, die von Beauchamp und Childress geforderten Autonomiebedingungen zu ergänzen und sich dabei an für personale Autonomie konstitutiven Bedingungen zu orientieren.

Die drei in diesem Kapitel dargestellten und kritisch beleuchteten Autonomiebedingungen nach Beauchamp und Childress stellen also einen Einstieg in die Debatte darüber dar, welche Bedingungen Patientenautonomie erfüllen muss, um zumindest ihre Funktion als Barriere (und möglicherweise auch die des Schlüssels) erfüllen zu können. Die Bedingungen müssen jedoch für eine angemessene und tragfähige Autonomiekonzeption im medizinischen Kontext ergänzt werden. Nur so lässt sich erklären, warum Patientenentscheidungen des Respekts bedürfen. Und nur so lässt sich eine Autonomiekonzeption entwickeln, die auch paradigmatischen Fällen mangelnder Autonomie gerecht wird.

Das folgende Kapitel soll deshalb dem Ziel dienen, nach weiteren Autonomiebedingungen zu suchen, die als gerechtfertigte Grundlage für Autonomie als Recht dienen können. Dazu werde ich mir verschiedene Bedingungen anschauen, die in der Debatte über die personale Autonomie als konstitutiv gelten. Diese Bedingungen müssen sich daran messen lassen, ob sie tatsächlich eine geeignetere Grundlage für die Funktion von Autonomie sowohl als Barriere als auch als Schlüssel bilden. Die bereits angesprochene Bedingung der Authentizität wird dabei eine zentrale Rolle spielen. Es gilt allerdings herauszufinden, ob Authentizität die Barriere und die Schlüsselfunktion von Autonomie hinreichend erklärt, ohne dabei anderen Fallstricken ausgesetzt zu sein.

5. Personale Autonomie als mögliche Grundlage der Patientenautonomie

Im vorangegangenen Kapitel wurde herausgearbeitet, dass die drei von Beauchamp und Childress geforderten Bedingungen für Handlungsautonomie nicht ausreichend sind, um die beiden normativen Funktionen der Patientenautonomie angemessen zu erfüllen. Dies liegt zum einen daran, dass die drei Bedingungen der Handlungsautonomie nicht hinreichend für eine überzeugende Autonomiekonzeption sind und deshalb durch weitere Bedingungen aus der Debatte über die personale Autonomie ergänzt werden müssen. Zum anderen stellen die drei Bedingungen für Handlungsautonomie auch keine geeignete Grundlage für das Prinzip des Respekts vor der Autonomie dar. Damit erfüllt Handlungsautonomie nicht die normative Funktion von Autonomie als Barriere. Es ist deshalb notwendig, die drei Bedingungen durch weitere Bedingungen zu ergänzen, die aus der Debatte über die personale Autonomie gewonnen werden sollen. Dieses Kapitel dient dazu, ergänzende Autonomiebedingungen zu identifizieren und zu überprüfen, inwiefern sich diese besser eignen, um die normativen Funktionen von Autonomie im Kontext medizinischer Behandlungen als Barriere und Schlüssel zu erfüllen.

Eine im Kontext von medizinischen Behandlungen sinnvoll anwendbare Autonomiekonzeption muss Autonomiebedingungen zugrunde legen, durch die beide normative Funktionen von Autonomie als Schlüssel und Barriere begründet werden können. Damit werden die beiden normativen Funktionen von Autonomie zu Adäquatheitsbedingungen für eine angemessene Autonomiekonzeption. Die bisher hauptsächlich in der Medizinethik zugrunde gelegte Autonomiekonzeption, die sich an den Bedingungen von Handlungsautonomie von Beauchamp und Childress ausrichtet, erfüllt die erste Adäquatheitsbedingung der Autonomie als Barrierefunktion nicht. In diesem Kapitel möchte ich untersuchen, ob sich Konzeptionen der personalen Autonomie besser dazu eignen, die beiden Adäquatheitsbedingungen zu erfüllen. Ist dies der Fall, so scheint es notwendig, sich im medizinethischen Kontext von der bisherigen an Beauchamp und Childress orientierten Konzeptionen der

P. Becker, *Patientenautonomie und informierte Einwilligung*,
https://doi.org/10.1007/978-3-476-05022-9_5

Handlungsautonomie zu distanzieren und vermehrt Bedingungen der personalen Autonomie als Bedingungen von Patientenautonomie zugrunde zu legen.

Um dies zu klären schaue ich mir verschiedene Konzeptionen der personalen Autonomie an und beschäftigte mich mit den darin zugrunde gelegten konstitutiven Autonomiebedingungen. Diese wende ich auf den medizinischen Kontext an und überprüfe, ob sie in diesem Kontext dazu geeignet sind, die beiden Adäquatheitsbedingungen von Autonomie – die normative Funktion als Barriere (erste Adäquatheitsbedingung) und die normative Funktion als Schlüssel (zweite Adäquatheitsbedingung) – zu erfüllen.

Die Debatte über die angemessene Konzeption personaler Autonomie bezieht sich nicht direkt auf den medizinischen Kontext, sondern stellt eine breite philosophietheoretische Debatte mit Anknüpfungspunkten zu unterschiedlichen philosophiepraktischen Themenbereichen dar. Der medizinische Kontext stellt einen von mehreren möglichen philosophiepraktischen Anknüpfungspunkten dar. Ich möchte im folgenden Kapitel 5.1 einen kurzen einführenden Überblick über die philosophietheoretische Debatte der personalen Autonomie geben. Dieser soll die anschließende Auseinandersetzung mit einzelnen konstitutiven Bedingungen personaler Autonomie erleichtern, indem diese Bedingungen in ein Gesamtbild der Debatte eingeordnet und dadurch aufeinander bezogen werden können. Wie bereits dargestellt ist all diesen Ansätzen gemeinsam, dass Autonomie darin als die Person insgesamt kennzeichnende Eigenschaft verstanden wird. Autonomie wird hier weniger als Eigenschaft einzelner Handlungen betrachtet, sondern vielmehr als Fähigkeit einer Person insgesamt, ihr Leben autonom führen zu können.

5.1 Überblick über die Debatte der personalen Autonomie

Unter dem Sammelbegriff der personalen Autonomie werden verschiedene Autonomiekonzeptionen zusammengefasst, die sich mit der Autonomie von

Menschen insgesamt und deren konstitutiven Bedingungen auseinandersetzen. Ich werde an dieser Stelle die großen unterschiedlichen Strömungen der Debatte vorstellen, dabei jedoch nicht jede mögliche Verästelung der sehr breiten Diskussion detailliert nachzeichnen. Von diesen großen Strömungen versuche ich jeweils einen Hauptvertreter des Ansatzes exemplarisch vorzustellen und hinsichtlich der Frage kritisch zu analysieren, ob die von ihnen benannten Autonomiebedingungen im medizinischen Kontext sinnvoll Anwendung finden können. Dies ist meiner Ansicht nach nur dann der Fall, wenn sie die zuvor erläuterten normativen Funktionen der Autonomie als Barriere und als Schlüssel erfüllen und damit den beiden Adäquatheitsbedingungen genügen können.

Im Hinblick auf die Frage, wann eine Person über Autonomie verfügt, lassen sich grundsätzlich zwei unterschiedliche Arten von Ansätzen ausmachen: Internalistische Ansätze und externalistische Ansätze. Die internalistischen Ansätze kennzeichnet, dass sie einzig und allein die innere Verfasstheit einer Person zur entscheidenden Bedingung für Autonomie erheben. Die externalistischen Ansätze beziehen neben diesen im Akteur zu findenden Bedingungen für Autonomie auch solche Bedingungen mit ein, die in den Umständen der äußeren Welt liegen, also solche, die dem Akteur extern sind. Damit hängt es bei dieser zweiten Art von Autonomiebedingungen nicht nur von der Beschaffenheit des Akteurs selbst ab, ob er als autonom gilt, sondern auch die Beschaffenheit der Umwelt, in der sich der Akteur bewegt, ist entscheidend, ob ihm Autonomie zugesprochen wird oder nicht.

Internalistische Konzeptionen von Autonomie betrachten die mentalen Einstellungen von Personen und fokussieren Einstellungen, die *wirklich* das ausdrücken, was ein Akteur will. Ihnen zufolge ist eine Person genau dann autonom, wenn sie von einer Einstellung geleitet wird, die für sie wesentlich und damit authentisch ist. Damit wird die Authentizität zu einem entscheidenden Kriterium für Autonomie erhoben. Was wiederum Authentizität im Einzelnen kennzeichnet, darauf wurden unterschiedliche Antworten gegeben.

Während bei Frankfurt[261] die reflexive Identifikation mit einem Wunsch das entscheidende Merkmal für Authentizität bildet, ist es bei Gary Watson[262] das Wertschätzen von Wünschen, was diese authentisch und damit autonom werden lässt. Beiden Philosophen gemeinsam ist jedoch die Annahme, dass personale Autonomie etwas damit zu hat, wie die Willensstruktur der Person aufgebaut ist, sprich, in welcher Relation die mentalen Einstellungen zueinander stehen. Man kann deshalb beide Ansätze als strukturelle Theorien bezeichnen.

Diese Ansätze sind inhaltsneutral, was wiederum bedeutet, dass sie Autonomie unabhängig davon konzipieren, welchen Inhalt diese Einstellung hat und ob sie beispielsweise bestimmte Werte oder moralische Vorstellungen widerspiegeln. Autonomie wird damit einzig aus der Perspektive der Person selbst bestimmbar. Gegen diesen Gedanken argumentieren die Vertreter externalistischer Autonomiekonzeptionen. Sie versuchen die in der äußeren Welt liegenden Umstände als konstitutive Bedingungen für das Vorliegen von Autonomie verstärkt zu berücksichtigen. Solche Ansätze können nach wie vor inhaltsneutral sein. Eine solche inhaltsneutrale Möglichkeit, die außerhalb der Person liegenden Umstände zu berücksichtigen, schlägt John Christman[263] vor. Seine Theorie kann als prozedurale Theorie bezeichnet werden, denn sie berücksichtigt für Autonomie nicht nur die interne Willensstruktur der Person zum gegenwärtigen Zeitpunkt, sondern auch das Zustandekommen der Willensstruktur. Anstelle der internen Struktur des Willens rückt hier also der Prozess der Willensbildung stärker in den Mittelpunkt der Betrachtung. Christman nimmt dabei insbesondere den Einfluss anderer Personen auf den Wunschentstehungsprozess in den Blick.

Zwar betrachtet Christman auch Faktoren der äußeren Welt, aber die Bewertung dieser Faktoren im Zusammenhang mit der Autonomie der Person erfolgt nach wie vor aus Perspektive der Person selbst, indem es an ihr ist zu beurteilen, ob sie den äußeren Einflüssen zustimmt oder sie ablehnt. Daneben

261 Vgl. Frankfurt 1971.
262 Vgl. Watson 1975.
263 Vgl. Christman 2013.

gibt es externalistische Autonomiekonzeptionen, die die Erfüllung externalistischer substantieller Bedingungen erfordern. Einen solchen Ansatz vertreten Joseph Raz[264] und Marina Oshana[265]. Sie vertreten jeweils eine Autonomiekonzeption, der zufolge es für Autonomie notwendig ist, über einen angemessenen Entscheidungsspielraum alternativer vertretbarer Handlungsoptionen zu verfügen. Damit erheben sie die substantielle Unabhängigkeit der Person, die nicht davon abhängt, wie die Person die ihr zur Verfügung stehenden Handlungsoptionen beurteilt, sondern vielmehr von den de facto zur Verfügung stehenden Handlungsoptionen, zur konstitutiven Bedingung für personale Autonomie.

Als weitere Autonomiebedingungen, die nicht ausschließlich vom Innenleben der Person abhängen, können auch soziale Beziehungen gesehen werden. Diese externalistischen Autonomiekonzeptionen werden zumeist als relationale Ansätze bezeichnet. Hier kann einerseits darauf hingewiesen werden, dass bestimmte soziale Beziehungen, wie etwa Beziehungen gegenseitiger Anerkennung, erst die Ausbildung von Selbstachtung und damit auch Autonomie ermöglichen. Diese Ansicht vertreten beispielsweise Joel Anderson und Axel Honneth[266] als auch Paul Benson[267]. Andere Vertreter relationaler Ansätze entwerfen ein Bild von Autonomie, das einen Gegenentwurf zu einer individualisierten Autonomiekonzeption der internalistischen Ansätze bilden soll und versuchen aufzuzeigen, dass soziale Bindungen einen konstitutiven Bestandteil von Autonomie bilden. Vertretern wie Oshana[268], Mackenzie[269], Natalie Stoljar[270] und Marilyn Friedman[271] zufolge ist personale Autonomie überhaupt erst denkbar, wenn eine Person eine bestimmte soziale Verortung

264 Vgl. Raz 1986, Kap. 14.
265 Vgl. Oshana 2013.
266 Vgl. Anderson/Honneth 2005.
267 Vgl. Benson 2013.
268 Vgl. Oshana 2013.
269 Vgl. Mackenzie 2008.
270 Vgl. Mackenzie/Stoljar 2000.
271 Vgl. Friedman 2005; Friedman 2003.

hat. Damit werden die zwischenmenschlichen Beziehungen zu einem konstitutiven Bestandteil personaler Autonomie erhoben.

Ich untersuche in diesem 5. Kapitel sowohl internalistische als auch externalistische Autonomiekonzeptionen im Hinblick darauf, ob sich die darin enthaltenen konstitutiven Autonomiebedingungen besser dazu eignen, die beiden normativen Funktionen der Autonomie im Kontext medizinischer Behandlungen zu erfüllen als es die an Beauchamp und Childress orientierte Konzeption von Autonomie als Handlungsautonomie vermag. Prüfstein für die Angemessenheit der Autonomiebedingungen der personalen Autonomie sind die beiden Adäquatheitsbedingungen der normativen Funktion von Autonomie. Beginnen werde ich mit den internalistischen Ansätzen und dem darin formulierten Kriterium der Authentizität als konstitutive Bedingung für Autonomie.

5.2 Authentizität als reflexive Identifikation als Autonomiebedingung

Fragt man danach, was autonome Lebewesen von solchen Wesen ohne Autonomie unterscheidet, so kann man zunächst zu der Aussage kommen, dass sich autonome Lebewesen dem Wort nach selbst bestimmen. Diese Selbstbestimmung kann man versuchen im Handeln von Lebewesen zu verorten. Autonomie schiene dann so etwas zu sein, wie das Freisein, diejenige Handlung auszuführen, die man möchte. Bei dieser Antwort liegt es jedoch nahe, darauf hinzuweisen, dass dazu offensichtlich sehr viele Lebewesen in der Lage sind. So können die meisten Tiere durchaus so handeln, wie sie es möchten. Sie haben Wünsche und setzen diese in Taten um. Dabei können ihre Taten teilweise gut durchdacht und geplant sein. Auch paradigmatische Fälle mangelnder Autonomie beim Menschen, wie das Konsumieren einer Droge, können beschrieben werden als Handlung, die der Handelnde ausführen möchte. Der drogensüchtige Akteur handelte so, wie er es mochte, weil er nicht von außen an der Umsetzung seines Wunsches die Droge zu nehmen in einer Handlung gehindert wurde. Zum Konsum der Droge wird der Akteur jedoch von seiner Sucht gezwungen. Deshalb kann die Handlung nicht als autonom beschrieben werden, weil der Drogensüchtige die Droge nicht deshalb nahm, weil er es wollte, obwohl er hätte anders handeln können, sondern er konsumierte sie, weil ihn die Sucht dazu zwang, ganz gleich, was er gewollt hätte. Seine Wünsche in Handlungen zu überführen und damit tun zu können, was man möchte, scheint entsprechend noch kein hinreichendes Kriterium für die Autonomie von Lebewesen zu sein. Dies zeigt das Beispiel des Drogensüchtigen, der zwar tut, was er möchte, aber dennoch nicht autonom handelt.

Wenn es nicht die Handlungen sind, deren Selbstbestimmung das ausschlaggebende Kriterium für Autonomie bildet, so sind es vielleicht die der Handlung zugrunde liegenden Wünsche. Bei Wünschen handelt es sich um mentale Zustände des Akteurs. Wünsche haben ein motivationales Element, weil sie den Wunschinhaber dazu anregen, eine bestimmte Handlung auszuführen. Handelt ein Akteur allein getrieben durch seine Wünsche, so scheint es so zu sein, dass er sich nicht selbst bestimmt, sondern durch seine Wünsche bestimmt wird. So handelt der Drogensüchtige allein getrieben durch seinen Wunsch, die Droge zu konsumieren und wird dadurch zum Getriebenen seines eigenen Wunsches. Autonomie könnte entsprechend bedeuten, die Wünsche, die einen zum Handeln motivieren, selbst bestimmen zu können.

Betrachtet man sich selbst, so erscheint es zunächst seltsam, anzunehmen, man könne die Wünsche bestimmen, die in einem aufsteigen. Wünsche scheinen vielmehr ständig aufzutauchen und manchmal auch einfach wieder zu verschwinden, ohne dass wir dies kontrollieren könnten. Egal wie sehr ich es mir auch wünsche, in mir entsteht einfach nicht der Wunsch, Brokkoli essen zu wollen. Der Wunsch nach Schokolade ist hingegen fest in meinen Wünschen verankert. Vielleicht ist es durch viel autogenes Training oder einen guten Hypnotiseur möglich auch ganz bestimmte neue Wünsche auszubilden und andere verschwinden zu lassen, allerdings scheint dies nicht die Art und Weise zu sein, wie wir im Alltag Einfluss auf unsere Wünsche nehmen. Manche Wünsche lassen sich kaum beeinflussen. So hat ein pädophiler Mensch den Wunsch nach sexueller Befriedigung durch Kinder, und egal wie sehr sich der Mensch bemüht, in vielen Fällen von Pädophilie ist es den Betroffenen nicht möglich, dass dieser Wunsch verschwindet und nicht mehr in ihm auftaucht. Das Auftauchen des Wunsches entzieht sich entsprechend ihrer Kontrolle durch Selbstbestimmung.

Wenn Autonomie bedeuten würde, das Auftauchen und Verschwinden von Wünschen selbst zu bestimmen, so könnte kaum ein Mensch als autonom gelten. Wir haben keine Kontrolle über das Vorhandensein und Verschwinden unserer Wünsche. Allerdings lässt sich durchaus etwas hinsichtlich unserer Wünsche selbst bestimmen, denn wir können in einer bestimmten Weise auf ihr Vorhandensein reagieren. Es ist uns möglich, steuernd auf Wünsche einzuwirken. Dies geschieht dadurch, dass wir eine Einstellung zu unseren vorhandenen Wünschen einnehmen. Ich kann eine ablehnende Haltung gegenüber meinem Wunsch nach Schokolade einnehmen und mich darüber ärgern, dass er mich immer wieder dazu verleitet zu naschen. Dadurch distanziere ich mich innerlich von diesem Wunsch. Ist er dennoch so stark, dass er sich in einer Handlung Bahn bricht, so habe ich das Gefühl, nicht selbstbestimmt gehandelt zu haben. Ich könnte über diese Handlung so etwas aussagen wie: „Da war ich nicht Herr über mich selbst." Damit ist gemeint, dass der Wunsch, von dem ich nicht wollte, dass er handlungswirksam wird, sich dennoch durchgesetzt hat und mich zum Handeln verleitet hat.

Während ich den Wunsch nach Schokolade ablehne, wünsche ich mir hingegen vielleicht, mehr Brokkoli zu essen, um wichtige Vitamine aufzunehmen. Dies bedeutet nicht, dass ich mir den Geschmack von Brokkoli wünsche, wie ich mich beispielsweise nach dem Geschmack von Schokolade sehne, sondern, dass ich mir wünsche Brokkoli zu essen, weil ich der Überzeugung bin, dass dies gut für mich ist, obwohl es mir nicht schmeckt. Wenngleich ich also nicht dafür sorgen kann, dass der Wunsch nach dem Geschmack von Brokkoli in mir als neuer Wunsch aufsteigt, so kann ich wünschen, dass der bereits existierende Wunsch, mehr Brokkoli zu essen, weil dies gesund ist, ein handlungsleitender Wunsch wird.

Wenn diese Einstellung zu meinen Wünschen dazu führt, dass nicht der Wunsch nach dem süßen Geschmack von Schokolade handlungsleitend wird, sondern vielmehr der Wunsch, den gesunden Brokkoli zu sich zu nehmen, dann habe ich mich selbst bestimmt. Ich habe dann den Wunsch in eine Handlung umgesetzt, von dem ich wollte, dass er handlungswirksam wird. Ein autonomer Akteur ist damit nicht Spielball seiner eigenen Wünsche, sondern vielmehr der Beherrscher derselben, indem er mittels eines Reflexionsprozesses zwischen verschiedenen Wünschen auswählt und nur die von ihm erwählten Wünsche handlungsleitend werden lässt und sich dadurch von innen heraus selbst steuert.

Der Gedanke, dass Autonomie bedeutet, zu bestimmen, welcher Wunsch handlungsleitend wird, lässt sich auch auf das Beispiel des Pädophilen übertragen. Wir können nicht gerechtfertigter Weise von ihm erwarten, dass der Wunsch nach sexueller Befriedigung durch Kinder bei ihm verschwindet. Sehr wohl können wir aber erwarten, dass er diesen Wunsch niemals in eine Handlung umsetzt, sondern versucht, sich weitestgehend von diesem Wunsch zu distanzieren. Da er autonom ist, erwarten wir von ihm, dass er sich selbst steuert und bestimmt, dass er dem Wunsch nach sexueller Befriedigung durch Kinder nicht nachgibt. Seine Autonomie gibt ihm die Möglichkeit sich innerlich von Wünschen zu distanzieren und diese nicht handlungsleitend werden zu lassen.

Den Gedanken, dass Autonomie ihren Ausdruck darin findet, dass ein autonomer Akteur eine Einstellung zu den eigenen Wünschen einnehmen kann und dadurch bestimmt, welcher Wunsch handlungsleitend wird, wurde zeitgleich und unabhängig voneinander von den beiden Philosophen Dworkin[272] und Frankfurt[273] ausgearbeitet und ist unter dem Schlagwort „hierarchisches Wunschmodell“ berühmt geworden. Ich werde mich auf eine Darstellung Frankfurts begrenzen. Anhand seines berühmten Aufsatzes „Freedom of the

272 Vgl. Dworkin 1970; Dworkin 1988.

273 Vgl. Frankfurt 1971.

will and the concept of a person"[274] werde ich seine Autonomiebedingung der Authentizität – verstanden als reflexive Identifikation – erläutern. Dazu gebe ich im folgenden Unterkapitel Frankfurts Ideen wieder, überprüfe seine Gedanken im Hinblick auf ihre Stimmigkeit und setze mich anschließend kritisch damit auseinander.

5.2.1 Reflexive Identifikation als Autonomiebedingung

Frankfurt unterscheidet zwischen Wünschen erster und zweiter Stufe. Wünsche erster Stufe beziehen sich auf Handlungen. Sie können dem Akteur bewusst sein oder unbewusst vorliegen, sie sind unterschiedlich stark oder schwach und ein Akteur kann mehrere Wünsche erster Stufe haben, die auch einander widersprechen können. Dies kann beispielsweise am Verlangen nach Schokolade deutlich gemacht werden: man kann einen Wunsch nach dem süßen Geschmack von Schokolade haben. Gleichzeitig möchte man vielleicht abnehmen und hat deshalb ebenfalls den Wunsch, auf Schokolade zu verzichten. Beides sind Wünsche erster Stufe, weil sie sich auf eine Handlung beziehen, nämlich diejenige, Schokolade zu essen bzw. Schokolade nicht zu essen. Der handlungswirksame Wunsch wird von Frankfurt als der Wille einer Person bezeichnet.[275] Wenn ich also den Wunsch Schokolade zu essen, in eine Handlung überführe und tatsächlich Schokolade esse, so war es mein Wille, Schokolade zu essen. Damit definiert Frankfurt den Begriff des Willens in einer Art und Weise, die nicht unbedingt unserem alltäglichen Gebrauch des Begriffs entspricht.

Neben den Wünschen erster Stufe kann es Wünsche zweiter Stufe geben. Das sind Wünsche, die sich auf bereits vorhandene Wünsche erster Stufe beziehen. Wünsche zweiter Stufe sind also Wünsche mit einem ganz bestimmten Inhalt, sie sind nämlich daran ausgerichtet, ob man einen bestimmten Wunsch erster Stufe haben möchte oder ob man ihn nicht haben möchte. Hat ein Akteur den Wunsch zweiter Stufe, dass ein bestimmter Wunsch erster Stufe

274 Vgl. Frankfurt 1971.
275 Vgl. Frankfurt 2001a, 67 ff.

handlungswirksam und damit sein Wille wird, dann hat er eine Volition zweiter Stufe ausgebildet. Die Fähigkeit Volitionen zweiter Stufe auszubilden ist für Frankfurt ein wesentliches Kriterium für Personen. Damit geht Frankfurt über die Forderung anderer Philosophen hinaus, die Vernunft zum entscheidenden Kriterium von Personen zu erheben. Vernunft wird bei Frankfurt zum Ausbilden von Volitionen zweiter Stufe bereits vorausgesetzt. Vernunft allein ist jedoch kein hinreichendes Kriterium für Personen. Personen verfügen nicht nur über Vernunft, sondern können darüber hinaus Volitionen zweiter Stufe bilden und haben damit eine besondere Fähigkeit, die sie von anderen Lebewesen unterscheidet.[276]

Neben Personen gibt es andere Lebewesen, die zwar durchaus vernünftig im Zusammenhang mit der Durchsetzung ihrer Wünsche handeln können, die jedoch keine Volitionen zweiter Stufe ausbilden können. Diese Lebewesen werden von Frankfurt als Triebhafte (engl. *wantons*) bezeichnet. Im Gegensatz zu Personen können sie nicht auf höherer Ebene über die Wünschbarkeit ihrer eigenen Wünsche reflektieren und sich dadurch steuern. Triebhafte folgen dem Wunsch, der am stärksten ist und sich in eine Handlung umsetzen lässt. Es kümmert sie jedoch nicht, welcher ihrer Wünsche dies ist. Dadurch haben Triebhafte keine von ihren Wünschen erster Stufe getrennte Identität.[277]

Im Gegensatz dazu können sich Personen mit einem ihrer Wünsche erster Stufe identifizieren und gleichzeitig von einem anderen Wunsch erster Stufe innerlich zurückziehen. Dieser Prozess des Identifizierens mit einem Wunsch und des Zurückziehens von einem anderen Wunsch lässt sich als reflexive Identifikation bezeichnen. Dadurch wird ein Wunsch mehr zum eigenen Wunsch als ein anderer. Somit gibt es authentische Wünsche, in denen sich die eigene Identität der Person widerspiegelt, weil sich die Person mit diesen authentischen Wünschen reflexiv identifiziert hat und weniger authentische Wünsche, von denen sich die Person innerlich distanziert. Die Möglichkeit

276 Vgl. Frankfurt 2001a, 71 f.

277 Vgl. Frankfurt 2001a, 72 f.

zur Authentizität in Form von reflexiver Identifikation mit bestimmten Wünschen wird damit zum Kriterium für Personen erhoben. Wenngleich Frankfurt selbst nicht den Begriff „Autonomie" verwendet, sondern stattdessen von „Willensfreiheit" spricht, so gilt in der Debatte ebendieses Kriterium – die Fähigkeit zur reflexiven Identifikation – als Bedingung für Autonomie.

Während die Person von einem Wunsch möchte, dass er handlungswirksam wird, möchte sie den anderen Wunsch nicht ausführen. Handelt sie dennoch gemäß des Wunsches, den sie ablehnt, kann man von einer Handlung wider Willen sprechen. Die Person handelt dann nicht nach dem Willen, den sie haben möchte. Obschon die Person dann aufgrund eines eigenen Wunsches handelte, also nicht von außen zu einer ungewollten Handlung bewegt wurde, handelte sie gegen den von ihr selbst ausgebildeten Willen. Sie handelt willensschwach. Damit wird für sie die Freiheit ihres Willens zum Problem. Stimmen bei einer Person die Volitionen zweiter Stufe nicht mit ihrem Willen überein, dann empfindet die Person einen Mangel an Willensfreiheit.

Für Frankfurt gibt es entsprechend eine für Personen charakteristische Fähigkeit. Diese besteht darin, Volitionen zweiter Stufe ausbilden zu können, indem sich die Personen reflexiv mit bestimmten Wünschen erster Stufe identifizieren und sich von anderen Wünschen erster Stufe distanzieren. Des Weiteren können Personen sich im Zustand der Willensfreiheit bzw. Autonomie[278] befinden. Dafür ist es notwendig, dass die Volition zweiter Stufe und der Wille einer Person deckungsgleich sind. Kann der Wille einer Person außerdem auch noch in eine Handlung umgesetzt werden, so genießt die Person Frankfurt zufolge alle ihr möglichen Freiheiten.[279]

Um die Begrifflichkeiten Frankfurts zu veranschaulichen, eignet sich der Drogensüchtige, den Frankfurt selbst als Beispiel wählt. Ein Drogensüchtiger wider Willen ist eine Person, die entgegen ihres Wunsches, die Droge nicht zu

278 Was Frankfurt als Willensfreiheit bezeichnet, wird an anderen Stellen als Autonomie bezeichnet, weshalb ich die beiden Begriffe an dieser Stelle äquivalent verwende.

279 Vgl. Frankfurt 2001a, 74 ff.

nehmen, die Droge nimmt. Dieser Drogensüchtige ist deshalb eine Person, weil er eine Haltung zu seinem Wünschen einnehmen kann, sprich, er kann Volitionen zweiter Stufe ausbilden. Er verfügt damit über das, was ich als die Fähigkeit der Autonomie bezeichne. Dennoch handelt er willensschwach, weil er nicht gemäß des Willens handelt, den er zu haben wünscht, sondern stattdessen einem Wunsch erster Stufe nachgibt, der seinen Volitionen zweiter Stufe entgegensteht. Es mangelt ihm deshalb an Willensfreiheit. Ich beschreibe dies als Zustand mangelnder Autonomie. Denn wenngleich der Drogensüchtige wider Willen grundsätzlich über die Fähigkeit der Autonomie verfügt, so führt seine Willensschwäche dennoch dazu, dass er sich nicht im Zustand der Autonomie befindet. Wer nicht willensfrei handelt, der ist nicht im Zustand der Autonomie.

Ein triebhafter Drogensüchtiger hingegen stellt sich gar nicht erst die Frage danach, ob er den Wunsch nach der Droge haben möchte oder nicht. Er kann keine Haltung bezüglich seiner Wünsche einnehmen, sondern handelt stets gemäß des stärksten Wunsches. Er befindet sich entsprechend ebenso wenig im Zustand der Autonomie wie der Drogensüchtige wider Willen. Im Gegensatz zum Drogensüchtigen wider Willen mangelt es dem triebhaften Drogensüchtigen aber zusätzlich an der Fähigkeit der Autonomie. Gemäß der Begrifflichkeiten Frankfurts ist er keine Person.

Der Vorteil dieser Konzeption von Autonomie ist darin zu sehen, dass nicht nur äußere Zwänge als Einschränkungen der Freiheit verstanden werden, sondern ebenfalls innere Zwänge. Dies wird am Beispiel des Süchtigen wider Willen deutlich.

Beachtet werden muss, dass es bei Frankfurt für Willensfreiheit nicht allein ausreicht, dass der Wille und die Volitionen zweiter Stufe deckungsgleich sind, sondern außerdem noch eine weitere Bedingung erfüllt sein muss, nämlich diejenige, dass man auch gemäß des anderen konfligierenden Wunsches erster Stufe hätte handeln können, wenn man es gewollt hätte. Frankfurt stellt damit eine kontrafaktische Bedingung für Willensfreiheit auf: es ist für Willensfreiheit nicht ausreichend, gemäß einer Volition zweiter Stufe zu handeln, sondern man hätte auch eine andere Handlung vollziehen können müssen, wenn man es gewollt hätte, um willensfrei zu sein.

> „Wer in seinem Willen frei ist, hätte sich einen anderen Willen bilden können, als er tatsächlich tat."[280]

Diese kontrafaktische Bedingung kann am Beispiel des willigen Drogensüchtigen erläutert werden. Dieser hat den Willen, die Droge zu nehmen, der sich mit seiner Volition zweiter Stufe deckt, der gemäß er ebenfalls die Droge nehmen möchte. Allerdings hat er aufgrund seiner Sucht nicht die Möglichkeit dazu, einen anderen Willen auszubilden, wenn er es gewollt hätte. Er ist damit nicht willensfrei. Da er jedoch so handelt, wie er es wollte, gilt er dennoch als verantwortlich für sein Tun, auch wenn er nicht willensfrei war.

Der an Frankfurt angelehnten Autonomiekonzeption folgend, ist Autonomie etwas, das vom Innenleben der Person abhängt. Diejenigen, die über die Fähigkeit verfügen, Volitionen zweiter Stufe auszubilden, weil sie sich mit bestimmten Wünschen erster Stufe reflexiv identifizieren können, verfügen über die Fähigkeit der Autonomie und gelten der Terminologie Frankfurts folgend als Person. Wer dann auch noch gemäß dieser Volitionen zweiter Stufe handelt, obwohl er auch einen anderen Willen hätte ausbilden können, der ist willensfrei und damit im Zustand der Autonomie.

Wer hingegen keine Volitionen zweiter Stufe ausbilden kann, der hat keine von seinen Wünschen erster Stufe geschiedene Identität. Ihm mangelt es dadurch an der Autonomiefähigkeit. In diesem Fall kann man nicht davon sprechen, dass derjenige authentisch handelt, weil er einfach nur dem stärksten Wunsch nachgibt. Er hat keinen Kern in sich, der sich als ihm zu eigen – authentisch – charakterisieren lässt.

Diese an Frankfurt angelehnte Autonomiekonzeption war in den letzten Jahrzehnten Gegenstand zahlreicher kritischer Auseinandersetzungen und wurde von Frankfurt als Reaktion darauf weiter erläutert und modifiziert. Bevor ich mich mit diesen Kritikpunkten im folgenden Kapitel beschäftigen werde,

---

280 Frankfurt 2001a, 81.

möchte ich an dieser Stelle zunächst überprüfen, inwiefern eine solche internalistische Autonomiekonzeption eine stimmigere Konzeption von Autonomie entwirft, als es die an Beauchamp und Childress orientierte Konzeption der Handlungsautonomie tut. Es ist nur dann sinnvoll, sich weiter mit einer internalistischen Konzeption personaler Autonomie zu beschäftigen, wenn sie nicht denselben Schwächen ausgesetzt ist. Die Schwäche der Konzeption von Handlungsautonomie nach Beauchamp und Childress bestand in den Punkten, dass dieser Autonomiebegriff nicht dazu geeignet ist, paradigmatische Fälle mangelnder Autonomie zu erfassen, die aufgrund eines inneren Zwangs entstehen. Außerdem kann die Konzeption nicht von der Unabhängigkeit von Handlungsautonomie und personaler Autonomie überzeugen.[281] Im folgenden Kapitel analysiere ich, ob diese internalistische Konzeption personaler Autonomie den genannten Schwächen besser begegnen kann.

5.2.2 Vorteile der personalen Autonomie gegenüber der Handlungsautonomie

Wie in Kapitel 4.3.5 erörtert, hat die Konzeption von Handlungsautonomie nach Beauchamp und Childress die Schwäche, paradigmatische Fälle mangelnder Autonomie nicht als solche erfassen zu können. Beauchamp und Childress räumen zwar ein, dass es neben externen Formen der kontrollierenden Einflussnahme auch interne Einflussnahme gibt, die den Handelnden kontrollieren und damit seine Autonomie unterminieren, allerdings erläutern die beiden Philosophen nicht, wie diese genau gestaltet sind. Da Handlungen, die aus innerem Zwang ausgeführt werden, nach wie vor die Bedingungen der Handlungsautonomie erfüllen können, weil es sich dabei um durchaus absichtliche, informierte und von externer Kontrolle freie Handlungen handelt, bedarf es Kriterien, die im Innenleben des Akteurs zu finden sind, um die internen kontrollierenden Einflüsse zu erfassen. Mithilfe einer internalistischen Autonomiekonzeption, wie derjenigen von Frankfurt, wird es möglich, solche internen Zwänge sinnvoll zu erfassen und zu erläutern.

281 Vgl. Kapitel 4.3.5.

Dies wurde bereits am Beispiel des Drogensüchtigen wider Willens erläutert. Sein Verlangen nach der Droge ist so stark, dass er diesem inneren zwanghaften Wunsch immer wieder unterliegt, obwohl er sich auf höherer Stufe wünscht, sich von ebendiesem zu distanzieren und den Wunsch nicht handlungswirksam werden zu lassen. Frankfurt beschreibt diesen Zustand des inneren Zwangs sehr anschaulich als das Bezwungen werden vom eigenen Wunsch:

> "But these desires are too powerful for him to withstand, and invariably, in the end, they conquer him. He is an unwilling addict, helplessly violated by his own desires."[282]

Der übermächtige Wunsch verhindert, dass die Person nach dem Willen handelt, den sie selbst haben möchte. Dadurch wird der Handlende von innen heraus durch einen Wunsch kontrolliert, wodurch sein Wille nicht frei und somit auch seine Handlung nicht freiwillig ist. Aufgrund dieses Mangels an Willensfreiheit kann die Handlung nicht als autonom verstanden werden, obgleich sie absichtlich, im vollen Verstehen und frei von äußeren kontrollierenden Zwängen erfolgt. Damit ermöglicht es eine internalistische Autonomiekonzeption, wie diejenige Frankfurts, interne Zwänge als die Autonomie unterminierende Einflüsse zu erfassen und muss sich nicht derselben Schwäche ausgesetzt sehen wie die Konzeption der Handlungsautonomie von Beauchamp und Childress.

Die zweite grundsätzliche Schwäche der Konzeption von Handlungsautonomie bei Beauchamp und Childress bestand darin, dass die von ihnen deklarierte Unabhängigkeit von Handlungsautonomie und personaler Autonomie nicht wirklich überzeugen konnte.[283] Für das Vorliegen von Handlungsautonomie wurde auf Fähigkeiten zurückgegriffen, die konstitutiv für das Vorhandensein personaler Autonomie sind. Dies wurde deutlich anhand des subjektiven Maßstabs, der als Kriterium eingeführt wurde, um die Freiwilligkeit und das Verstehen einer Handlung angemessen erfassen zu können. Es gibt keine

---

282 Vgl. Frankfurt 1971, 12.

283 Vgl. Kapitel 4.3.5.

materiale Liste zu den relevanten Aspekten, die das Verständnis des Individuums sicherstellen. Ebenso wenig gibt es eine materiale Liste darüber, wann Zwang oder Manipulation zu einer nicht freiwilligen und damit nicht autonomen Handlung führen. Beides ist abhängig von der Persönlichkeit des jeweiligen Individuums. Damit verweisen einzelne autonome Handlungen auch auf die Persönlichkeit des Individuums. Die Autonomie einer Handlung kann nur in Relation zu der Persönlichkeit des Handelnden bestimmt werden.

Die internalistische Autonomiekonzeption Frankfurts erfasst eben diese Persönlichkeit als wesentliches Element der Autonomie. Mit der personenspezifischen Fähigkeit, Volitionen zweiter Stufe ausbilden zu können, geht einher, sich mit bestimmten Wünschen und damit auch mit bestimmten Werten und Überzeugungen zu identifizieren. Diese Identifikation schafft wiederum eine Persönlichkeit, die von Triebhaften nicht ausgebildet werden kann, weil diese keine von ihren Wünschen geschiedene Identität haben. Dadurch wird es möglich, die Persönlichkeit des Individuums als Maßstab für die Beurteilung der Autonomie einer Handlung heranziehen zu können. Ein Individuum ohne ausgebildete Persönlichkeit, also jemand der sich mit keinem seiner Wünsche identifiziert oder sie zurückweist, scheint Spielball der eigenen Wünsche zu sein. Ganz gleich, wie gut informiert seine Entscheidung ist, ob von anderen beeinflusst oder nicht, man kann sie kaum als seine eigene und damit autonome Entscheidung verstehen. Ein Individuum, das zur Wunschreflexion auf höherer Ebene fähig ist, ist eine Person und hat eine Persönlichkeit ausgebildet. Sie erfüllt damit eine wesentliche Voraussetzung für die Möglichkeit der Zuschreibung autonomen Handelns. Damit muss die Fähigkeit der personalen Autonomie als Grundlage der Handlungsautonomie eingeordnet werden.

Betrachtet man die Fähigkeit zur reflexiven Identifikation mit Wünschen als Bedingung für Autonomie, so entsteht ein Konzept von Autonomie, mittels dem man zwischen autonomen Handlungen und autonomen Personen unterscheiden kann. Hierbei müssen diese beiden Formen der Autonomie jedoch nicht, wie es bei Beauchamp und Childress der Falls ist, als unabhängig voneinander angesehen werden, sondern verweisen vielmehr aufeinander.

Über personale Autonomie verfügt jemand, der die grundsätzliche Fähigkeit hat, Volitionen zweiter oder höherer Stufe auszubilden. Er gilt Frankfurt zufolge als Person. Diese Fähigkeit von Personen bricht sich jedoch nicht in jeder ihrer Handlungen Bahn. Dies verdeutlicht Frankfurts Beispiel des Süchtigen wider willen. Dieser hat zwar die Fähigkeit zur Ausbildung von Volitionen zweiter Stufe, im Zusammenhang mit seinem Drogenkonsum handelt er jedoch nicht nach seiner Volition zweiter Stufe. Er verfügt in dieser Situation zwar über die grundlegende Fähigkeit der Autonomie, ist jedoch nicht im Zustand der Autonomie, weil er einem Wunsch unterliegt, von dem er sich innerlich distanziert. Diesem Modell folgend können autonome Handlungen nur von solchen Personen ausgeführt werden, die über die grundlegende Fähigkeit der Autonomie und damit über personale Autonomie verfügen. Personale Autonomie wird somit zur Voraussetzung von Handlungsautonomie, garantiert diese jedoch nicht zugleich, da es auch beim Vorliegen personaler Autonomie zu einem nicht autonomen Handeln kommen kann. Personale Autonomie ist somit notwendig, jedoch nicht hinreichend für Handlungsautonomie.

Die von Frankfurt entworfene Konzeption personaler Autonomie kann dadurch den Schwächen begegnen, der die Konzeption der Handlungsautonomie von Beauchamp und Childress ausgesetzt ist. Sie ermöglicht nicht nur die Beschreibung von inneren Zwängen als autonomiehemmende Faktoren einer Handlung, sondern gibt darüber hinaus auch noch einen Hinweis auf ein relationales Verhältnis von Handlungsautonomie und personaler Autonomie. Es wird dadurch ermöglicht, zwischen Handlungsautonomie, also dem Zustand der Autonomie und personaler Autonomie, verstanden als grundsätzlicher Fähigkeit der Autonomie, zu unterscheiden, ohne jedoch Handlungsautonomie und personale Autonomie als vollkommen unabhängig voneinander zu verstehen. Vielmehr wird die Fähigkeit der Autonomie zur Voraussetzung dafür gemacht, sich im Zustand der Autonomie zu befinden.

Allerdings hat die Autonomiekonzeption Frankfurts andere theoretische Schwächen, aufgrund derer oftmals angezweifelt wird, dass sie als Grundlage eines überzeugenden Autonomiebegriffs taugen kann. Auf diese theoretischen Schwierigkeiten soll im folgenden Kapitel eingegangen werden.

5.2.3 Kritik an der Autonomiebedingung der reflexiven Identifikation

Um die Schwierigkeiten darzustellen, der die Autonomiekonzeption Frankfurts ausgesetzt ist, möchte ich zunächst wieder einen Schritt näher an den medizinischen Kontext heran. Immerhin ist das oberste Ziel dieses fünften Kapitels, eine Autonomiekonzeption zu finden, die nicht nur in sich stimmig ist, sondern auch zugleich für den medizinischen Kontext taugt und die beiden Adäquatheitskriterien erfüllt. Bevor ich mich der Frage nach der Erfüllung der Adäquatheitskriterien widme, möchte ich zunächst mit einem auf den medizinischen Kontext bezogenem Beispiel erläutern, worin mögliche Schwächen der Autonomiekonzeption nach Frankfurt bestehen.

Stellen wir uns einen Patienten vor, den ich im Folgenden als den „ängstlichen Patienten" bezeichnen möchte. Dieser Patient muss sich entscheiden, ob er in eine medizinische Behandlung einwilligt oder sie ablehnt. Die Behandlung ist nicht notwendig, um sein Leben zu erhalten, würde aber zu einer Verbesserung seines Gesundheitszustandes führen. Der Patient ist eine autonome Person. Er hat sich widersprechende Wünsche erster Stufe hinsichtlich der Behandlung. Zum einen hat er Angst vor der Behandlung, weil er weiß, dass sie sehr schmerzvoll sein wird und er deshalb unter ihr leiden wird. Er hat deshalb einen Wunsch erster Stufe danach, die Behandlung nicht durchführen zu lassen. Gleichzeitig bringt die Behandlung jedoch auch Vorteile für den Patienten. Sie verbessert seinen Gesundheitszustand und ermöglicht ihm dadurch eine höhere Lebensqualität. Deshalb hat er ebenfalls den Wunsch erster Stufe danach, die Behandlung durchführen zu lassen. Er beginnt nun mit einer Reflexion über diese beiden sich widersprechenden Wünsche erster Stufe und überlegt, welchem der beiden Wünsche er mehr Gewicht einräumen sollte und welcher Wunsch ein besserer Ausdruck seiner Persönlichkeit ist.[284] Er kommt zu der Erkenntnis, dass er gemeinhin ein sehr ängstlicher Mensch ist. Mit dieser Ängstlichkeit lebt er schon seit Jahren im Einklang, und viele seiner Handlungen sind durch seine Angst vor Unbekanntem und Ungewolltem geleitet. Er hat eine sehr niedrige Schmerztoleranz, auch das weiß er über sich und auch damit hat er sich abgefunden. Er muss seinen Mut nicht unter Beweis stellen, indem er zeigt, dass er Schmerzen aushalten kann. Er findet es durchaus in Ordnung eine Person zu sein, die Schmerzen und Leiden vermeidet, wo immer ihr das nur möglich ist. Da sich der Patient also sehr gut mit dem Wunsch danach identifizieren kann, die Behandlung aus Angst vor Leiden abzulehnen, bildet er einen Wunsch zweiter Stufe danach aus, aufgrund dessen er den Wunsch erster Stufe nach Ablehnung der Behandlung gutheißt.

Doch im gleichen Moment kommen dem ängstlichen Patienten Zweifel. Will er wirklich eine ängstliche Person sein und sein Handeln durch diesen Charakterzug leiten lassen? Vielleicht ist dieser Wunsch zweiter Stufe ja doch nicht so ganz Ausdruck dessen, was er gerne für eine Person sein möchte. Entsprechend fängt er auf einer dritten Wunschebene an, über den Wunsch zweiter Stufe zu reflektieren. Wenngleich er sich also einerseits mit seinem Wunsch, die Behandlung zu vermeiden identifiziert und sie seinem authentischen Wesen als ängstliche Person entspricht, fragt er sich auf höherer Ebene, ob er will, dass er sich mit dem Wunsch identifiziert, mit dem er sich identifiziert. Er reflektiert also gewissermaßen auf einer dritten Wunschebene über den Wunsch zweiter Stufe. Nun ist es durchaus vorstellbar, dass er auch auf der dritten Wunschebene keine unhinterfragte Identifikation mit einem seiner Wünsche erreichen kann und auf eine noch höhere Wunschebene ausweicht.

Man merkt schnell, es ist möglich, dass der Patient sich auf immer höhere Wunschebenen begibt und somit auf Ebene n+1 fragt, ob der auf Ebene n ausgebildete Wunsch, tatsächlich der Wunsch ist, mit dem er sich identifiziert.

284 Diese Darstellung ist selbstverständlich ein sehr idealisiertes Bild der Reflexion der eigenen Wünsche auf höherer Stufe. Reflexionen laufen meist nicht so bewusst ab, wie in diesem Beispiel dargestellt. Dies soll jedoch zunächst außer Acht gelassen werden.

Diese Ausbildung immer höherer Wünsche, mithilfe derer die Wünsche unterer Ebene reflektiert werden sollen, wird als Regress bezeichnet.

Es scheint nichts in dem hierarchischen Wunschmodell Frankfurts zu geben, was einen solchen Regress verhindert. Dieses Problem hat Frankfurt selbst erkannt:

> „Wir können uns hinsichtlich unserer Wünsche zweiter Stufe ebenso oft unklar sein und im Zwiespalt befinden oder können uns über uns selbst genauso täuschen wie bei den Wünschen der ersten Stufe."[285]

Durch die Infragestellung der Wünsche unterer Stufe und der Ausbildung immer höherer Wunschstufen zu deren Reflektion, kann der Akteur keine Volitionen ausbilden und wird handlungsunfähig, weil er keinen Willen ausbilden kann, solange der Konflikt andauert. Dehnt sich dieser Zustand des Regresses auf die gesamte Person aus, droht der Zerfall dieser Person:

> „Wenn dieser Zustand so schlimm ist, daß er ihn daran hindert, sich in hinreichend entschiedener Form mit *irgendeinem* seiner Wünsche erster Stufe zu identifizieren, dann zerfällt die Person. Denn es besteht dann entweder die Gefahr einer Willensparalyse und vollständiger Untätigkeit, oder der Zweifelzustand wird den Betroffenen und seinen Willen entzweien, so daß der Wille ohne Beteiligung der Person agiert."[286]

Beim Zerfall der Person geht die Identität der Person und damit ein notwendiges Kriterium für das Personsein verloren. Dieser beschriebene Zerfall der Person tritt sicherlich nicht bereits dann ein, wenn sich die Person nur über *einen* ihrer Wünsche im Unklaren ist. Gewisse Ambivalenzen kann eine Person durchaus verkraften, ohne dass ihr zugleich der vollständige Zerfall ihrer Identität droht. Vielmehr muss man die Aussage Frankfurts so auslegen, dass bei einer umfassenden Ambivalenz, die so stark ist, dass die Person handlungsunfähig ist, weil sie sich mit *keinem* ihrer Wünsche mehr identifizieren kann, der Zerfall der Person aufgrund der Willensparalyse droht.

---

285 Frankfurt 2001a, 77.

286 Frankfurt 2001a, 77.

Frankfurt eröffnet aber zugleich einen möglichen Ausweg: Eine solche theoretisch unendliche Reihe von Wünschen immer höherer Stufen ließe sich dadurch beenden, dass sich die Person „entschlossen" mit einem ihrer Wünsche erster Stufe identifiziert, „dann ‚durchhallt' diese Bindung den ganzen potentiell endlosen Raum höherer Stufen."[287]

Im Falle des ängstlichen Patienten hieße das, er müsste sich entschlossen damit identifizieren, eine ängstliche Person zu sein, die, wo immer möglich, Leiden vermeidet. Bei einer inneren Entschlossenheit bliebe kein Raum für die Frage, ob Wünsche höherer Stufe von Belang sind.[288] Die entschlossene Identifikation mit einem Wunsch erster Stufe führt zur Ausbildung einer Volition zweiter Stufe, die wiederum nicht weiter hinterfragt wird. Frankfurt zufolge hängt dabei nicht viel davon ab, ob „wir sagen, der Entschluß erzeuge implizit eine endlose Reihe einstimmiger Wünsche höherer Stufe, oder daß wir sagen, der Entschluß löse alle Fragen höherer Stufe dadurch auf, daß er ihnen den Ansatzpunkt entzieht."[289]

Frankfurt zufolge wäre es dem ängstlichen Patienten entsprechend möglich, zur Ausbildung eines autonomen Willens zu gelangen, solange er sich entschlossen mit einem seiner Wünsche erster Stufe identifiziert. Um ihm einen autonomen Entschluss zuzuschreiben genügt die Ausbildung einer Volition zweiter Stufe, diese müsse nicht über einen Wunsch dritter Stufe abgesichert werden, um als autonom zu gelten. Man kann dem ängstlichen Patienten, falls er sich gegen die Behandlung entscheidet, und er sich damit entschließt, eine ängstliche Person zu sein, also nicht vorwerfen, seine Handlung sei nicht autonom, weil er sich nicht auf noch höherer Stufe gefragt hat, ob er wirklich diese Art von Person sein will. Seine entschlossene Entscheidung ist ausreichendes Merkmal für Autonomie.

Gleichzeitig ist es selbstverständlich möglich, dass Personen sich manchmal nicht entschlossen mit einem Wunsch identifizieren können, was wiederum

287 Frankfurt 2001a, 78.
288 Vgl. Frankfurt 2001a, 78.
289 Frankfurt 2001a, 78.

eine Gefahr für ihre Handlungsfähigkeit und falls das Ausmaß der Unentschlossenheit umfassend ist, auch eine Gefahr für einen Zerfall der Person darstellt. Diese Möglichkeit zum Regress, so Frankfurt, führe jedoch nicht dazu, dass er eintreten müsse, denn eine entschlossene Entscheidung der Person kann ihn verhindern.

Doch trotz dieser von Frankfurt angebotenen Lösung bleibt ein konzeptionelles Problem bei der Autonomiebedingung der reflexiven Identifikation bestehen, das mit der beschriebenen Regressmöglichkeit zusammenhängt: Es ist unklar, wodurch Volitionen zweiter Stufe ihre Autorität haben, Wünsche erster Stufe als autonom auszuweisen. Denn weder Wünsche zweiter Stufe noch entschlossene Volitionen sind ihrer Qualität nach etwas anderes als Wünsche erster Stufe. Beides sind Wünsche, wenngleich es Wünsche unterschiedlichen Inhalts sind, die zu den Wünschen erster Stufe hinzutreten. Wodurch sollte also der eine Wunsch eine Autorität haben, die Autonomie verleiht, der andere Wunsch jedoch nicht?

Eine Handlung, die sich allein am Wunsch erster Stufe ausrichtet, ist keine autonome Handlung, weil sie auf einem unreflektierten Wunsch beruht. Zur Lösung dieses Problems führt Frankfurt nun die Wünsche zweiter Stufe ein, mit Hilfe derer es möglich wird, die Wünsche erster Stufe zu reflektieren. Nun bleibt aber die Frage: wodurch erhält der Wunsch zweiter Stufe seine Autonomie erzeugende Kraft? Was machen Wünsche oder Volitionen höherer Stufe zu einer angemessenen normativen Quelle, die es vermag, Personen und ihre Handlungen als autonom auszuzeichnen?[290] Immerhin besteht die Gefahr, dass auch Wünsche höherer Stufe nicht autonom zustande gekommen sein könnten. Man könnte antworten, auch Wünsche und Volitionen höherer Stufe müssen zur Sicherung ihrer Autonomie wiederum reflektiert werden, wozu man auf die nächsthöhere Stufe gehen müsse. Diese höherstufigen Wünsche müssten allerdings erneut durch höherstufige Wünsche abgesichert

290 Vgl. zur Darstellung der theoretischen Probleme bei Frankfurt siehe auch Betzler 2013b, 18 ff.

werden usw. Dies wiederum endet in einem infiniten Regress, weil auf immer höherer Wunschstufe reflektiert werden müsste.

Frankfurts Vorschlag der entschlossenen Identifikation scheint dieses Problem nicht zu lösen, denn immerhin kann sich ein Akteur ja auch sehr entschlossen für den Wunsch erster Stufe entschließen, dadurch wird dieser jedoch nicht autonom, denn auch die Entschiedenheit gibt, wie Monika Betzler es formuliert, „keine informative Antwort auf die Frage (...), was genau einen Wunsch erster Stufe autonom macht. Der Vorschlag scheint *ad hoc* und insofern beliebig, als ein unbegrenzter Aufstieg zu höheren Stufen einfach als nicht notwendig und als nicht erlaubt dargestellt wird."[291] Das zu lösende Regress-Problem kann also durch Frankfurts Vorschlag der entschiedenen Identifikation nicht befriedigend gelöst werden.

Um den Regress abzubrechen, scheinen zwei ihrerseits unbefriedigende Lösungen möglich. Erstens, könnte man behaupten, dass Volitionen zweiter Stufe einfach für Autonomie hinreichend sind. Wenn aber Volitionen zweiter Stufe als per se und ohne weitere Begründung autonomieverbürgend gelten, dann können auch bereits Wünsche erster Stufe autonomieverbürgende Funktion haben.

Stellen wir uns vor, der ängstliche Patient reflektiert nicht weiter über seinen Wunsch erster Stufe, die medizinische Behandlung abzulehnen. Als die Behandlung ihm von seinem Arzt vorgeschlagen wird, weiß er sofort: „Das will ich nicht, davor habe ich Angst!". Er entscheidet sich entschlossen für diesen Wunsch erster Stufe und lehnt die Behandlung ab. Warum bedarf es also zur Absicherung seiner Autonomie eines weiteren Wunsches auf zweiter Stufe? Was hat dieser Wunsch für eine autonomieverbürgende Qualität, die dem Wunsch auf erster Stufe nicht zukommt?

Da die besondere Qualität von Wünschen höherer Stufen nicht erläutert wird, wird die Unterscheidung zwischen Wünschen erster Stufe und höherer Stufe, welche die Autonomie sichern soll, nicht ersichtlich. Dadurch könnten

291 Betzler 2013b, 19.

Wünsche erster Stufe ebenso autonom sein wie Wünsche zweiter Stufe, was wiederum eine unbefriedigende Antwort ist.[292] Dieser unbefriedigende Lösungsweg des Regress-Problems nennt sich ab-initio-Problem, demzufolge es keine mentalen Einstellungen gibt, die ohne weitere Begründung per se als autonom gelten.

Um dieses Problem zu vermeiden, könnte man versuchen den zweiten Lösungsweg für das Regress-Problem einzuschlagen. Man müsste dazu aufzeigen, dass die Wünsche zweiter Stufe ein autonomiebegründendes Exzellenzmerkmal haben, das sie ihrem Wesen nach von Wünschen erster Stufe unterscheidet. Das Problem dieser Lösung ist jedoch, dass dieses Exzellenzmerkmal von Wünschen zweiter Stufe von Frankfurt nicht deutlich benannt wird. Es scheint also so, dass nach einer okkulten, nicht erklärten Qualität gesucht wird, die Wünsche zweiter Stufe von Wünschen erster Stufe im Hinblick auf ihren autonomiegarantierenden Charakter unterscheidet. Aufgrund der fehlenden Benennung dieses Exzellenzmerkmals von Wünschen zweiter Stufe, wird dieser zweite Lösungsweg als Unvollständigkeitsproblem bezeichnet.[293]

Die drei beschriebenen Probleme, der Regress-Einwand und das dadurch entstehende ab-initio-Problem und das Unvollständigkeitsproblem hängen miteinander zusammen. Ihnen ist gemeinsam, dass, falls kein Ausweg aus diesen Problemen gefunden wird, die Bedingung der reflexiven Identifikation kaum als Bedingung für autonomes Handeln aufrechterhalten werden kann.

Die internalistische Konzeption personaler Autonomie von Frankfurt hat also einerseits den Vorteil den Schwächen begegnen zu können, denen sich die Konzeption der Handlungsautonomie von Beauchamp und Childress ausgesetzt sehen muss. Allerdings hat Frankfurts hierarchische Konzeption gleichzeitig das Regress-Problem und das daraus resultierende ab-initio-Problem und das Unvollständigkeitsproblem. Es gibt jedoch noch weitere

292 Zur Beschreibung des ab-initio-Problems siehe u. a. Watson 1975, 219; Friedman 1986; Thalberg 1989, 130 f.; Quante 2000, 120 f.

293 Zur Beschreibung des Unvollständigkeitsproblem siehe u. a. Watson 1975; Friedman 1986; Quante 2000, 120 f.

internalistische Konzeptionen personaler Autonomie, die vielleicht das Potenzial haben, die an der Konzeption der Handlungsautonomie aufgeworfenen Probleme zu lösen, ohne sich denselben Problemen wie das hierarchische Modell Frankfurts ausgesetzt sehen zu müssen. Vielleicht ist es deshalb lohnenswert, sich mit diesen Ansätzen auseinanderzusetzen und sie daraufhin zu überprüfen, ob sie eine überzeugende Autonomiekonzeption entwerfen, die den aufgeworfenen Problemen besser begegnen kann. Ein sehr prominenter Ansatz einer ebenfalls hierarchischen und internalistischen Autonomiekonzeption ist der Ansatz Watsons.[294] Da dieser Ansatz eine direkte Reaktion auf die dem Frankfurtschen Autonomiemodell innewohnenden Probleme ist, soll dieser Ansatz im Folgenden daraufhin untersucht werden, ob er den aufgeworfenen Problemen besser begegnen kann und somit eine plausiblere Grundlage für die Patientenautonomie im medizinischen Kontext darstellen könnte.

5.3 Authentizität als Wertschätzung als Autonomiebedingung

Ebenso wie Frankfurt wählt Watson auch einen internalistischen und inhaltsneutralen Ansatz, um Autonomie zu beschreiben. Damit lässt sich die Autonomie von Handlungen nicht am Inhalt der Handlung erkennen, sondern vielmehr anhand ihres Zustandekommens im Akteur selbst. Für beide Philosophen steht die Authentizität als entscheidendes Autonomie-Kriterium im Mittelpunkt ihrer Untersuchungen. Bei Frankfurt kommt die Authentizität durch die reflexive Identifikation zustande. Authentizität richtet sich bei beiden auf eine Art und Weise des Wollens, die der Person in bestimmter Weise zu eigen ist. Wenngleich diese Grundidee beiden gemeinsam ist, wird sie von den beiden unterschiedlich ausformuliert.

Beiden ist weiterhin gemeinsam, dass es für sie Handlungen geben kann, die absichtlich, im vollen Verstehen und ohne äußeren Zwang durchgeführt

294 Vgl. Watson 1975; Watson 2013.

wurden, aber dennoch nicht als autonome Handlungen zu bezeichnen sind. Damit liefern beide Konzeptionen eine Autonomiebedingung, mithilfe derer paradigmatische Fälle mangelnder Autonomie aufgrund von inneren Zwängen beschrieben werden können, die nicht über die Autonomiebedingungen von Beauchamp und Childress erfassbar sind.

Während Frankfurt sich dem Problem des Regresses und dem daraus folgenden ab-initio-Problem und dem Unvollständigkeitsproblem ausgesetzt sehen muss, weil bei ihm nicht klar wird, wodurch Volitionen zweiter Stufe ihre Autonomie verbürgende Kraft erlangen, versucht Watson dieses Problem zu vermeiden, indem er zwei unterschiedliche Quellen der Handlungsmotivation ausmacht. Bei Watson können Handlungen einerseits dadurch motiviert sein, dass sie aus einem Wunsch beispielsweise in Form einer Begierde oder Leidenschaft entspringen oder aber sie können aufgrund von Werturteilen gewollt und dadurch motiviert sein.[295]

Um seine Idee von freien Handlungen verständlicher zu machen, legt Watson eine platonische Auffassung der Seele zugrunde, der zufolge sich die Seele in einen rationalen und irrationalen Seelenteil unterteilen lässt. Hierbei ist die Vernunft selbst eine Quelle der Motivation für Handlungen. Durch sie wird bestimmt, was welchen Wert hat. Beurteilt man etwas als wertvoll und damit als gut, so bedeutet dies zugleich, dass man es auch will. Damit liefern Werte Handlungsgründe in Form von Handlungsmotivationen.[296] Werte wiederum beschreibt Watson als diejenigen Prinzipien, die der Handelnde als das angibt, „was in seinen Augen ein gutes, erfülltes und vertretbares Leben ausmacht. (...) [W]ir haben alle mehr oder weniger langfristige Ziele und normative Prinzipien, die wir zu verteidigen bereit sind. Dinge wie diese bringen unsere Werte zum Ausdruck.“ [297] Werte umreißen also so etwas wie den authentischen Standpunkt der Person, auf den eine Person ihre Identität gründet.

295 Vgl. Watson 2013.
296 Vgl. Watson 2013, 55.
297 Watson 2013, 61.

Einzelne Werte können dabei revidiert und verändert werden, das Wertsystem als Ganzes kann aber nicht ohne Identitätsverlust aufgegeben werden.

Handlungen können beim Menschen aber nicht nur aus diesem Wertsystem heraus motiviert werden, sondern auch aufgrund von Wünschen, die nicht dem Wertsystem entspringen, beispielsweise durch Begierden und Leidenschaften. Des Weiteren können Wünsche auch durch kulturelle Konditionierungen erzeugt werden, die nicht zugleich auch wertgeschätzt werden müssen. Der Gegenstand eines Wunsches muss nicht notwendigerweise auch als gut bewertet werden.[298] Es kann dadurch zu einer Divergenz von Wertschätzen und Wünschen kommen. Etwas, was wir wünschen, können wir zum einen gar nicht wertschätzen[299], oder aber wir messen dem Gegenstand des Wunsches einen gewissen Wert zu, allerdings spiegelt die Stärke des Wunsches nicht das Maß wieder, in dem wir ihn wertschätzen.[300]

Da sowohl Wünsche als auch Wertschätzungen Handlungsmotivationen darstellen, gibt es Watson zufolge zwei unterschiedliche Quellen von Handlungsmotivationen. Nun ist es durchaus möglich, auch eine Begierde oder Leidenschaft wertzuschätzen. Damit müssen Vernunft und Begierde nicht als grundsätzlich voneinander getrennt verstanden werden.[301] Es kann aber dazu kommen, dass wir eine Handlung nur aufgrund eines übermächtigen Wunsches ausführen, ohne dass wir diesen Wunsch auch zugleich wertschätzen. Dann wurde das, was wir am stärksten wollen, in eine Handlung umgesetzt, aber nicht das, was wir am meisten wollen. In einem solchen Fall spricht Watson von einer nicht freien Handlung. Frei – und damit autonom – ist eine Handlungen hingegen dann, wenn ihre Motivation dem Wertesystem des Akteurs entspringt.

---

298 Vgl. Watson 2013, 55.

299 Watson gibt dafür das Beispiel einer Frau an, die das Verlangen verspürt ihr schreiendes Baby im Bad zu ertränken (Vgl. Watson 2013, 56).

300 Vgl. Watson 2013, 56.

301 Vgl. Watson 2013, 60.

> „Wer in seinem Handeln frei ist, der besitzt die Fähigkeit, seine Werte in Handeln zu übersetzen; seine Handlungen entspringen seinem Wertsystem.“[302]

Um ein Wesen zu sein, das frei handeln kann, bedarf es Watson zufolge der Fähigkeit des Wertens und Urteilens aufgrund von Werten. Ein solches Wesen muss „alternativen Sachverhalten Werte beimessen“[303] und sie „nach ihren Werten ordnen“[304] können. Damit liegt auch bei Watson dem Zustand des autonomen Handelns eine grundsätzliche Fähigkeit zugrunde.

Watson kritisiert Frankfurt dafür, dass bei seinem Modell von Autonomie nicht deutlich wird, wodurch Volitionen zweiter Stufe ihre Autonomie verbürgende Kraft erlangen. Damit bezieht sich Watson auf die vorab beschriebene Kritik an der Bedingung der reflexiven Identifikation. Frankfurt mache nicht deutlich, warum Volitionen zweiter oder höherer Stufe in einer engeren Beziehung zum Selbst des Akteurs stünden als Wünsche erster Stufe. Watson fragt im Hinblick darauf:

> „Was gibt diesen Volitionen eine besondere Beziehung zu ‚uns selbst'?“[305]

Die Identifikation mit einem Wunsch könne Watson zufolge bereits auf erster Stufe geschehen, und es bedürfe keiner Ausbildung weiterer Wunsch-Stufen. Für autonomes Handeln käme es nicht darauf an, zu fragen, welcher der Wünsche handlungswirksam werden solle, „sondern welche Handlungsweise am wünschenswertesten ist.“[306] Damit ist es für Watson nicht entscheidend, die eigenen Wünsche zu bewerten und sich zu fragen, welcher Wunsch der Wille werden solle. Vielmehr gehe es um die Bewertung verschiedener Handlungsalternativen.

Watson versucht entsprechend nicht Wünsche aufgrund von anderen Wünschen Autonomie zu verleihen, sondern führt stattdessen eine Instanz von

302 Watson 2013, 62.
303 Watson 2013, 61.
304 Watson 2013, 61.
305 Watson 2013, 64.
306 Watson 2013, 65.

anderer Qualität ein, die Wünsche als autonom qualifizieren kann.[307] Watson scheint damit eine mögliche Lösung des Unvollständigkeitsproblems zu geben, weil er versucht ein Exzellenzmerkmal zu benennen, das Handlungen zu autonomen Handlungen werden lässt. Bei ihm können Handlungen aus zwei unterschiedlichen Quellen motiviert sein, wobei nur Handlungen, die aus dem Wertesystem motiviert sind, als autonom gelten.

Es lässt sich allerdings durchaus kritisch fragen, ob die Autonomiebedingung Watsons tatsächlich eine bessere und stimmigere Autonomiekonzeption entstehen lässt, die nicht denselben oder zumindest ähnlichen Problemen ausgesetzt ist, wie die Autonomiebedingung der reflexiven Identifikation von Frankfurt.

5.3.1 Kritik an der Autonomiebedingung der Wertschätzung

Um dem Unvollständigkeitsproblem begegnen zu können, müsste gezeigt werden, dass Werturteile besser als Volitionen dazu geeignet sind, Wünsche und die daraus resultierenden Handlungen einer Person als authentisch und damit als autonom zu qualifizieren. Allerdings ist es bei der Autonomiekonzeption Watsons durchaus vorstellbar, dass Werturteile aufgrund von Manipulation oder anderen Formen der Fremdbestimmung zustande gekommen sind. Ein Handeln, was an solchen nicht selbst bestimmten Werturteilen ausgerichtet ist, kann wohl kaum als autonom gelten. Ebenso wie die autonomieverbürgende Qualität von Frankfurts Volitionen teilweise in Zweifel gezogen wird, so kann entsprechend auch die autonomieverbürgende Qualität von Werturteilen bei Watson angezweifelt werden.

Darüber hinaus ist es vorstellbar, dass ein Akteur eine bestimmte Handlung als gut bewertet, diese aber dennoch nicht selbst wertschätzt. Betzler gibt dazu das Beispiel von Bert, der eine bestimmte Handlungsweise zwar gut findet, aber gleichzeitig nicht wirklich hinter dem eigenen Werturteil steht:

---

307 Vgl. Betzler 2013b, 20.

> „Bert mag etwa einleuchten, dass es gut ist, selbstkontrolliert zu handeln und sich nicht von seinen Leidenschaften davontragen zu lassen. Gleichwohl ist es denkbar, dass ihm dies selbst nicht wirklich so wichtig ist. Möglicherweise steht er nicht ‚wirklich' hinter diesem Werturteil. In diesem Sinn sind dann seine Wünsche, die sich darauf richten, nicht in einem Autonomie garantierenden Sinne seine eigenen."[308]

Betzler macht mit dem Beispiel von Bert darauf aufmerksam, dass das eigene Wertesystem nicht nur aus dem Akteur im authentischen Sinne eigenen Werturteilen gespeist werden kann, sondern zusätzlich auch von abstrakten Werturteilen, die nicht unbedingt Ausdruck des authentischen Standpunktes des Akteurs sind. Handlungen aufgrund von Werturteilen stellen entsprechend nicht sicher, dass es sich dabei um authentische Handlungen handelt. Wir können Handlungen als gut bewerten und uns dennoch innerlich von diesen Handlungen distanzieren.[309] Damit unterliegen Werturteile ebenso wie Volitionen der Gefahr, dass sie nicht für das stehen, was der Akteur authentisch will und damit den aus ihnen abgeleiteten Handlungen keine autonomieverbürgende Kraft verleihen. Watson muss sich entsprechend ebenfalls dem Vorwurf ausgesetzt sehen, dass bei seinem Modell – ebenso wie im Modell Frankfurts – nicht klar wird, wodurch Werturteile ihre Kraft erlangen Handlungen als autonom zu qualifizieren. Watson vermag es damit ebenso wenig dem Unvollständigkeitsproblem zu begegnen.

Außerdem muss sich die Autonomiekonzeption von Watson noch einer weiteren Schwäche ausgesetzt sehen, die so nicht auf die Autonomiekonzeption von Frankfurt zutrifft. Diese Schwäche besteht darin, dass Watson mit seiner Konzeption eine sehr rationalistische Vorstellung von Autonomie zugrunde legt, die sich allerdings nicht mit unseren alltäglichen Intuitionen zu Autonomie deckt. Emotional-affektives Handeln gilt Watson zufolge nur dann als autonom, wenn es über das Wertesystem als gut bewertet wird und aufgrund dieses Urteils ausgeführt wird. Dies scheint aber nicht dem zu entsprechen, wie wir als emotional soziales Wesen oftmals handeln. So kann es eine Mutter

308 Betzler 2013b, 21.

309 Vgl. Henning 2011, 731.

beispielsweise als richtig und gut bewerten, ihrem Kind nicht jeden Wunsch sofort zu erfüllen, damit es lernt, sich in Geduld zu üben. Kommt es allerdings zu einer Situation, in der ein Wunsch des Kindes nicht befriedigt wurde und das Kind deshalb weint, wird die Mutter Mitgefühl für ihr Kind empfinden und ihre Erziehungsideale zurückstellen, um ihrem Kind zu helfen wieder glücklich zu sein. Diese allein auf einem emotionalen Urteil beruhende Handlungsweise, die nicht vom Wertesystem motiviert wurde, müsste Watson zufolge als nicht freie und damit nicht autonome Handlung gelten. Einer solchen Handlung mütterlicher Liebe und Zuwendung jedoch die Autonomie abzusprechen, führte zu einem Bild von Autonomie, bei dem Autonomie kaum noch als erstrebenswertes Ideal verstanden werden könnte. Wenn Autonomie ein rein rationalistisch geprägtes Handeln bezeichnet, so kann dies kein Ideal sein, was der Mensch als emotionales und soziales Wesen anstrebt. Um einen sinnvollen Autonomiebegriff zu entwickeln muss es sich jedoch um ein Konzept handeln, dass sich gemäß den erläuterten vier Dimensionen Feinbergs als Fähigkeit, Zustand, Recht und Ideal verstehen lässt.[310]

Watsons Modell wird jedoch nicht nur der Vorstellung von Autonomie als Ideal nicht gerecht, sondern ist außerdem auch nicht geeignet, wenn man Autonomie als Recht versteht. Dies zeigt sich daran, dass nach Watsons Modell willensschwache Handlungen als nicht autonome Handlungen gekennzeichnet werden müssen. Willensschwache Handlungen zeichnen sich dadurch aus, dass der Akteur in einer Art und Weise handelt, die er – alles in allem betrachtet – als nicht die beste Handlungsweise in der Situation betrachtet. Willensschwach handelt der Raucher, der mit dem Rauchen aufhören will, der Diätbrecher, der zur Schokoladentorte greift oder der Langschläfer, der seinen Wecker ausschlägt, obwohl er zur Arbeit müsste. All diese Personen handeln Watsons Modell folgend nicht autonom, weil sie eine Handlung ausführen, die nicht von ihrem Wertesystem motiviert ist, da sie sie genau genommen für nicht das Beste in der Situation erachten. Ein umfassendes und überzeugendes Konzept von Autonomie darf jedoch nicht nur auf die Dimension als

310 Vgl. Kapitel 4.1.

Fähigkeit oder Zustand beschränkt sein, sondern muss auch zugleich den anderen Dimensionen des Autonomiebegriffes gerecht werden. Betrachtet man Autonomie als Recht, so würden die beschriebenen willensschwach handelnden Personen ihr Recht auf die Ausführung dieser Handlungen verlieren, weil sie nicht autonom sind. Dies scheint aber nicht unserem Umgang mit willensschwachen Handlungen zu entsprechend – und das aus gutem Grund. Seidel greift diesen Einwand sehr anschaulich auf, indem er schreibt:

> „Wir behandeln den willensschwachen Diätbrecher oder die willensschwache Raucherin einfach nicht wie Personen, denen es in paradigmatischer Weise an Autonomie fehlt: Wir bevormunden sie nicht, wir übernehmen nicht die Regelung ihrer Angelegenheiten, wir halten sie nicht für vermindert zu-rechnungs- oder schuldfähig, und wir bieten ihnen nicht einfach umfassende Unterstützung an, wie wir es bei Kleinkindern, Demenzkranken, im Affekt Handelnden oder der unterdrückten Ehefrau tun. Die (normative) Beziehung zu willensschwachen Personen ist eine andere als die (normative) Beziehung zu heteronomen Personen."[311]

Willensschwache Handlungen sind Handlungen, die noch immer auf einem eigenen Entschluss des Handelnden beruhen. Diese Tatsache begründet, dass nicht in die Handlungen eingegriffen werden darf.[312] Diesem Gedanken wird die Autonomiekonzeption Watsons nicht gerecht.

Damit scheitert Watsons Autonomiekonzeption in zweierlei Hinsicht als Alternative zu Frankfurt: Sie kann zum einen das von Frankfurts Konzeption innewohnende Unvollständigkeitsproblem ebenfalls nicht zufriedenstellend lösen. Zweitens birgt sie noch zusätzliche Probleme, da ihr zufolge Autonomie weder als Ideal noch als Recht überzeugen kann.

Bisher konnte die Autonomiebedingung der Authentizität also weder von Frankfurt, verstanden als reflexive Identifikation, noch von Watson, verstanden als Wertschätzung, so formuliert werden, dass sie ein stimmiges Autonomiekonzept ergibt. Ebenso wie Frankfurt muss sich auch Watson dem Unvollständigkeitsproblem ausgesetzt sehen. Aufgrund der weiteren Schwächen

---

311 Seidel 2011, 904.
312 Seidel 2011, 904.

der Autonomiekonzeption Watsons scheint sich dieses Modell noch weniger zu eignen als die Autonomiekonzeption Frankfurts.

Da eine internalistische Autonomiekonzeption, der zufolge Authentizität ein entscheidendes Kriterium der Autonomie ist, jedoch sehr gut den Schwächen begegnen kann, die die bisherige in der Medizinethik dominierende Autonomiekonzeption hat[313], wäre es unvorteilhaft, voreilig vor den aufgeworfenen Problemen zu resignieren. Es scheint vielmehr gewinnbringend für den medizinischen Kontext zu sein, zu untersuchen, ob man die der Autonomiekonzeption innewohnenden Probleme lösen kann. Dadurch könnte die internalistische Autonomiekonzeption auch für den medizinischen Kontext fruchtbar gemacht werden und in einem zweiten Schritt untersucht werden, ob sie in ihrer modifizierten Form die Adäquatheitsbedingungen erfüllt, die an den Autonomiebegriff für den medizinischen Kontext von mir formuliert wurden.

Die Autonomiekonzeption Frankfurts scheint im Hinblick auf dieses Vorhaben aus zwei Gründen besser geeignet zu sein: Sie ist einerseits nicht den zusätzlichen Schwächen ausgesetzt, mit denen sich die Autonomiekonzeption Watsons konfrontiert sehen muss. Zum anderen hat Frankfurt selbst auf die beschriebene Kritik an seiner Autonomiekonzeption reagiert. Er hat sich in seinen späteren Texten intensiv mit den Einwänden gegen seine Autonomiekonzeption auseinandergesetzt und versucht, diese so anzupassen, dass sie der Kritik standhalten kann. Das folgende Kapitel soll der Analyse dienen, ob diese Ergänzungen Frankfurts – die ich unter dem Schlagwort des Sich-Sorgens zusammenfassen möchte – die Autonomiebedingung der Authentizität retten können. Ist dies der Fall, so kann die Autonomiebedingung der Authentizität, verstanden als reflexive Identifikation, als in sich stimmig angesehen werden. In einem weiteren Schritt kann diese daraufhin überprüft werden, ob sie ebenfalls die von mir formulierten Adäquatheitsbedingungen erfüllt und sich dadurch auch dazu eignet im medizinischen Kontext Anwendung zu finden, wenn es darum geht, die Patientenautonomie zu bestimmen und als

---

313 Vgl. Kapitel 5.2.2.

Barriere und Schlüssel für die Legitimation medizinischer Behandlungen normativ wirksam werden zu lassen.

5.4 Authentizität als reflexive Identifikation und Sich-Sorgen als Autonomiebedingungen

Die Schwäche der Autonomiebedingung der Authentizität, die von Frankfurt als reflexive Identifikation ausbuchstabiert wurde, besteht darin, dass die autonomieverbürgende Unterscheidung zwischen Wünschen erster und Volitionen zweiter Stufe bisher nicht befriedigend erläutert wurde. Daraus resultiert die Gefahr für einen Regress auf immer höhere Wunschstufen. Es steht folgende noch unbeantwortete Frage im Raum: Welches autonomiegarantierende Exzellenzmerkmal zeichnet Volitionen zweiter Stufe aus, das nur sie im Gegensatz zu Wünschen erster Stufe als gerechtfertigte normative Quelle für die Autonomie von Handlungen und Personen erscheinen lässt?

In der Autonomiekonzeption Frankfurts haben Wünsche erster Stufe den Anschein eine passive Kraft zu sein, die den Handelnden treibt. Die Wünsche scheinen der Person vermehrt zu widerfahren; sie sind etwas, das ihr „passiert“. Damit sind sie eine nicht von ihr selbst gelenkte Kraft, die sie zum Handeln bewegt.[314] Die Wünsche haben zunächst keinen Bezug zur Identität der Person. Sie sind zwar Teil von ihr, müssen aber nicht von ihr internalisiert worden sein. Sie können von ihr selbst als äußerlich und fremd empfunden werden, wie etwa im Fall des Süchtigen wider Willen, der seinen Wunsch nach Drogen als fremd empfindet. Triebhafte reagieren auf diese Wünsche erster Stufe ohne sich darum zu kümmern, inwiefern die Wünsche Ausdruck ihres Selbst sind. Autonome Personen hingegen können sich mit ihren eigenen Wünschen befassen und dadurch Sorge für sich selbst tragen.[315] Sie können sich wünschen, einen bestimmten Wunsch zu haben.

314 Vgl. Betzler 2001, 26.

315 Vgl. Frankfurt 2001b, 121.

Dies ist ein erstes mögliches Unterscheidungsmerkmal von Wünschen erster und Wünschen zweiter Stufe: Die Wünsche sind allein schon ihres Inhalts wegen zu unterscheiden. Während sich die Wünsche erster Stufe auf mögliche Handlungen ausrichten, richten sich die Wünsche zweiter Stufe auf Wünsche erster Stufe. Sie sind hierdurch ihrer Natur nach zu unterscheiden. Wünsche höherer Stufe richten sich darauf, dass sich ein bestimmter Zustand in der Person selbst einstellt. Der Zustand lässt sich nicht allein durch eine Handlung erkennen, sondern ist vielmehr ein Ausdruck einer inneren Einstellung. Sie sind damit bedingt durch ihren Inhalt als auf das Selbst gerichtete Wünsche zu verstehen.

Nun stellt sich jedoch die Frage, ob dieser inhaltliche Unterschied zwischen den beiden Wunschebenen bereits ausreicht, um eine autonomieverbürgende Kraft von Wünschen höherer Ordnung zu erzeugen, die Wünschen erster Stufe nicht zukommen kann?

Selbst wenn sich der Inhalt der Wünsche deutlich unterscheiden lässt, so ist es dennoch vorstellbar, dass wir auch hinsichtlich unserer Wünsche zweiter Ordnung triebhaft sein könnten. So geben beispielsweise Beauchamp und Childress zu bedenken, dass ein starker Wunsch erster Stufe unseren Wunsch auf höherer Stufe beeinflussen könnte. Der Wunsch auf höherer Stufe wäre dann kausal verursacht durch einen Wunsch erster Stufe und dadurch nicht unter der Kontrolle der Person, sondern der Kontrolle ihrer Wünsche unterstellt.[316]

In einem solchen Fall würde die Übereinstimmung der Handlung mit einer Volition zweiter Stufe entsprechend nicht ausreichen, um Autonomie zu erzeugen, weil der Wunsch höherer Stufe damit selbst keiner wäre, von dem die Person sich *wirklich wünscht* bestimmt zu werden.[317] Es bedarf also nicht nur der unterschiedlichen Wunschebene und eines unterschiedlichen Inhalts, um die autonomieverbürgende Kraft von Volitionen zweiter Stufe im Gegensatz zu Wünschen erster Stufe zu beschreiben, sondern, es muss außerdem

316 Vgl. Beauchamp/Childress 2013, 102.

317 Vgl. Frankfurt 2001b, 124.

aufgezeigt werden, dass Volitionen zweiter Stufe der Person wesenseigener sind als Wünsche erster Stufe. Diese Unterscheidung in wesenseigen und nicht notwendig wesenseigen, in authentisch für die Person und nicht notwendig authentisch ist für Frankfurt das Exzellenzmerkmal, das ihm zufolge Volitionen höherer Stufe ihren autonomieverbürgenden Charakter verleiht, der Wünschen erster Stufe nicht zukommt.

Um diese geforderte Authentizität näher zu erläutern reicht die reflexive Identifikation allein als Erklärung nicht aus. Auch der Begriff der entschlossenen Identifikation bleibt zu unklar, um die gewünschte Kraft zu entfalten. Frankfurt versucht deshalb in seinen neueren Texten näher darauf einzugehen. Er führt dazu erweiterte Autonomiebedingungen ein, denen Wünsche genügen müssen, um autonomieverbürgende Kraft zu erlangen.

Ich werde im Folgenden diese Begrifflichkeiten aufarbeiten. Ziel ist es dabei, ein umfassenderes Bild von Frankfurts Autonomiekonzeption zu entwerfen und aufzuzeigen, dass es damit durchaus möglich wird, ein überzeugendes Autonomiekonzept zu begründen. Die Begrifflichkeiten können als erweiternde Bedingungen zur reflexiven Identifikation verstanden werden, die kennzeichnend für die Autonomie von Personen und ihren Handlungen sind.

5.4.1 Wholeheartedness: Sich von ganzem Herzen mit einem Wunsch identifizieren

Frankfurt unterscheidet zwei mögliche Arten von Konflikten, denen sich ein Akteur ausgesetzt sehen kann. Die erste Art von Konflikten besteht in einem Konflikt zwischen einem Wunsch erster Stufe und einer Volition höherer Stufe. Frankfurt gibt dazu selbst das Beispiel des Süchtigen wider Willen[318]. Dieser hat nicht den Willen, den er gerne haben möchte, weil seine Volition zweiter Stufe und sein Wille nicht deckungsgleich sind. Dieser Zwiespalt führt zu einem Mangel an Willensfreiheit. Dennoch kann die Person innerhalb des Modells Frankfurts als autonome Person beschrieben werden, da sie generell über die Fähigkeit zur Ausbildung von Volitionen zweiter Stufe verfügt. Sie

318 Vgl. Frankfurt 2001a, 73 f.

leidet jedoch an einem Problem, das sich als Motivationsproblem[319] beschreiben lässt. Eine Person hat dann ein Motivationsproblem, wenn sie nicht durch den Wunsch zum Handeln motiviert wird, durch den sie gerne motiviert werden möchte. Stattdessen wird sie von einem Wunsch zum Handeln motiviert, von dem sie sich innerlich distanziert. Sie erlebt diesen Wunsch als äußerlich, da er nicht Teil ihres volitionalen Komplexes ist.[320]

Daneben kann die Person jedoch auch unter einem anderen Konflikt auf höherer Wunschebene leiden. Dies wäre der Fall, wenn die Person nicht weiß, zu welchen höherstufigen Wünschen und Volitionen sie sich bekennen sollte. Bei einem derart gestalteten Konflikt lässt sich von einer Ambivalenz der Person sprechen, da sie sich im Unklaren darüber ist, welcher Wunsch ihr Wille sein sollte. Diese Form der Inkohärenz besteht innerhalb des volitionalen Komplexes selbst. Die Person liegt nicht mit einer als äußerlich empfundenen Kraft in Konflikt, sondern empfindet sich selbst als entzweit.[321]

Bei der ersten Art von Konflikten, den Motivationsproblemen, gibt es Frankfurt zufolge keinen Grund für einen Regress, denn die Person weiß sehr genau, welchen Wunsch sie handlungswirksam werden lassen möchte. Sie weiß, auf welcher Seite des Konflikts sie steht und muss sich deshalb nicht auf höherer Stufe fragen, wie sie sich in dem Konflikt verorten sollte.

Das, was Frankfurt als entschlossene Identifikation mit einem Wunsch beschrieben hat, erläutert er nun ausführlicher und verwendet dazu den Begriff „wholeheartedness".[322] Eine entschlossene Identifikation ist eine Identifikation aus ganzem Herzen (engl. *wholehearted*), bei der kein Zweifel mehr besteht, ob der Wunsch wirklich der ist, den man wünscht. Eine Identifikation aus ganzem Herzen lässt keinen Raum mehr für Zweifel an der Identifikation. Für den, der sich entschlossen mit einem seiner Wünsche identifiziert, stellt sich die Frage nicht, ob er diesen Entschluss auf noch höherer Ebene durch

319 Vgl. Quante 2000, 123.

320 Vgl. Frankfurt 2001b, 123.

321 Vgl. Frankfurt 2001b, 123.

322 Vgl. Frankfurt 2001b, 123 ff.

eine weitere Reflexion absichern muss. Er hat sich selbst durch Reflexion über die ihn treibenden Wünsche sicher verortet. Im Gegensatz zu der zweiten Art von Konflikten entsteht hier keine Ambivalenz. Ein Regress ist in einem solchen Konflikt nicht notwendig.[323]

Obgleich eine Ambivalenz nicht entsteht, wenn die Personen sich aus ganzem Herzen mit einem Wunsch identifiziert, heißt dies nicht, dass eine Ambivalenz per se unmöglich ist. Eine Ambivalenz ist genau dann möglich, wenn eben keine Volition auf zweiter Stufe existiert, mit der sich die Person aus ganzem Herzen identifiziert. In einem solchen Fall von Ambivalenz kann die Person zu keiner autonomen Handlung kommen, weil ihr Wille nicht von einer aus ganzem Herzen bejahten Volition zweiter Stufe abgeleitet wurde. Die Tatsache, dass eine Ambivalenz möglich ist, führt jedoch nicht dazu, dass sie notwendig ist. Deshalb vermag Frankfurts Bedingung der *wholeheartedness* durchaus das Problem des Regresses zu lösen: wenn sich eine Person aus ganzem Herzen mit einem Wunsch identifiziert, dann gibt es keinen Grund für einen Regress. Eine Identifikation aus ganzem Herzen verleiht dem Wunsch ein Exzellenzmerkmal, aus dem er seine autonomieverbürgende Kraft beziehen kann, ohne einer weiteren Absicherung durch einen höherstufigen Wunsch zu bedürfen.

Doch auch eine Person, die keine Ambivalenz im Hinblick auf ihre Wünsche erfährt, weil sie sich aus ganzem Herzen mit einem ihrer Wünsche identifiziert, kann dennoch unter einem Motivationsproblem leiden. Man kann sich aus ganzem Herzen mit einem Wunsch identifizieren und es dennoch nicht schaffen, dass man durch diesen Wunsch zum Handeln bewegt wird. Dies liegt daran, dass ein anderer Wunsch erster Stufe, von dem man sich entfremdet hat, dennoch zu starke Kraft besitzt, als dass man sich gegen ihn wehren könnte. Eine Person hat in einem solchen Fall nicht den Willen, den sie haben möchte. Sie ist dann nicht willensfrei und handelt dadurch nicht autonom. Aber obwohl die Person nicht autonom handelt, ist sie dennoch eine autonome Person, weil sie weiß, welchen Willen sie haben möchte. Damit sind

323 Vgl. Frankfurt 2001b.

Personen, die einen Wunsch ausbilden können, mit dem sie sich aus ganzem Herzen identifizieren, autonome Personen, da sie über die für Autonomie notwendige Fähigkeit verfügen. Dies bedeutet aber nicht, dass sie auch zugleich autonom handeln.

Der Wunsch, mit dem sich eine Person aus ganzem Herzen identifiziert, ist ein Wunsch der ihr in besonderer Weise zu eigen ist. Die Person integriert diesen Wunsch durch die entschlossene Identifikation in ihre Persönlichkeit. Er ist ihr damit nicht mehr äußerlich, sondern innerlich. Frankfurt geht sogar so weit, zu behaupten, die Person konstituiere sich damit selbst:

> „In dem Maße, in dem sie sich durch eine Entscheidung mit einem Wunsch identifiziert, *konstituiert sich* die Person.“[324]

Ein solcher Wunsch, mit dem sich eine Person aus ganzem Herzen identifiziert, ist der Person damit in einem besonderen Maße wesenseigen und authentisch.

5.4.2 Zufriedenheit mit Wünschen

Die Identifikation mit einem Wunsch aus ganzem Herzen führt zum Ausbleiben von Inkohärenzen zwischen den Wünschen höherer Ebenen. Dadurch entsteht etwas, das sich als volitionale Harmonie bezeichnen lässt, die wiederum ein Gefühl der Zufriedenheit in der Person entstehen lässt. Diese Zufriedenheit macht einen Regress unnötig.

Eine Person kann sich nicht nur aufgrund eines Widerspruchs ihrer Wünsche, sondern ebenso aufgrund eines allgemeineren Misstrauens fragen, ob sie mit ihren vorliegenden Motiven zufrieden ist. Sollte sie dabei jedoch zu dem Schluss kommen, dass sich in ihr kein Widerstand gegen einen Wunsch richtet, dann stellt sich bei ihr ein Gefühl der Zufriedenheit ein, das es ihr ermöglicht

324 Frankfurt 2001b, 129.

einen Regress ohne Willkür zu beenden, denn durch ihre Zufriedenheit hat sie keinen Grund mehr mit einer Überprüfung fortzufahren.[325]

Zufriedenheit mit einem Wunsch führt nicht zwangsläufig dazu, diesen Wunsch auch handlungswirksam werden zu lassen. Der Wunsch kann durch kontingente Umstände mit einem anderen Wunsch in Konflikt stehen, mit dem man ebenfalls aus ganzem Herzen identifiziert ist, oder es können andere Gründe dagegen sprechen, den Wunsch handlungswirksam werden zu lassen. Dies ändert aber nichts daran, dass die Person dennoch zufrieden damit ist, genau diesen Wunsch zu haben. Sie wird nichts unternehmen, sich des Wunsches zu entledigen. Zufriedenheit ist damit gekennzeichnet durch das Ausbleiben von Ruhelosigkeiten und Widerständen.[326]

Es ist eine Zufriedenheit mit sich selbst, die kein Interesse daran entstehen lässt, das, was einen selbst ausmacht, nämlich die Wünsche zweiter Stufe, verändern zu wollen. Der Zustand der Zufriedenheit stellt sich von selbst ein. Die Person muss diesen Zustand weder ausdrücklich billigen noch eine Einstellung zu ihm einnehmen, damit er entsteht. Zufriedenheit lässt sich in den Worten Frankfurts beschreiben als

> „(ein) Zustand des gesamten Systems – ein Zustand, der in nichts anderem besteht, als der Abwesenheit jeglicher Tendenz oder Neigung, den eigenen Zustand zu verändern."[327]

Dieser Zustand ist dadurch gekennzeichnet, dass „bestimmte Elemente *nicht vorliegen*."[328]

Aufgrund der Bedingung der Zufriedenheit ist es für Autonomie nicht ausreichend, sich einfach nur mit einem höherstufigen Wunsch reflexiv zu identifizieren. Die reine Höherstufigkeit eines Wunsches ist damit zwar eine notwendige, aber keine hinreichende Bedingung für seine autonomieverbürgende Autorität. Zu der Bedingung der reflexiven Identifikation tritt die

325 Vgl. Frankfurt 2001b, 128.
326 Vgl. Frankfurt 2013.
327 Frankfurt 2013, 77.
328 Frankfurt 2013, 78.

Bedingung hinzu, dass es sich bei dem höherstufigen Wunsch um einen Wunsch handelt, mit dem die Person zufrieden ist, weil sie sich aus ganzem Herzen mit ihm identifiziert. Das Exzellenzmerkmal eines Wunsches zweiter Stufe, mithilfe dessen das Unvollständigkeitsproblem gelöst werden kann, besteht demnach in der Zufriedenheit mit diesem Wunsch.

Die Zufriedenheit mit Wünschen erster Stufe reicht indes nicht aus, um von Autonomie sprechen zu können, da diese Wünsche mangels Identifikation mit ihnen nicht bestätigt wurden. Sie bleiben unreflektiert und können deshalb nicht als in besonderem Maße wesenseigen für die Person gelten.[329]

5.4.3 Caring: Sich um seine Wünsche sorgen

Ein Wunsch, mit dem wir zufrieden sind, ist bei Frankfurt zugleich ein Wunsch, um den wir uns in besonderer Weise sorgen. Sich um einen Wunsch zu sorgen bedeutet, dass eine Person nicht gewillt ist diesen Wunsch aufzugeben. Sich um einen Wunsch zu sorgen muss nicht immer ein der Person bewusster mentaler Akt sein. Ebenso wenig handelt es sich dabei per se um ein rationales Urteil. Dadurch können die Wünsche, um die sich eine Person sorgt, auch anderen Wünschen widersprechen, die sie hat. Dennoch identifiziert sich die Person in einer beharrlichen Weise mit dem Wunsch. Sie hält diesen Wunsch aufrecht, auch wenn er durch kontingente Umstände nicht befriedigt werden kann oder zugunsten eines anderen Wunsches zurückgestellt werden muss.[330]

Sich-Sorgen ist eine Identifikation mit einem Wunsch, bei der sich die Person „verletzbar für Verluste und empfänglich für Gewinne zeigt, die davon abhängen, ob das, wofür sie Sorge trägt, vermindert oder gesteigert wird."[331]

Ein Wunsch, um den sich eine Person sorgt, ist nicht einfach nur ein Wunsch, von dem sie nicht entfremdet ist, sondern darüber hinaus auch ein Wunsch,

---

329 Vgl. Frankfurt 2013, 78.
330 Vgl. Frankfurt 2001e, 209.
331 Frankfurt 2001c, 101.

der nicht verschwindet, und wenn er doch zu verschwinden droht, würde die Person versuchen ihn aufrechtzuerhalten.[332]

Im Gegensatz dazu, sich etwas nur zu wünschen, erstreckt sich das Sich-Sorgen immer über eine ausgedehnte Zeitspanne. Damit unterscheidet sich das Sich-Sorgen von etwas haben zu wollen. Während man etwas als einzelnes Ereignis wollen kann, ist die Sorge um etwas ein dauerhafter, anhaltender Zustand der besonderen Aufmerksamkeit für etwas. Wer für etwas Sorge trägt, hat dadurch zugleich eine prospektive Perspektive. Damit können nur solche Wesen für etwas Sorge tragen, die neben einem Selbstbewusstsein auch ein Bewusstsein dafür haben, dass sie eine Zukunft haben. Sich um etwas zu sorgen entfaltet durch seine zeitliche Ausdehnung zugleich eine integrierende Kraft im Hinblick auf die Person.[333]

Gerade weil das Sich-Sorgen eine zeitliche Ausdehnung und zugleich eine integrative Funktion für die Person hat, bringt es besonders gut die individuellen wesenseigenen und authentischen Wünsche der Person zum Ausdruck. Diese Authentizität ermöglicht wiederum den Autonomie erzeugenden Charakter des Sich-Sorgens. Hier kommt die Idee zum Ausdruck, dass Autonomie heißt, sich selbst zu lenken, und das Selbst lenkt dann, wenn seine authentischen Wünsche leitend werden. Damit hebt sich Frankfurt bewusst von einer rein rationalen Autonomiekonzeption im Sinne Kants ab und entwirft eine wesentlich individualistischer ausgerichtete Konzeption. Der reine Wille, der Kant zufolge autonomiegarantierende Funktion hat, wird von Frankfurt als nicht individuell und unpersönlich beschrieben:

> „Der reine Wille besitzt überhaupt keine Individualität. Er ist in jedem der gleiche und seine Willensakte sind überall genau die selben. Der reine Wille ist, anders gesagt, völlig *unpersönlich*."[334]

Mit seinem Konzept des Sich Sorgens führt Frankfurt eine Willensstruktur ein, mittels derer sich die Person authentisch und damit autonom zu leiten

332 Vgl. Frankfurt 2001e, 207.
333 Vgl. Frankfurt 2001c, 101 f.
334 Frankfurt 2001d, 170.

imstande ist. Um was man sich sorgt, ist eine ganz individuelle Entscheidung, die vom eigenen Wesenskern der Person abhängt. Die inhaltsneutrale Autonomiekonzeption von Frankfurt wird hierdurch herausgestellt.

Gleichzeitig hält Frankfurt an der notwendigen Bedingung der Reflexion als Voraussetzung für Autonomie fest. Sich-Sorgen ist selbst wiederum ein Akt der Reflexion. Dies führt Frankfurt anhand des Begriffs der Liebe aus, die für ihn eine bestimmte Art des Sich-Sorgens darstellt:

> „Dies bedeutet, daß Liebe in einer bestimmten Weise reflexiv ist. (...)Es kann ihm nicht egal sein, wie das, was er tut, das von ihm Geliebte berührt. Im Maße dessen er sich um den Gegenstand seiner Liebe kümmert, sorgt er sich daher notwendigerweise auch um sein eigenes Verhalten. Sich um das, was man liebt, zu sorgen, ist dann gleichbedeutend damit, sich um sich selbst zu sorgen."[335]

Dass ein Wunsch dauerhaft vorhanden ist, reicht nicht aus, um dem Wunsch eine autonomieverbürgende Eigenschaft zuzusprechen. Erst wenn die Dauerhaftigkeit des Wunsches deshalb vorhanden ist, weil die Person nicht gewillt ist, den Wunsch aufzugeben, sprich, wenn die Dauerhaftigkeit des Wunsches dem Sich-Sorgen der Person um den Wunsch geschuldet ist, dann kann der Wunsch als autonom gelten.[336] Ein autonomer Wunsch ist entsprechend durch das Exzellenzmerkmal gekennzeichnet, dass eine Person sich um ihn sorgt. Erfüllt ein Wunsch nur aufgrund kontingenter Umstände die Bedingungen der Stabilität und Kohärenz, so kommt der Person keine „verantwortliche und bestimmende Rolle"[337] zu. Sie ist es nicht selbst, die die Kohärenz und Stabilität aufrechterhält. Der Mangel der aktiven Rolle der Person, beim Erzeugen der Stabilität und Kohärenz führt zu einem Mangel an Autonomie.

> „Es bedarf der stabilitätsverbürgenden Struktur der Sorge, damit sich Kohärenz und Zufriedenheit als Manifestation personaler Autonomie verstehen lässt."[338]

335 Frankfurt 2001d, 179.

336 Vgl. Frankfurt 2001e, 210.

337 Frankfurt 2001e, 210.

338 Quante 2000, 127.

Den Autonomiebegriff so zu konzipieren, dass das, worum sich eine Person sorgt, Ausdruck ihrer Autonomie ist, hat den Vorteil, dass dadurch eine Konzeption von Autonomie entsteht, die als Ideal gelten kann. Dies liegt daran, dass nur Personen, die sich um etwas im Sinne Frankfurts sorgen, Glück zugesprochen werden kann. Glück ist Frankfurt zufolge nicht gleichbedeutend mit der Befriedigung von Wünschen. Dies liegt daran, dass man sich etwas wünschen kann, obwohl einem nichts daran liegt. Die Erfüllung eines Wunsches, an dem uns nichts liegt, macht uns nicht glücklich:

> „Einfach zu bekommen, was man will: das haben wir nicht im Sinn, wenn wir von Glück sprechen. (...) Meines Erachtens macht es keinen Sinn, einem Wesen Glück oder Unglück zuzuschreiben, das nichts für wichtig für sich selbst nehmen kann."[339]

Dies ist ein enormer Vorteil der Autonomiekonzeption Frankfurts gegenüber der von Watson, die nur schwerlich als Ideal verstanden werden kann. Bei Frankfurt hingegen wird deutlich, weshalb die Autonomie der Person ein erstrebenswertes Ideal darstellt: autonome Personen haben die Möglichkeit zum Glück, weil es für sie möglich ist, dass Wünsche, um die sie sich wirklich sorgen, erfüllt werden.

Um den autonomiegarantierenden Charakter des Sich-Sorgens in Gänze erfassen zu können, ist es notwendig, sich die Verbindung zwischen Sich-Sorgen und der dadurch entstehenden volitionalen Notwendigkeit zu betrachten.

5.4.4 Volitionale Notwendigkeit: Die Grenzen der Freiheit unseres Willens

Betrachtet man die bisher erläuterten Bedingungen, die die reflexive Identifikation als Bedingung für Autonomie ergänzen, so könnte man vielleicht befürchten, dass damit eine Überforderung für Personen einhergeht. Wenn höherstufigen Wünschen einer Person nur dann autonomieverbürgende Kräfte zukommen, wenn es sich dabei um Wünsche handelt, um die sie sich sorgt und mit denen sie zufrieden ist, so erweckt dies den Anschein, als müsse die

339 Frankfurt 2001e, 204.

Person all ihre Wünsche daraufhin überprüfen, ob sie mit ihnen zufrieden ist und ob sie diese aufrechterhalten möchte, in dem Sinne, dass sie sich darum sorgt. Eine solch umfassende Überprüfung der eigenen Willensstruktur würde jedoch eine Person überfordern. Zudem stellt sich dabei das Problem, dass es zu solch einer Überprüfung eines Fixpunktes bedarf, von dem aus die Überprüfung startet. Dieser Fixpunkt könnte jedoch dann selbst nicht überprüft werden. Dies scheint ein Problem darzustellen, weil damit nicht klar wird, inwiefern dieser Fixpunkt selbst autonom bestimmt ist.

Frankfurt nimmt sich dieses Problems an und begegnet ihm, indem er die volitionale Notwendigkeit erläutert, der eine Person unterliegt, ohne dabei an Autonomie einzubüßen, sondern durch die sie vielmehr an Autonomie gewinnt.

Es gibt Momente, in denen eine Person feststellt, dass sie nur eine ganz bestimmte Handlung ausführen kann. Es scheint für sie so, als gebe es nur diese eine Handlungsoption. Diese Einschränkung liegt jedoch nicht darin begründet, dass es ihr in dem Sinne an Optionen mangelt, dass sie nicht die physische Kraft besäße, andere Handlungsoptionen zu ergreifen, oder dass ihr aufgrund von äußeren Umständen oder äußerem Zwang nur eine Handlungsoption zur Verfügung stünde. Vielmehr ist es so, dass manchmal Personen nur eine Handlungsoption auszuführen bleibt, weil ihr die anderen Optionen aufgrund ihres Willens versperrt sind. Diese Undenkbarkeit bestimmter anderer Handlungsoptionen beschreibt Frankfurt als volitionale Notwendigkeit.

Nun könnte einem bei dieser Beschreibung der Drogensüchtige wider Willen einfallen. Auch für ihn scheint es nur möglich zu sein, *eine* Handlungsoption zu ergreifen, nämlich die, die Droge zu nehmen. Bei dessen Drogenkonsum handelt es sich jedoch nicht um volitionale Notwendigkeit, weil er sich innerlich seinem Willen widersetzt. Er versucht anders zu handeln als er es tut, wenngleich es ihm nicht gelingt.

Bei Handlungen aus volitionaler Notwendigkeit ist die Person hingegen vollkommen damit zufrieden, dass ihr aufgrund ihres Willens nur eine Handlungsoption zur Verfügung steht. Es sind Aussagen wie: „Ich kann einfach nicht anders!", in denen die volitionale Notwendigkeit einer Handlung zum Ausdruck kommt.

Die volitionale Notwendigkeit kommt nicht unbedingt aufgrund rationaler Urteile zustande. So gibt Frankfurt das Beispiel einer Frau, die es für das Beste hält, ihr Kind zur Adoption freizugeben. Letztendlich muss sie aber feststellen, dass sie diese Handlung nicht durchführen kann. Diese Feststellung hat nichts mit einem rationalen Urteil zu tun, dass sie sich darüber getäuscht hat, was das Beste ist. Sie ist vielmehr Ausdruck der Willensnotwendigkeit der Person. Die Handlung, das Kind zur Adoption freizugeben, ist deshalb undenkbar für die Person, weil eine Willensbeschränkung sie von dieser Handlung abhält. Sie kann sie nicht deshalb nicht ausführen, weil ihr die Kraft dazu fehlt, sondern sie kann nicht *wollen,* dass sie diese Handlung auszuführt.[340]

Der Gegensatz zum Drogensüchtigen wider willen besteht darin, dass Handlungen aus volitionaler Notwendigkeit kein Ausdruck von fehlender Willensstärke sind. Während sich der Drogensüchtige dem Zwang seiner Sucht fügt, obwohl er es sich sehnlichst wünscht, sich diesem zu widersetzen, so fügt sich ein aus volitionaler Notwendigkeit Handelnder seinem Willen gerade deshalb, weil er nicht willens ist, sich ihm zu widersetzen.[341]

Handlungen aus volitionaler Notwendigkeit sind zwar dadurch gekennzeichnet, dass man nicht anders handeln kann, aber zugleich auch dadurch, dass man nicht anders handeln will, weil man mit dem eigenen Willen, der die Handlung bestimmt, zufrieden ist. Damit ist man im Gegensatz zu Handlungen wider Willen nicht etwa ein hilfloser Betrachter von Mächten, die einen treiben. Man ist kein hilfloser Beobachter des eigenen Handelns, der dem eigenen Tun passiv gegenübersteht. Vielmehr deckt sich die Kraft, die einen zum Handeln nötigt mit den Wünschen, mit denen sich die Person wirklich identifiziert. Damit kann eine Handlung aus volitionaler Notwendigkeit als

340 Vgl. Frankfurt 2001f, 160.
341 Vgl. Frankfurt 2001c, 106.

autonome Handlung angesehen werden, weil sie Ausdruck des Willens der Person ist, den sie sich zu haben auch wünscht.[342]

Der Wille einer Person ist beim Vorliegen einer volitionalen Notwendigkeit bestimmt. Hier wird Frankfurts Idee deutlich, dass eine Person nicht durch einen Willensakt ihren eigenen Willen ändern kann. Der volitionale Komplex, der die Person und ihre Individualität kennzeichnet, ist kein Resultat eines reinen Selbstentwurfs.[343] Vielmehr muss der Wille einer Person sich in gewissen Grenzen ihrer Gestaltungsmöglichkeit entziehen, um als autonom gelten zu können. Es muss einen Fixpunkt geben. Dies liegt nicht nur daran, dass es eine Überforderung für Menschen darstellte, jeden Willensakt zu überprüfen, sondern vielmehr daran, dass es schlichtweg nicht vorstellbar ist, einen autonomen Willen zu haben, wenn dieser beliebig festlegbar ist. Man stelle sich eine Person vor, der jedwede Handlungsoption offensteht und die damit auch die Option hat, ihren Willen neu zu gestalten. Einer solchen Person fehlte es an einem festen Satz an Prioritäten, an denen sie sich im Treffen ihrer Entscheidung orientieren könnte. Aufgrund der Ermangelung eines Fixpunktes, an dem sie ihre Entscheidung über ihren Willen ausrichten könnte, könnte sie keinen Willen festlegen, den sie haben wollte. Frankfurt beschreibt dies folgendermaßen:

> „Wenn er seinen Willen beliebig festlegt, besitzt er im eigentlichen Sinn keinen Willen, bis er festgelegt hat, welchen Willen er wählt. Und bis er diese Entscheidung trifft, scheint er keine willensmäßigen Voraussetzungen dafür zu erfüllen, eine wirklich eigene Wahl zu treffen: Er kann keine wirkliche autonome Entscheidung treffen, bis er eine Entscheidung darüber trifft, wie er Entscheidungen treffen soll."[344]

Eine Autonomie des Willens erfordert entsprechend zugleich eine Notwendigkeit des Willens. Nur durch diese volitionale Notwendigkeit scheint Autonomie überhaupt erst denkbar zu werden. Die volitionale Notwendigkeit gibt der Person ihre Gestalt und setzt ihr die für ihre Identität notwendigen

---

342 Vgl. Frankfurt 2001c, 106 f.

343 Vgl. Quante 2000, 128.

344 Frankfurt 2001f, 158.

Grenzen. Sie ermöglicht ihr Individualität und damit auch Authentizität. Ohne volitionale Notwendigkeit scheinen die Grenzen der Person zu zerfließen und damit ihre Identität aufgehoben zu werden:

> „Im Grenzfall völliger Freiheit gibt es keine individuelle Identität. Denn ein Übermaß an Optionen zerstört den Willen. Und ohne Individualität verliert die Freiheit weitgehend ihren Sinn. Denn Handlungsspielräume bedeuten schließlich nur dem etwas, der einen eigenen Willen hat."[345]

Die volitionalen Notwendigkeiten einer Person sind damit kennzeichnend für deren Autonomie. Sie ermöglichen ihr überhaupt erst das Ausbilden eines autonomen Willens und dadurch auch den Genuss der Freiheit. Sie verleihen der Person Gestalt und geben ihr Identität. Sie sind Ausdruck des wahren Willens der Person, der ihr authentisch ist. Und wenngleich sie nicht beliebig veränderbar sind, so werden sie doch bejaht.

Dies heißt freilich nicht, dass es der Person per se unmöglich ist auf ihren Willen einzuwirken. Durchaus kann eine Person bestimmte Akte ihres Willens zu ändern versuchen, indem sie sich Gründen gegenüber öffnet oder sie eine Veränderung kontingenter Zustände in der Welt erfährt, aber diese Veränderungen sind stets den Grenzen unterworfen, nicht ihr gesamtes volitionales Gefüge neu bestimmen zu können.[346]

5.4.5 Das tragfähige internalistische Autonomiekonzept mit der Authentizitätsbedingung

Dieses Kapitel diente bisher dazu, eine internalistische Autonomiekonzeption vorzustellen, der zufolge die Bedingung der Authentizität, verstanden als reflexive Identifikation, als konstitutiv für Autonomie verstanden wird. Dazu wurde zunächst die hierarchische Autonomiekonzeption Frankfurts vorgestellt, der Autonomie als die Fähigkeit zur reflexiven Identifikation mit Wünschen beschreibt. Autonomiefähige Personen sind solche, die sich auf höherer Wunschstufe mit ihren Wünschen erster Stufe reflexiv identifizieren

345 Frankfurt 2001f, 159.

346 Vgl. Frankfurt 2001f, 165.

können und dadurch manche Wünsche erster Stufe durch Internalisation zu ihren eigenen machen, während sie sich von anderen innerlich distanzieren und sie als fremd erleben. Eine Person handelt dann autonom, wenn sich ihre Volitionen zweiter Stufe mit ihrem Willen decken.

Diese Konzeption bringt im Vergleich zu der in der Medizinethik bisher vorherrschenden Autonomiekonzeption bedeutende Vorteile mit sich: Sie ermöglicht einerseits die Beschreibung von inneren Zwängen als autonomiehemmende Faktoren einer Handlung. Des Weiteren gibt sie einen Hinweis auf ein relationales Verhältnis von Handlungsautonomie und personaler Autonomie. Durch sie wird es möglich, zwischen Handlungsautonomie, also dem Zustand der Autonomie, und personaler Autonomie, verstanden als grundsätzliche Fähigkeit der Autonomie, zu unterscheiden, ohne Handlungsautonomie und personale Autonomie als vollkommen unabhängig voneinander zu verstehen. Die Fähigkeit der Autonomie wird zur Voraussetzung für den Zustand der Autonomie.

Andererseits ist diese Konzeption theoretischen Schwächen ausgesetzt, die es nur schwerlich möglich machen, unverändert an ihr festzuhalten. Frankfurt konnte in seinem frühen Text nicht deutlich machen, weshalb es nicht zu einer Überprüfung der Wünsche zweiter Stufe auf immer höheren Wunschebenen kommt, die in einem Regress enden würde. Um den Regress zu vermeiden, müsste ein Exzellenzmerkmal von höherstufigen Wünschen benannt werden, das diese von Wünschen erster Stufe unterscheidet und ihre autonomieverbürgende Qualität erläutert.

Der Versuch Watsons, ein solches Exzellenzmerkmal zu benennen, konnte zum einen die aufgeworfenen Probleme nicht befriedigend lösen. Zum anderen führte die von ihm entworfene Autonomiekonzeption der Wertschätzung von Wünschen zu neuen Problemen.

Zur Lösung der Probleme der hierarchischen Autonomiekonzeption eignen sich hingegen durchaus Frankfurts neuere Texte, in denen er die Bedingung der reflexiven Identifikation näher erläutert und durch weitere Autonomiebedingungen ergänzt.

Mit der ergänzenden Autonomiebedingung, sich aus ganzem Herzen mit einem Wunsch zu identifizieren, gibt er eine Antwort auf das Unvollständigkeitsproblem. Wer sich aus ganzem Herzen etwas wünscht, für den gibt es schlichtweg keinen Grund mehr für Ambivalenz, stattdessen entsteht Kohärenz auf höherer Wunschebene. Diese volitionale Harmonie erzeugt wiederum Zufriedenheit mit dem Wunsch. Sich aus ganzem Herzen etwas zu wünschen und die dadurch hervorgerufene Zufriedenheit mit der Volition zweiter Stufe erklären die autonomieerzeugende Kraft von Volitionen zweiter Stufe und führen dadurch zur begründeten Vermeidung eines Regresses: es gibt schlichtweg keinen Widerstand gegen die Volition zweiter Stufe, weshalb sie keiner weiteren Überprüfung auf höherer Wunschstufe bedarf.

Da ein Wunsch aus ganzem Herzen ein Wunsch ist, den die Person internalisiert, wird er Teil ihrer Identität. Dadurch ist er ihr in besonderer Weise wesenseigen und authentisch und weist damit zugleich ein Exzellenzmerkmal auf, das Wünsche erster Stufe nicht besitzen, weil sie unreflektiert sind und dadurch nicht identitätsstiftend wirken.

Wünsche, mit denen wir uns aus ganzem Herzen identifizieren und mit denen wir zufrieden sind, sind zumeist Wünsche, um die wir uns sorgen. Die Sorge um den Wunsch bezieht sich dabei nicht nur auf die Wunscherfüllung, sondern auch auf die Aufrechterhaltung des Wunsches. Da der Wunsch Teil unserer Identität ist, wollen wir nicht, dass er verschwindet, sondern dass er bestehen bleibt. Sich um etwas zu sorgen ist – aufgrund der integrierenden Kraft hinsichtlich der Person – konstitutiv, um eine stabile Identität auszubilden. Es wird damit zu einem Individualität erzeugenden Element, das in höchstem Maße authentisch für die Person ist. Wünsche, um die sich eine Person sorgt, sind also in ganz besonderem Maße authentisch und wesenseigen für die Person. Wünsche erster Stufe können dies aufgrund ihrer Unreflektiertheit nicht sein.

Sich um etwas zu sorgen ist ein Ausdruck des authentischen Kerns einer Person. Dieser Kern ist nicht willkürlich veränderbar, man kann ihn nicht durch einen Willensakt gestalten. Dadurch unterliegen Personen volitionalen

Notwendigkeiten. Diese geben ihr die Gestalt und setzen die Grenzen für die Person. Wünsche, um die man sich sorgt, setzen volitionale Notwendigkeiten fest. Sie verleihen Individualität und ermöglichen Authentizität. Durch die Einschränkungen, die eine Person durch volitionale Notwendigkeiten erfährt, kann sie überhaupt erst zu einer Person werden. Sie sind damit konstitutiv für die personale Autonomie.

Damit führt Frankfurt neben der Bedingung der reflexiven Identifikation weitere Bedingungen ein, die für personale Autonomie konstitutiv sind. Eine Identifikation aus ganzem Herzen führt zum Ausbleiben von Widerständen und Zufriedenheit. Nur wer sich aus ganzem Herzen um etwas sorgen kann und dadurch zugleich volitionalen Notwendigkeiten unterworfen ist, kann überhaupt die für Autonomie notwendige Identität ausbilden und wird zur Person. Durch diese ergänzenden Bedingungen kann Frankfurt dem Regress- und dem daraus folgenden ab-initio- und Unvollständigkeitsproblem begegnen.

Durch diese ergänzenden Bedingungen wird es möglich, eine tragfähige und in sich stimmige Konzeption von Autonomie zu entwerfen. Autonome Personen sind ihr zufolge dadurch gekennzeichnet, dass sie über die grundlegende Fähigkeit verfügen, sich auf höherer Stufe mit ihren Wünschen erster Stufe aus ganzem Herzen zu identifizieren. Sie können Sorge für ihre Wünsche tragen und bilden dadurch eine stabile Identität aus. Diese stabile Identität führt zu volitionalen Notwendigkeiten, die Teil der Person und ihres Willens sind.

Eine Handlung ist dann autonom, wenn sich der Wille der Person mit ihrer aus ganzem Herzen bejahten Volition zweiter Stufe deckt und die Person gleichzeitig eine andere Handlung hätte vollziehen können, wenn man es gewollt hätte (kontrafaktische Bedingung der Autonomie). Je stärker sich eine Person aus ganzem Herzen mit der Volition zweiter Stufe, die zu ihrem Willen wird, identifiziert und je mehr sie sich um diese sorgt, desto autonomer wird ihre Handlung.

Damit gibt es jetzt eine Konzeption personaler Autonomie, die in sich stimmig und überzeugend ist und die nun daraufhin überprüft werden muss, ob sie sich für den medizinischen Kontext eignet. Es wurde bereits aufgezeigt, dass sie den Problemen, den die bisher dominierende Autonomiekonzeption im medizinischen Kontext ausgesetzt ist, besser begegnen kann. Nun muss jedoch in einem weiteren Schritt überprüft werden, ob sie auch die von mir formulierten beiden normativen Funktionen für Autonomie im medizinischen Kontext erfüllen kann.

Die Autonomie von Patienten erfüllt zwei ganz bestimmte normative Funktionen, wenn es darum geht, über die Zulässigkeit medizinischer Behandlungen zu entscheiden. Diese wurden in Kapitel 2.5 deutlich herausgearbeitet. Die erste normative Funktion der Patientenautonomie besteht darin, dass die Autonomie des Patienten eine normative Barriere darstellt. Diese normative Barriere in Form einer autonomen Entscheidung schützt Patienten davor, darin missachtet zu werden, wie sie leben wollen. Der Bereich des eigenen Körpers ist ein intimer Nahbereich, für den Patienten die normative Autorität haben, darüber zu bestimmen. Autonome Entscheidungen über diesen intimen Nahbereich sind deshalb zu achten. Eine für den medizinischen Kontext anwendbare Autonomiekonzeption muss diese normative Funktion als Barriere erfüllen können. Die Barrierefunktion der Patientenautonomie ist die erste Adäquatheitsbedingung, die an eine für den medizinischen Kontext geeignete Autonomiekonzeption gestellt wird.

Die zweite normative Funktion der Patientenautonomie besteht darin, dass sie in Form einer autonomen Einwilligung den Weg für die ethisch gerechtfertigte Durchführung einer medizinischen Behandlung ebnet. Sie hat dadurch eine Schlüsselfunktion. Die Schlüsselfunktion der Patientenautonomie ist die zweite Adäquatheitsbedingung, die an eine für den medizinischen Kontext geeignete Autonomiekonzeption gestellt wird.

Im folgenden Kapitel möchte ich nun anhand dieser beiden Adäquatheitsbedingungen überprüfen, ob die bisher vorgestellte internalistische Autonomiekonzeption sich dazu eignet, im medizinischen Kontext Anwendung zu finden. Wäre dies der Fall, so läge dann Patientenautonomie vor, wenn der Patienten dazu fähig ist, sich mit seinen Wünschen erster Stufe aus ganzem Herzen auf höherer Stufe zu identifizieren und sich um seine Wünsche sorgen kann. Es stellt sich dann die Frage, ob das Vorliegen der grundsätzlichen Fähigkeit der Autonomie bereits ausreicht die beiden normativen Funktionen zu erfüllen, oder ob darüber hinaus auch eine autonome Handlung vorliegen muss, damit die beiden normativen Autonomiefunktionen erfüllt werden können. Dieser Überprüfung wird das nachfolgende Kapitel dienen.

Zur besseren Lesbarkeit werde ich im Folgenden teilweise von der Autonomiebedingung der Authentizität sprechen. Ich fasse darunter die bereits formulierten Autonomiebedingungen zusammen, die die reflexive Identifikation aus ganzem Herzen, das sich um seine Wünsche sorgen können und die volitionalen Notwendigkeiten beinhalten.

5.5 Die Anwendbarkeit der Autonomiebedingung der Authentizität auf den medizinischen Kontext

Ich habe bisher in Kapitel 4 aufzeigen können, dass die momentan dominierende Autonomiekonzeption im medizinischen Kontext verschiedene Schwachstellen aufweist und deshalb nicht nur modifiziert, sondern auch ergänzt werden muss. Sie kann weder paradigmatische Fälle mangelnder Autonomie durch innere Zwänge erfassen, noch entwirft sie ein angemessenes Bild vom Zusammenhang von Handlungsautonomie und personaler Autonomie. Außerdem liefert sie keine befriedigende Begründung für die normative Funktion der Autonomie als Barriere, die von Beauchamp und Childress unter dem Schlagwort des Prinzips des Respekts vor der Autonomie behandelt wird.

Die in Kapitel 5 bisher vorgestellte Konzeption personaler Autonomie, die auf Frankfurt zurückgeht, kann diesen Schwächen begegnen und scheint deshalb eine bessere Option für eine angemessene Autonomiekonzeption zu sein.

Da Frankfurt mit seinen neueren Texten auch der Kritik an seinem ursprünglichen Text begegnen kann, scheinen seine Autonomiebedingungen durchaus als geeignete Kandidaten für Bedingungen der Patientenautonomie infrage zu kommen.

In diesem Unterkapitel möchte ich einen Schritt näher an den medizinischen Kontext heranrücken und untersuchen, ob die Autonomiebedingung der Authentizität auch tatsächlich die beiden normativen Funktionen erfüllen kann, die Patientenautonomie erfüllen muss, um ihre normative Kraft im Hinblick auf die Zulässigkeit medizinischer Behandlungen entfalten zu können.

5.5.1 Erfüllt die Autonomiebedingung der Authentizität eine Barrierefunktion?

In der Regel möchten autonome Menschen selbst darüber entscheiden dürfen, wie sie ihr Leben führen. Dies schließt Entscheidungen über die eigene Gesundheit und den eigenen Körper mit ein. Für Entscheidungen in diesen intimen Nahbereichen kommt autonomen Menschen eine besondere Verantwortung und auch eine besondere Autorität zu, selbst darüber entscheiden zu dürfen, ungesehen des Inhalts ihrer Entscheidung. Die Autonomie der Patienten hat deshalb eine Barrierefunktion, wenn es um medizinische Behandlungen geht, die sich auf die autonome Lebensführung von Patienten auswirken würden.

Die Autonomiekonzeption von Beauchamp und Childress kann nicht gut erfassen, warum Handlungsautonomie eben diese Barrierefunktion generieren sollte. Was ich hier als Barrierefunktion bezeichne, kann auch unter dem Schlagwort des Respekts vor der Autonomie behandelt werden. Es bleibt, wie aufgezeigt wurde, unklar, warum Handlungen, die absichtlich, informiert und frei von äußerer Kontrolle sind, einen besonderen Grund für Respekt liefern sollten. Ich möchte jetzt prüfen, ob Autonomie – als Authentizität – verstanden, jene Barrierefunktion von Autonomie besser erklären kann.

Die Barrierefunktion lässt sich, wie ich in Kapitel 2.4.3 bereits erläutert habe, nicht daraus ableiten, dass Autonomie den instrumentellen Wert hat, das

Beste für den Betroffenen zu sichern. Dies ist darauf zurückzuführen, dass Entscheidungen auch dann als autonom gelten können, wenn sie nicht zum Besten für den Betroffenen sind. Eine Autonomiekonzeption, die die erste Adäquatheitsbedingung erfüllt, darf die Barrierefunktion der Autonomie also nicht auf ihren instrumentellen Wert zu gründen versuchen, sondern muss inhaltsneutral gestaltet sein.

Die Autonomiebedingung der Authentizität hat den Vorteil inhaltsneutral gestaltet zu sein. Eine autonome Entscheidung ist nicht deshalb autonom, weil sie einen bestimmten Inhalt hat, sondern vielmehr, weil sie eine bestimmte Struktur hat. Mit der Bedingung der Authentizität wird ein Kriterium für Autonomie geschaffen, das nicht rein rationalistisch geprägt ist, wodurch auch jene Entscheidungen als autonom gelten können, die nicht zum Besten für den Betroffenen sind. Zum einen kann sich das, was eine Person für wertvoll erachtet, von dem unterscheiden, worum sie sich sorgt.[347] Jemand kann zugestehen, dass der Genuss von Wein inhärent wertvoll ist, ohne jedoch selbst nach dem Genuss zu streben. Das, was als wertvoll beurteilt wird, muss also nicht selbst auch angestrebt werden. Darüber hinaus können wir uns etwas autonom wünschen, von dem wir annehmen, dass es nicht das Beste ist. Ich habe dazu bereits das Beispiel der Mutter erläutert, die sich nicht dazu durchringen kann, ihr Kind zur Adoption freizugeben, obwohl sie denkt, dass es das Beste wäre. Sie ist in einer Situation, in der sie aufgrund einer autonomen Entscheidung eine bestimmte Handlung nicht ausführen will, obwohl sie die Beste wäre.[348] Diese Entscheidung ist autonom, weil sie Ausdruck des authentischen Wünschens der Person ist.

Es reicht nun aber zur Erfüllung der ersten Adäquatheitsbedingung nicht aus, leidglich eine inhaltsneutrale Autonomiekonzeption zu entwerfen. Vielmehr muss deutlich werden, dass die Autonomiebedingung der Authentizität eine Form der Autonomie kennzeichnet, die inhärent wertvoll für die Person ist. Beauchamp und Childress ist dies mit ihrer Konzeption nicht gelungen. Sie

347 Vgl. Frankfurt 2001e, 205.

348 Vgl. Frankfurt 2001f, 160.

konnten nicht aufzeigen, dass Handlungsautonomie für uns immer von besonderem inhärenten Wert ist. In manchen unserer absichtlichen, informierten und freiwilligen Entscheidungen ist es für uns nicht sonderlich kritisch, nicht respektiert zu werden.[349]

Mit der Autonomiebedingung der Authentizität wird nun aber ein Kriterium für Autonomie eingeführt, das durchaus deutlich macht, warum autonome Entscheidungen einen inhärenten Wert für uns haben. Eine Entscheidung erfüllt dann die Autonomiebedingung der Authentizität, wenn sie durch eine Volition zweiter Stufe verursacht wird, die wir uns von ganzen Herzen wünschen und um die wir uns sorgen. Eine solche Entscheidung erzeugt in der Person volitionale Harmonie, und dadurch entsteht Zufriedenheit. Eine autonome Entscheidung ist deshalb etwas Wünschenswertes für die Person, weil sich dadurch Zufriedenheit einstellt, wohingegen sich Enttäuschung einstellt, wenn sich die Person nicht zu einer autonomen Handlung durchringen kann.[350] Missachtet man eine solche Entscheidung, so verhindert man diese Zufriedenheit der Person, sie wird enttäuscht. Der inhärente Wert einer autonomen Entscheidung, Zufriedenheit zu erzeugen, kann sich nicht entfalten. Dies stellt einen triftigen Grund dar, weshalb autonome Entscheidungen, die die Bedingung der Authentizität erfüllen, zu achten sind. Sie bilden eine normative Barriere, die eine Missachtung der Entscheidung zu einem Unrecht werden lässt. Damit bildet ebenfalls eine autonome Entscheidung für oder gegen eine medizinische Behandlung eine normative Barriere, die es zu achten gilt.[351]

Stellen wir uns einen Patienten vor, der sich aus ganzem Herzen darum sorgt, keine Narbe an seinem Körper zu haben. Er hat lange über diesen Wunsch reflektiert und ist zutiefst mit ihm identifiziert. Er möchte diesen Wunsch aufrechterhalten. Nun schlägt ihm sein Arzt einen Eingriff vor, bei dem ein Pigmentfleck entfernt werden soll, der das Potenzial hat, sich in ein tumoröses

349 Vgl. Kapitel 2.4.3.

350 Vgl. Frankfurt 2001a, 79.

351 Daraus folgt kein Anspruchsrecht auf medizinisch nicht indizierte Behandlungen.

Gewebe zu verändern. Die Behandlung würde jedoch eine große unübersehbare Narbe im Gesicht des Patienten hinterlassen. Entschieden lehnt der Patient diesen Eingriff ab. Er tut dies vollkommen autonom, weil er sich aus ganzem Herzen mit diesem Wunsch auf höherer Stufe identifiziert und es zugleich auch noch ein Wunsch ist, um den er sich sorgt und dessen Erfüllung innere Harmonie und Zufriedenheit bei ihm entstehen lässt.

Es wird schnell deutlich, dass eine Missachtung eben dieses Wunsches im Patienten größte Unzufriedenheit und Frustration entstehen lassen würde. Es scheint von daher einleuchtend zu sein, dass eine autonome Entscheidung, die die Bedingung der Authentizität erfüllt, einen inhärenten Wert hat und dadurch durchaus sinnvollerweise eine Barrierefunktion einnimmt. Eine autonome Entscheidung, die die Bedingung der Authentizität erfüllt, verdient demnach Respekt, da eine Missachtung zu starker Unzufriedenheit bei der entscheidenden Person führen würde und somit als Missachtung der Person insgesamt gesehen werden kann.

Bei dieser Beschreibung liegt jedoch ein Einwand auf der Hand, der zunächst gegen die Verwendung der Authentizität als Bedingung für Autonomie im medizinischen Kontext spricht: Nur wenige Patientenentscheidungen weisen diesen hohen Grad an Reflektion auf, wie die in dem eben beschriebenen Beispiel es tut. Außerdem ist von außen auch nur schwer ersichtlich, inwiefern es sich bei einer Entscheidung tatsächlich um eine authentische Entscheidung handelt. Wie sollte man als Arzt überprüfen, ob sich ein Patient tatsächlich aus ganzem Herzen auf höherer Stufe mit seiner Entscheidung identifiziert, für diese Sorge trägt und dieselbe auch noch zu Harmonie und Zufriedenheit im volitionalen Gefüge des Patienten führt?

Personale Autonomie scheint zunächst wesentlich anspruchsvoller gestaltet zu sein als es die von Beauchamp und Childress entworfene Form der Handlungsautonomie ist. Deshalb besteht auch die Sorge, dass eine Konzeption personaler Autonomie *zu* anspruchsvoll für die Verwendung im medizinischen Kontext ist, da dadurch zu viele Entscheidungen als nicht autonom abgetan werden müssten und nicht mehr respektiert werden müssten.

Bei erster Betrachtung scheint dieser Einwand zuzutreffen: Versteht man personale Autonomie als Authentizität, so fordert man die Erfüllung sehr vieler komplexer mentaler Bedingungen von einer Person. Die Person muss nicht nur eine Einstellung zu ihren eigenen Wünschen ausbilden, sie muss sich auch noch um ihre Wünsche sorgen können. Betrachten wir uns selbst kritisch, so werden wir vielleicht feststellen, dass wir oftmals motiviert von Wünschen handeln, um die wir uns nicht besonders sorgen. Sicherlich spielt bei weitreichenden Lebensentscheidungen wie der Berufswahl oder der Entscheidung für oder gegen eigene Kinder das, worum wir uns sorgen, oftmals eine große Rolle. Hier fragen wir uns – bewusst oder unbewusst – welche Art von Person wir sein wollen und was uns dauerhaft wirklich am Herzen liegt. Es sind Entscheidungen, die sich nicht nur auf unsere Handlungen beziehen, sondern zugleich darauf, welche Art von Person wir sein wollen. Es sind Entscheidungen, die unseren Lebensweg bestimmen und unsere Identität prägen.

Aber viele alltägliche Entscheidungen und Handlungen scheinen nicht in solch engem Zusammenhang mit der Frage zu stehen, welche Art von Person wir sein wollen. Hier entscheiden wir vielfach geleitet von Wünschen, die nicht von einer Sorge um diesen Wunsch begleitet wird. Ob wir die Schokolade mit Nuss oder ohne Nuss kaufen bringt vielleicht nicht wirklich zum Ausdruck, welche Person wir sind. Diese Entscheidung entspringt aller Wahrscheinlichkeit auch keinem Wunsch, um den wir uns sorgen. Manchmal wird unser Handeln sogar von Wünschen angetrieben, die wir ablehnen und die wir lieber nicht haben würden. Dazu müssen wir bei weitem keine so drastischen Beispiele wählen wie das der Drogensucht. Es genügt bereits auf Situationen der Willensschwäche beim täglichen Mensagang zu verweisen oder auf Entscheidungen darüber, was wir einkaufen, die wir uns nicht wirklich gut überlegt haben, sondern uns gegen unsere eigentlichen Wünsche von Werbung haben verleiten lassen oder ob wir unserem Hungergefühl nachgeben, das uns gerade sehr ungelegen kommt und wir, obwohl wir uns wünschen würden noch weiter arbeiten zu können, etwas essen.

Kurzum, wir handeln wahrscheinlich im Alltag sehr oft, ohne dass wir von einem Wunsch aus ganzem Herzen, mit dem wir zufrieden sind, um den wir uns sorgen und der Teil unserer volitionalen Notwendigkeit ist, bewegt werden. Legt man den hohen Maßstab der Authentizität als Voraussetzung für autonomes Handeln an, so müssen wir feststellen, dass wir oftmals keinen Gebrauch von unserer Fähigkeit der Autonomie machen. Legt man jedoch den Maßstab von Beauchamp und Childress an, so gibt es weitaus weniger alltägliche Entscheidungen, die man als nicht autonom abtun dürfte. Im Hinblick auf die Beurteilung von Autonomie von einzelnen alltäglichen Handlungen ergibt sich also eine starke Differenz zwischen der Autonomiekonzeption Frankfurts und der von Beauchamp und Childress.

Wir möchten wahrscheinlich das Prädikat der Autonomie für möglichst viele unserer alltäglichen Handlungen bewahren, weil wir weiterhin wollen, dass auch diese Handlungen respektiert werden. Deshalb könnten wir voreilig dazu geneigt sein, die Konzeption von Beauchamp und Childress zu bevorzugen, da hier explizit die alltäglichen Handlungen von „normal choosers" als autonom gelten. Allerdings sind wir dann wiederum den bereits ausführlich beschriebenen Schwächen des Konzepts ausgesetzt und haben somit keine befriedigende Lösung erzielt.

Eine andere Strategie zur Lösung dieses Problems, scheint mir vielversprechender. Zunächst lässt sich darauf verweisen, dass eine Autonomiekonzeption, die Authentizität als konstitutive Bedingung erhebt, in jedem Fall ein Ideal beschreibt. Es handelt sich hierbei um eine Lebensweise, die wir anstreben sollten. Sich um Wünsche zu sorgen ermöglicht der Person überhaupt erst die Erfahrung von Glück.[352] Volitionen zweiter Stufe erzeugen Autorität für die Person selbst. Sie geben ihr einen guten Grund, ihr Handeln an ihnen auszurichten. Wir würden wohl bei gleichbleibenden anderen Umständen ein besseres Leben führen, wenn wir ein autonomes Leben im Sinne der Authentizitätsbedingung führten, als wenn wir ein Leben führten, das die Bedingung nicht erfüllte.

352 Vgl. Frankfurt 2001e, 204.

Wenngleich ein solches Ideal der personalen Autonomie also erstrebenswert ist, so werden wir ihm dennoch oftmals nicht gerecht, wenn wir handeln. Dies allein ist jedoch noch kein Grund, diese Konzeption abzuwehren. Wir handeln ebenso wenig immer moralisch richtig, denn auch moralisch richtiges Handeln ist sehr komplex, und wir sind manchmal zu schwach oder setzen andere Prioritäten. Aber ebenso wenig, wie die Feststellung, dass wir nicht immer moralisch richtig handeln, dazu führen sollte, dass wir unsere Moralkonzeption aufgeben sollten, sollte die Feststellung, dass wir nicht immer autonom handeln, dazu führen, dass wir unser Konzept von Autonomie aufgeben sollten.

Sollten wir also damit leben, dass viele unserer Entscheidungen nicht autonom sind und daraus den Schluss ziehen, dass auch viele Entscheidungen im medizinischen Kontext nicht die Bedingungen für Autonomie erfüllen und deshalb nicht beachtet werden müssen?

Ich glaube, dass die Lösung dieser Frage darin besteht, den ersten Teil mit ja und den zweiten Teil mit nein zu beantworten. Ja, wir sollten damit leben, dass viele unserer alltäglichen Entscheidungen nicht als autonome Handlungen gelten, weil sie nicht das Kriterium der Authentizität im vollen Maße erfüllen. Aber nein, dies bedeutet nicht automatisch, dass diese Handlungen nicht beachtet werden müssen. Eine entscheidende Diskrepanz zwischen dem Autonomiebegriff, der in der Medizinethik Anwendung findet und dem Autonomiebegriff, der sich an Authentizität ausrichtet, besteht darin, dass bei ersterem der Respekt an das Vorliegen einer autonomen Handlung gebunden wird, was beim zweiten nicht unbedingt der Fall ist.

Es wurde bereits aufgezeigt, dass bei einer Autonomiekonzeption, die Authentizität zur konstitutiven Bedingung erhebt, zwischen der Fähigkeit der Autonomie und dem Zustand der Autonomie unterschieden werden kann. Personen, die über personale Autonomie verfügen, also die Fähigkeit der Autonomie erworben haben, befinden sich durchaus nicht immer im Zustand der Autonomie. Während der Zustand der Autonomie, also das Vorliegen einer konkreten autonomen Handlung, in jedem Fall darauf schließen lässt, dass die Person über die Fähigkeit der Autonomie verfügt, kann umgekehrt jedoch nicht von der Fähigkeit der Autonomie auch darauf geschlossen werden, dass zugleich immer autonom gehandelt wird. Es stellt sich nun die Frage, ob eine autonome Handlung der entscheidende Grund ist, der Respekt generiert oder, ob nicht bereits das Vorliegen der Fähigkeit der Autonomie dazu ausreicht.

Ich möchte zur Beantwortung dieser Frage ein Beispiel aus unserem Alltag darstellen, bei dem eine autonome Person eine nicht autonome Handlung ausführt. Es handelt sich hierbei um das Beispiel der Raucherin wider Willen.

Nehmen wir an, eine Kollegin, von der ich weiß, dass sie eine autonome Person ist, unterhält sich mit mir darüber, dass sie gerne das Rauchen aufgeben möchte. Sie erzählt mir, dass sie sich selbst vor dem Nikotingestank ekelt. Es widerstrebt ihr, eine Zigarette anzünden zu müssen und sie möchte sich gerne von diesem Laster befreien. Gleichzeitig erzählt sie mir auch, dass sie jedoch immer wieder schwach wird und ihr Verlangen nach Nikotin sie doch wieder zum Rauchen zwingt. Sie fühlt sich hinterher von dieser Handlung selbst entfremdet und ärgert sich über ihre Willensschwäche. Sie wünscht sich aus ganzem Herzen, dass ihr Wunsch, mit dem Rauchen aufzuhören, handlungswirksam wird. Sie sorgt sich um diesen Wunsch und möchte an diesem festhalten.

Ganz offensichtlich ist die Kollegin eine autonome Person, die im Zusammenhang mit ihrem Rauchverhalten nicht autonome Entscheidungen trifft. Wie sollte ich im Hinblick auf Respekt mit ihr umgehen, wenn ich sie in der Mittagspause rauchend hinter einer Ecke entdecke? Muss ich ihre Handlung respektieren, weil ich weiß, dass es sich um eine autonome Person handelt, obwohl ich weiß, dass sie nicht autonom handelt?

Ich würde moralisch wahrscheinlich nichts falsch machen, wenn ich sie ansprähe und versuchte, dazu zu ermuntern, die Zigarette auszumachen. Unangemessen wäre ein solches Verhalten sicherlich bei einem anderen Kollegen, von dem ich weiß, dass er überzeugter Raucher ist und gerne raucht. Seine Entscheidung hätte ich ungesehen der Tatsache, ob ich sie persönlich für richtig halte oder nicht, unwidersprochen zu respektieren.

Bei der Kollegin, die dem Rauchen entsagen will, ist der Fall jedoch anders gelagert. Es ist gerade Ausdruck des Respekts für sie als Person, sie zu ermuntern, die Zigarette auszumachen. Dies liegt daran, dass in dem Versuch die Kollegin vom Abbrechen des Rauchens zu überzeugen zum Ausdruck kommt, dass ich mich für *ihren* Willen und damit für sie als Person interessiere. Ich will sie vom Rauchen abhalten, *weil* ich weiß, dass sie es selbst auch will. Der Versuch, jemanden davon abzubringen, nicht autonom zu handeln kann entsprechend eine Form von Respekt gegenüber der Person darstellen.

Bei dem überzeugten Raucher wäre das gleiche Verhalten respektlos, weil darin nicht zum Ausdruck käme, dass ich seine Entscheidungen respektiere und damit auch ihn als Person mit eigenem Willen achte. Vielmehr würde ich meine Ablehnung des Rauchens für wichtiger erachten, als seinen reflektierten Wunsch nach einer Zigarette. Seinen reflektierten Willen zu missachten, indem ich versuche, ihm meinen Willen aufzudrängen, würde sowohl seine normative als auch seine praktische Autorität über die ihn betreffenden persönlichen Bereiche negieren und wäre deshalb eine Form der Respektlosigkeit. Es würde die Barrierefunktion seiner Autonomie missachten. Ein solches Verhalten wäre übergriffig. Da die Person über die Autonomie als Fähigkeit verfügt, kann sie selbst entscheiden, um was sie sich sorgen möchte. Sie kann für die sie selbst betreffenden Bereiche Verantwortung übernehmen. Es bedarf keiner von außen kommenden Autorität, die ihr sagt, wie sie sich verhalten soll. Sie selbst kann sich darum sorgen.

Auch wenn eine gewisse Intervention hinsichtlich der nicht autonomen Handlung der unfreiwilligen Raucherin möglich ist, so scheinen dieser jedoch gewisse Grenzen gesetzt zu sein, die sich aus der Beschaffenheit der Person ableiten lassen. Nehmen wir an, ich versuche meine Kollegin davon zu überzeugen, die Zigarette auszumachen, diese antwortet jedoch in aller Klarheit, dass sie meine Intervention nicht wünscht, so sollte ich von weiteren Interventionen Abstand nehmen. Es wäre falsch, ihr die Zigarette aus der Hand zu schlagen, selbst dann, wenn ich es machen würde, um ihr zu helfen, ihren vorher bekundeten Willen durchzusetzen.

Ein zu starkes Maß an Intervention in diesem Fall ist deshalb falsch, weil es die Tatsache verkennt, dass der handelnden Person aufgrund ihrer generellen Fähigkeit der Autonomie dennoch eine Autorität zukommt, obwohl sie in ihrer jetzigen Handlung nicht autonom ist. Die unfreiwillige Raucherin kann als autonome Person gelten, weil sie Wünsche hat, die sie von ganzem Herzen will und um die sie sich sorgt. Wahrscheinlich leiten ebensolche Wünsche in anderen Bereichen ihres Lebens oftmals ihre Handlungen an. Sie verfügt also über die Fähigkeit der Autonomie. Diese grundlegende Fähigkeit der Autonomie generiert die Autorität bestimmen zu dürfen, wie man möchte, dass andere mit einem selbst und die einen selbst betreffenden Bereiche umgehen dürfen. Wenn die unfreiwillige Raucherin meine Intervention ablehnt, so bringt sie damit zum Ausdruck, dass sie von mir keine Hilfe bei ihrem Motivationsproblem in Anspruch nehmen möchte. Nur weil sie fähig zur Autonomie ist, heißt dies noch lange nicht, dass sie gezwungen ist, bei jeder ihrer Entscheidungen davon Gebrauch zu machen. Autonomie kann als Recht, sollte jedoch niemals als Pflicht verstanden werden. Wer zur Autonomie fähig ist, der darf selbst entscheiden, ob er davon Gebrauch machen möchte oder nicht. Autonome Personen haben das Recht über die sie selbst betreffenden Bereiche alleine zu entscheiden. Sie können deshalb auch entscheiden, dass sie sich in den sie selbst betreffenden Bereichen durch einen nicht autonomen Wunsch leiten lassen wollen.

Dies bedeutet also, dass wir die autonomen Handlungen von autonomen Personen in jedem Fall zu respektieren haben. Bei nicht autonomen Handlungen von autonomen Personen ist es hingegen zunächst ein Ausdruck von Respekt, wenn man versucht zu intervenieren und anbietet der Person bei der Durchsetzung ihres autonomen Willens zu helfen. Dieser Intervention ist jedoch dort ihre Grenze gesetzt, wo die Person sie ablehnt. Respektvoll ist es, dem Gegenüber Hilfe bei der Durchsetzung seiner autonomen Wünsche anzubieten, nicht jedoch ihn dazu zu zwingen, sich nur von autonomen Wünschen zum Handeln bewegen zu lassen. Seine Fähigkeit der Autonomie generiert die Barriere, die zu stark intervenierende Einflüsse ethisch falsch werden lässt.

Des Weiteren lässt sich auch feststellen, dass wenn die unfreiwillige Raucherin nicht weiter raucht, weil ich ihr die Zigarette durch Zwang entwende, sie ebenfalls nicht autonom handelt. Der zuvor durch die Sucht verursachte innerliche Zwang würde so lediglich durch einen von mir verursachten äußerlichen Zwang ersetzt werden. Da die unfreiwillige Raucherin ihre Handlung jedoch nicht selbst durch ihre Volition zweiter Stufe lenkt, könnte ihre Handlung nach wie vor als nicht autonom gelten. Ihr wäre also in doppelter Hinsicht nicht geholfen. Nicht nur würde ihre Abwehr und damit ihre Autorität missachtet werden, sondern darüber hinaus käme es nach wie vor nicht zu einer autonomen Handlung.

Bei nicht autonomen Handlungen von nicht autonomen Personen ist eine fürsorgliche Intervention ganz anders zu beurteilen. Diese Personen können nicht für sich selbst sorgen. Sie unterliegen deshalb der Fürsorgepflicht anderer. Aus diesem Grund darf ich meinem eigenen minderjährigen Kind die Zigarette aus der Hand nehmen. Dies stellt im Gegensatz zu den beiden ersten Fällen keine Verletzung seiner Autorität dar, weil es aufgrund seiner mangelnden Fähigkeit der Autonomie nicht über diese verfügt. Es kann sich noch nicht um seine Wünsche sorgen, diese nicht reflektieren und zurückweisen und damit für sich selbst als Person Sorge tragen.

Die personale Autonomie setzt Interventionen Grenzen, ganz gleich, ob die Handlung autonom ist oder nicht. Respekt ist entsprechend nicht nur dort gefordert, wo eine Handlung autonom ist, sondern bereits dort notwendig, wo eine Person über personale Autonomie verfügt. Die Barrierefunktion der Autonomie entfaltet sich damit durch das Vorliegen der Autonomiefähigkeit, und sie bedarf nicht zusätzlich noch einer autonomen Handlung.

Übertragen wir diese Erkenntnis auf ein medizinisches Beispiel und prüfen, ob der Gedanke auch dort sinnvoll anwendbar ist. Ich möchte es das Beispiel des mutigen Patienten nennen.

Stellen wir uns vor, ein Patient wünscht sich auf erster Stufe eine medizinische Behandlung, weil er weiß, dass diese seinen Gesundheitszustand verbessern würde. Gleichzeitig hat er jedoch den Wunsch erster Stufe, dass diese

Behandlung nicht durchgeführt wird, weil sie mit großen Schmerzen verbunden ist, vor denen er Angst hat. Der Patient wiederum möchte keine Person sein, die aus Angst vor etwas zurückschreckt, was sie aus anderen Gründen für sinnvoll erachtet. Er sorgt sich vielmehr darum, eine mutige Person zu sein. Er wünscht sich deshalb, dass sein Wunsch, die Behandlung aus Angst vor Schmerzen zu vermeiden, verschwinden möge und distanziert sich innerlich davon.

Doch wie das Leben so spielt, kommt es anders, als es sich der Patient auf höherer Stufe wünscht: Seine Angst hat ihn fest im Griff und hindert ihn daran, der Behandlung zuzustimmen. Seine Entscheidung kann der Authentizitätsbedingung folgend nicht als autonom verstanden werden, weil der Patient von einem Wunsch geleitet wurde, mit dem er sich nicht identifizieren kann. Sollte man diese Entscheidung respektieren?

Ähnlich wie im Beispiel der Raucherin wider Willen scheint es respektvoll zu sein, wenn man den Patienten darauf anspricht, dass seine Entscheidung scheinbar nicht Ausdruck seines autonomen Willens ist. Ein gemeinsames Gespräch mit dem medizinischen Personal könnte dazu führen, die Ängste abzubauen und dadurch den reflektierten Willen des Patienten durchsetzbar machen. Der Respekt gegenüber der Person würde eine solche Hilfe sogar gebieten. Dies ist ein Gegensatz zu dem von Beauchamp und Childress entworfenen Autonomiebegriff, mit dem kaum erfasst werden könnte, dass die Entscheidung nicht autonom war. Immerhin kann es sich bei dieser Entscheidung durchaus um eine absichtliche, informierte und freiwillige Entscheidung handeln. Erst die Autonomiebedingung der Authentizität ermöglicht es, den durch die Angst verursachten inneren Zwang als Hemmnis einer autonomen Entscheidung zu erfassen. Dadurch wird es möglich, dem Patienten respektvoll entgegenzutreten und ihm in der Durchsetzung seines reflektierten Willens Unterstützung anzubieten.

Doch selbstverständlich sind auch dieser Intervention Grenzen gesetzt, die in der Autorität der autonomen Person begründet sind. Eine zu starke Intervention bestünde sicherlich schon darin, wenn der Patient nicht wünscht, seine

Entscheidung erneut zu durchdenken, ihn dennoch vehement dazu zu drängen. Ganz sicher unzulässig wäre es, die Behandlung entgegen der geäußerten Entscheidung des Patienten durchzuführen, weil dadurch eine nicht gerechtfertigte Verletzung der körperlichen Integrität des Patienten stattfinden würde und seine Autorität, die ihm aufgrund seiner Autonomiefähigkeit zukommt, missachtet werden würde.

Die Autorität des Patienten zu achten bedeutet, dass er es ist, in dessen Verantwortungsbereich es liegt, autonome Entscheidungen zu treffen und einen autonomen Willen auszubilden. Aufgrund seiner grundsätzlichen Fähigkeit der Autonomie liegt es am Patienten selbst, sich für die Ausbildung eines freien Willens zu engagieren und entsprechende Hilfsangebote anzunehmen. Sein freier Wille und die Sorge um diesen ist somit Teil seines Verantwortungsbereiches und bildet den Bereich seiner Autorität. Wenn er selbst sich nicht darum sorgt, dass eine seiner Entscheidungen nicht seinem freien Willen entspringt, so scheint ihm zuzustehen, sich so zu entscheiden, weil ihm die Autorität über die Durchsetzung seiner Autonomiefähigkeit zukommt. Die Autonomie der Person generiert damit eine Autorität, die es auch ermöglicht, nicht autonom zu entscheiden und in dieser Entscheidung respektiert zu werden. Autonomie darf nicht zur Pflicht werden, wenn wir ihren Wert für uns erhalten wollen. Die Autonomiefähigkeit einer Person generiert eine Barriere, nicht in ihre Entscheidungen zu intervenieren.

Nicht autonome Personen haben diese Barriere der Autonomie nicht. Wenngleich die Handlungen, die von nicht autonomen Personen durchgeführt werden, nicht dieser Art des Respekts bedürfen, heißt dies aber nicht, dass sie grundsätzlich nicht achtenswert sind und wann immer es uns beliebt durchkreuzt werden können. Es kann durchaus auch andere Gründe geben, nicht in die Handlungen anderer Personen einzugreifen als die aus der Autonomie erwachsende Autorität. Es ist ganz oft einfach unangenehm, wenn man an der Durchsetzung seiner gewünschten Handlung gehindert wird. Dazu muss man kein autonomes Wesen sein. Kleine Kinder weinen, wenn sie nicht so handeln können, wie sie es gerne möchten. Dies ist ein ganz deutlicher Ausdruck ihres Missfallens, das durch die Durchkreuzung ihrer Handlungsabsicht entsteht. Dies hat jedoch nichts mit Autonomie zu tun. Wenn es keinen triftigen Grund gibt, der dafür spricht, die Handlungen von anderen nicht zu achten, dann sollten wir dies generell lassen, weil es dem Gegenüber wahrscheinlich unangenehm sein wird. Ein triftiger Grund kann es sein, die Fürsorgepflicht für jemanden zu tragen und dieser nur gerecht werden zu können, wenn man seine Handlungen durchkreuzt oder jemanden vor Unheil bewahren zu wollen, das er selbst nicht erkennt. Dies scheinen aber nur triftige Gründe zu sein, wenn es sich um nicht autonome Personen handelt, deren Handlungen durchkreuzt werden sollen.

Damit zeigt sich, dass die Autonomiebedingung der Authentizität durchaus zu sinnvollen und vertretbaren Konsequenzen im medizinischen Kontext führt. Die Sorge, dass zu viele Handlungen als nicht autonome Handlungen abgetan und deshalb nicht mehr respektiert werden müssten, scheint unbegründet, wenn man meiner Konzeption folgt und Respekt an das Vorliegen personaler Autonomie bindet, nicht jedoch ausschließlich das Vorliegen von autonomen Handlungen als Barriere generierende Form der Autonomie versteht.

Die Authentizitätsbedingung muss sich nicht dem Überforderungseinwand von Beauchamp und Childress ausgesetzt sehen, wenn man das Prinzip des Respekts vor der Autonomie von der Annahme entkoppelt, dass es nur auf autonome Handlungen anzuwenden ist. Die personale Autonomie bildet eine fundierte Grundlage für die Autorität der Person und die daraus erwachsende Barrierefunktion ihrer Autonomie, die die Person vor Eingriffen in ihre Entscheidung schützt. Bereits die Fähigkeit der Autonomie reicht aus, um Respekt beim Gegenüber zu generieren. Ebenfalls generiert eine autonome Handlung, die die Authentizitätsbedingung erfüllt, eine Barriere, da das Vorliegen einer Handlung, welche die Authentizitätsbedingung erfüllt, einen Rückschluss auf das Vorliegen der Fähigkeit der Autonomie zulässt.

5.5.2 Erfüllt die Autonomiebedingung der Authentizität eine Schlüsselfunktion?

Neben der Funktion eine normative Barriere zu bilden, die den Patienten vor Eingriffen in seine Entscheidung schützt, kommt der Patientenautonomie auch noch eine zweite Funktion als Schlüssel zu. Da alle medizinischen Behandlungen immer die körperliche Integrität des Patienten verletzen, bedarf es einer autonomen Einwilligung vonseiten des Patienten, um diese zu legitimieren. Nun stellt sich die Frage, ob die Autonomiebedingung der Authentizität eine geeignete Autonomiekonzeption darstellt, die diese normative Funktion erfüllen kann. Erst dann gilt auch die zweite Adäquatheitsbedingung, die an Autonomie im medizinischen Kontext gestellt wird, als erfüllt.

Eine autonome Einwilligung in eine medizinische Behandlung, die in vollem Umfang der Authentizitätsbedingung entspricht – mit der sich der Patient also aus ganzem Herzen identifiziert, die in ihm ein Gefühl der Zufriedenheit entstehen lässt, für die er Sorge trägt und die vielleicht auch noch eine volitionale Notwendigkeit darstellt – kann, wie ich im Folgenden aufzeigen möchte, sehr gut begründet eine solche Schlüsselfunktion einnehmen.

Sich für oder gegen eine medizinische Behandlung zu entscheiden, ist oftmals nicht leicht, weil mit der Behandlung sowohl positive Dinge verbunden werden – wie die Verbesserung oder Aufrechterhaltung der Gesundheit – als auch negative Dinge – wie das Zufügen von Schmerz, Veränderung des Körpers oder (vorübergehende) Angewiesenheit auf Hilfe. Ein Patient hat deshalb oftmals sich widerstreitende Wünsche erster Stufe hinsichtlich der Entscheidung für die Behandlung. Er kann sich nun auf zweiter Stufe fragen, welcher seiner Wünsche ihm mehr zu eigen ist, etwa der Wunsch die Behandlung zu vermeiden, aus Angst vor den Schmerzen oder der Wunsch die Behandlung durchzuführen, um seine Gesundheit zu verbessern.

Bei manchen sehr weitreichenden medizinischen Behandlungen sind solche Entscheidungen nicht nur Entscheidungen im Zusammenhang damit, wie man handeln möchte bzw. wie man *be*handelt werden möchte, sondern auch Entscheidungen darüber, welche Person man sein möchte. Wenn ich mich entscheiden muss, zwischen Verlängerung meines Lebens oder Verbesserung meiner Lebensqualität oder zwischen der Entfernung von Krebs oder der Aufrechterhaltung meiner Fruchtbarkeit entscheiden muss, dann sind dies weitreichende Entscheidungen, die das betreffen, was mich als Person ausmacht. Solche Entscheidungen zu reflektieren, bedeutet deshalb zugleich, sich zu fragen, welche Art von Person man sein möchte. In Frankfurts Worten muss sich der Patient dann entscheiden, „um welche der beiden Alternativen er sich wirklich sorgt."[353]

Schafft man es bei diesen Überlegungen sich aus ganzem Herzen mit einem Wunsch zu identifizieren und ihn zu verinnerlichen, so wird man sich zugleich von dem anderen Wunsch zurückziehen. Man wird hoffen, dass er verschwindet und nicht mehr handlungswirksam wird. Sicherlich hat man sich nicht die kontingenten Umstände gewünscht, die zu einer solchen Entscheidung führen. Das ändert aber nichts daran, dass man sich nur für die Erfüllung des Wunsches entscheiden kann, der einem besonders am Herzen liegt und der andere Wunsch unerfüllt bleiben muss.

Trifft ein Patient also eine derart reflektierte Entscheidung für eine medizinische Behandlung, so folgt er damit einem Wunsch, um den er sich sorgt. Durch das Sorgen um den Wunsch erhält dieser Wunsch eine gewisse Stabilität. Von dem Wunsch, die medizinische Behandlung nicht durchführen lassen zu wollen, wird er sich vermehrt entfremden. Dadurch hat er das Gefühl, dass mit der Durchführung der Behandlung etwas unternommen wird, was ihn als Person achtet, weil es seinem autonomen Willen entspricht. Es mag sein, dass unter der medizinischen Behandlung der abgelehnte Wunsch nach ihrer Vermeidung erstarkt – etwa weil die Behandlung Schmerzen verursacht, die man lieber nicht hätte, aber, weil sich der Patient mit dem anderen Wunsch identifiziert hat, weiß er, auf welcher Seite des Wunschkonflikts er steht. Er verändert mit einem autonomen Wunsch für die medizinische Behandlung seine Einstellung zu der Behandlung. Ihre Durchführung empfindet er nicht mehr als eine moralisch bedeutsame Verletzung seiner Autonomie, weil die Entscheidung für sie seiner Autonomie entspringt. Er wird als

353 Frankfurt 2001c, 104.

steuernder und gleichwertiger moralischer Akteur ernst genommen, der darüber entscheidet, was mit seinem Körper passiert. Mit seiner Entscheidung kontrolliert er die Situation und ebenso seine Einstellung zu ihr, weil sie sich mit einem stabilen reflektierten Wunsch deckt. Er muss sich keiner Ohnmacht mehr ausgesetzt sehen, weil er durch seine autonome Entscheidung für die Behandlung selbst steuert, was mit ihm passiert. Damit verschwinden durch seine autonome Einwilligung in die Behandlung die Gründe, die eine medizinische Behandlung ohne Einwilligung falsch machen. Eine autonome Einwilligung in eine medizinische Behandlung, die die Autonomiebedingung der Authentizität erfüllt, kann somit die in der Einladungsthese beschriebene Schlüsselfunktion übernehmen und eine medizinische Behandlung von einer verbotenen Handlung in eine erlaubte Handlung transformieren.

Reflektiert ein Patient hingegen nicht über die widerstreitenden Wünsche erster Stufe, sondern entscheidet sich nur deshalb für die medizinische Behandlung, weil dieser Wunsch gerade stärker ist als der andere, so kann es passieren, dass der Patient sich während der Behandlung wankelmütig umentscheiden möchte. Sollte durch die Schmerzen unter der Behandlung der Wunsch nach Abbruch der Behandlung erstarken, gibt es für den Patienten keinen Grund, diesem Wunsch nicht zu folgen. Durch seine mangelnde Identifikation mit einem der beiden Wünsche lässt er sich einfach immer vom stärkeren Wunsch in seiner Entscheidung treiben. Er verhält sich dann im Hinblick auf die Entscheidung über die medizinische Behandlung wie ein triebhaftes Wesen.

Wird die medizinische Behandlung also aufgrund eines unreflektierten Wunsches erster Stufe durchgeführt, so ist die Gefahr groß, dass der Patient seine Meinung ändert und sich im Verlauf der Behandlung der Kontrolle beraubt sieht, weil er den mittlerweile erstarkten Wunsch nach Behandlungsabbruch nicht umsetzen kann. Der Patient hat keine Kontrolle über die Situation, weil er nicht kontrolliert, welcher seiner Wünsche sich in Bezug auf die Behandlung durchsetzt. Dadurch fehlt ihm die Identifikation mit dem Wunsch nach der Behandlung. Dies stellt eine Gefahr dar, dass seine Einstellung hinsichtlich der Durchführung der Behandlung nicht stabil ist. Er könnte ihr in einem Moment zustimmen und sie im anderen Moment ablehnen. Erfolgt die

Ablehnung in einem Moment, in dem die Folgen der Behandlung nicht mehr reversibel sind, könnte dies zu einem Gefühl des Kontrollverlusts und der Ohnmacht des Patienten kommen. Er ist in einer Situation gefangen, die er ablehnt. Er könnte sich dadurch gedemütigt fühlen. Die Gefahr ist hier also groß, dass die Behandlung als Unrecht vom Patienten erfahren wird, und es stellt sich die Frage, ob sie damit eine nicht gerechtfertigte Verletzung der körperlichen Integrität des Patienten ist.

Eine autonome Entscheidung, die die Bedingung der Authentizität erfüllt, zur Voraussetzung der Zulässigkeit medizinischer Behandlungen zu machen stellt jedoch sehr hohe Ansprüche an die Zulässigkeit medizinischer Behandlungen. Dadurch würden viele Behandlungen extrem erschwert werden. Zudem entstünde das Problem, dass von außen kaum erkannt werden kann, ob der Patient sich tatsächlich auf höherer Stufe aus ganzem Herzen mit seinem Wunsch identifiziert. Dies ist auch für die betroffenen Personen ein nicht immer vollkommen bewusst ablaufender Prozess, der nur schwerlich von außen beurteilt werden kann.

Was also tun? Sollte man tatsächlich daran festhalten, dass nur autonome Entscheidungen, die die Bedingung der Authentizität erfüllen, eine Schlüsselfunktion im Zusammenhang mit der Zulässigkeit medizinischer Behandlungen einnehmen und damit riskieren, dass dadurch zahlreiche medizinische Behandlungen ethisch nicht legitimiert werden können, weil Zweifel am Vorliegen der Autonomie der Entscheidung existieren?

Sicherlich ist eine autonome Entscheidung aus ganzem Herzen für eine medizinische Behandlung das Ideal einer Einwilligung. Doch es lässt sich auch zeigen, dass Entscheidungen, die dieses Ideal nicht in Gänze erfüllen, dennoch eine legitimierende Kraft bezüglich der Zulässigkeit der Behandlung entfalten können. Die Voraussetzung dafür scheint aber zu sein, dass der Patient grundsätzlich über die Fähigkeit der Autonomie verfügt und die Möglichkeit hätte, diese Fähigkeit abzurufen, auch wenn er bei der konkreten Entscheidung keinen Gebrauch davon macht, weil er sich nicht reflexiv mit seiner Entscheidung identifiziert.

Muss sich ein Patient für oder gegen eine medizinische Behandlung entscheiden, so sollte man ihm helfen, zu einer autonomen Entscheidung zu gelangen, die die Authentizitätsbedingung erfüllt. Besonders dann, wenn die Behandlung sehr weitreichende Folgen für ihn als Person haben kann. Der Patient kann in seinem Reflexionsprozess dadurch unterstützt werden, dass ihm die relevanten Informationen im Zusammenhang mit der Behandlung leicht zugänglich gemacht werden. Ein gemeinsames Aufklärungsgespräch mit dem medizinischen Personal kann ihn unterstützen, die Informationen entsprechend seinem eigenen Wunschgefüge einzuordnen. Durch das gemeinsame Gespräch können Argumente für und gegen die Behandlung ausgetauscht werden, und der Patient wird zu einer Reflexion über seine eigenen Wünsche angeregt.

Stehen seiner Einwilligung in die Behandlung Wünsche entgegen, die er innerlich ablehnt, so kann man ihm dabei helfen, diese Wünsche nicht handlungswirksam werden zu lassen, indem man ihm beispielsweise versucht, die Angst vor Schmerzen oder die Angewiesenheit auf Hilfe zu nehmen.

Sollte ein Patient, der über die Fähigkeit der Autonomie verfügt, jedoch trotz dieser Hilfsangebote oder durch Ablehnung dieser Hilfsangebote in die medizinische Behandlung einwilligen, ohne dass er die seiner Einwilligung zugrundeliegenden Wünsche reflektiert hat und sie aus ganzem Herzen bejahen kann, so sollte seine Einwilligung dennoch aufgrund seiner Fähigkeit der Autonomie eine die medizinische Behandlung legitimierende Wirkung entfalten.

Aufgrund seiner Fähigkeit der Autonomie stehen einem Patienten grundsätzlich die Möglichkeit und die Ressourcen zur Verfügung, zu einer autonomen Entscheidung seine medizinische Behandlung betreffend zu gelangen. Dies ist selbstverständlich nur der Fall, wenn der Patient tatsächlich von seiner Fähigkeit der Autonomie Gebrauch machen könnte, wenn er es denn wollte. Es ist beispielsweise nicht gegeben, wenn der Patient mentale Einschränkungen hat oder gar das Bewusstsein verloren hat oder durch die Einnahme von starken Medikamenten in seinen mentalen Prozessen eingetrübt ist. Ebenso wenig kann er von seiner Autonomiefähigkeit Gebrauch machen, wenn er durch äußeren Zwang davon abgehalten wird oder man ihm die für seine Entscheidung notwendigen Informationen vorenthält. Trifft ein Patient aber deshalb keine autonome Entscheidung, die durch eine Volition höherer Stufe abgesichert ist, weil er willentlich keinen Gebrauch von seiner Fähigkeit zur reflexiven Identifikation macht, so trägt er auch selbst die Verantwortung dafür, sich von seiner Autonomiefähigkeit zurückzuziehen, obwohl er einfach auf sie hätte zugreifen können.

Wer autonom handeln kann und es freiwillig vorzieht dies zu unterlassen, der muss die Konsequenzen seiner Entscheidung selbst tragen. Macht er von dieser Möglichkeit Gebrauch, so muss ihm die Verantwortung dafür zugesprochen werden. Wer autonomiefähig ist, der trägt die Verantwortung für Entscheidungen, die seinen intimen Nahbereich betreffen. Das bedeutet selbstverständlich nicht, dass man autonome Personen nicht darin unterstützen kann, zu autonomen und gut durchdachten Entscheidungen in diesem Bereich zu gelangen. Lehnt ein Patient aber eben diese Hilfsangebote ab, so ist dies eine achtenswerte Entscheidung.

Willigt der Patient also trotz des Versuchs ihn in einer autonomen Entscheidungsfindung zu unterstützen, durch einen nicht reflektierten Wunsch erster Stufe geleitet, in eine Behandlung ein, so ist es durchaus möglich, dass er später diese Entscheidung bereuen wird, da ein anderer Wunsch erstarkt, der gegen die Behandlung spricht. Dies ist aber noch kein Grund, dass die Behandlung dadurch zum moralischen Unrecht wird.

Selbstverständlich ist es jederzeit möglich, eine bereits gegebene Einwilligung zurückzuziehen, und diese Forderung ist zu achten, auch wenn die Ablehnung der Behandlung ebenfalls nicht autonom ist.[354] Doch möglicherweise sind bestimmte Folgen einer bereits angefangenen Behandlung nicht mehr reversibel, auch wenn sie auf Wunsch des Patienten abgebrochen wird.

Wie oben ausgeführt, könnte sich der Patient durch diese möglicherweise nicht mehr reversibel zu machenden Folgen der medizinischen Behandlung

354 Eine Ausnahme davon könnten gegebenenfalls Odysseus-Verträge bilden.

seiner Kontrolle beraubt und sogar gedemütigt sehen. Der Grund dafür ist jedoch nicht, dass sich das medizinische Personal mit der Behandlung etwas hat zuschulden kommen lassen. Der Patient wurde durchaus als moralischer Akteur anerkannt und in seiner Entscheidung ernstgenommen. Es wurde versucht ihn darin zu unterstützen, dass er eine autonome Entscheidung treffen kann. Der Patient selbst hat jedoch keinen Gebrauch von der Möglichkeit gemacht, die ihm zustand. Er selbst war es, der nicht die Kontrolle über seine Wünsche und damit für sich selbst übernommen hat, obwohl es ihm möglich gewesen wäre. Er hat in etwas eingewilligt und es abgelehnt den dieser Einwilligung zugrundeliegenden Wunsch zu reflektieren. Damit ist es ihm anzulasten, dass er sich in eine Situation gebracht hat, die er jetzt als kontrollberaubend und demütigend erfährt. Der Kontrollverlust geht von ihm selbst aus und ist nicht von außen verursacht. Er hat die Kontrolle verloren, weil er es unterlassen hat, seine Wünsche und seine Einstellung zu ihnen zu kontrollieren.

Dies ist sicherlich kein schöner Zustand, und wir sollten einer solch tragischen Person helfen, einen Ausweg aus der Situation zu finden. Aber dennoch führt dieser Zustand nicht dazu, dass die medizinische Behandlung selbst zum moralischen Unrecht wird, da sie ja nach wie vor auf der Grundlage einer Einwilligung einer autonomiefähigen Person durchgeführt wurde.

Selbstverständlich ist es hier ebenfalls Ausdruck des Respekts für die Person, dass man sich um deren Willen sorgt. Lässt die Einwilligung einer autonomiefähigen Person Zweifel aufkommen, ob es sich dabei um eine autonome Entscheidung handelt, so sollte man versuchen zu intervenieren. Der Patient sollte auf die Zweifel an der Autonomie seiner Einwilligung aufmerksam gemacht werden. Es ist des Weiteren abzugleichen, ob er die Tragweite und die möglichen Konsequenzen seiner Entscheidung verstanden hat. Das medizinische Personal sollte versuchen, in einem gemeinsamen Gespräch mit dem Patienten herauszufinden, was ihn davon abhält, den Wunsch nach der Einwilligung zu reflektieren. Lehnt ein autonomiefähiger Patient diese helfenden Interventionen jedoch ab, so gibt ihm die aus seiner Autonomiefähigkeit erwachsende Autorität über seine intimen Nahbereiche das Recht dazu.

Aufgrund seiner Fähigkeit der Autonomie kommt dem Patienten Autorität über die ihn selbst betreffenden Bereiche zu. Diese Autorität hat er genutzt und in eine medizinische Behandlung eingewilligt. Er hat sie leider nicht sehr weise genutzt und sich von einem nicht reflektierten Wunsch leiten lassen. Doch dies ist sein Recht als autonome Person. Er tut gut daran, von seiner Autonomiefähigkeit Gebrauch zu machen, man kann ihn jedoch nicht dazu verpflichten. Der Gebrauch seiner Autonomiefähigkeit bildet seinen Verantwortungsbereich. Deshalb muss er die Verantwortung auch für die Entscheidung tragen, die nicht autonom waren. Seine Fähigkeit der Autonomie reicht deshalb aus, dass seine Einwilligung einen legitimierenden Einfluss auf die Zulässigkeit medizinischer Behandlungen hat, ganz gleich, ob sie selbst die Bedingungen der Autonomie erfüllte oder nicht.

Ein Konzept von Patientenautonomie, das die Authentizität zum entscheidenden konstitutiven Kriterium für Autonomie erhebt, kann also durchaus eine Schlüsselfunktion einnehmen. Es erfüllt damit neben der ersten Adäquatheitsbedingung auch die zweite Adäquatheitsbedingung, die an ein Autonomiekonzept im medizinischen Kontext gestellt werden müssen. Sowohl für die Ablehnung einer Behandlung als auch für die Einwilligung in dieselbe gilt, dass es wünschenswert ist, wenn die dieser Handlung zugrundeliegende Entscheidung selbst autonom ist und damit die Authentizitätsbedingung erfüllt. Patienten sollten unbedingt, wo immer von ihnen zugelassen, darin unterstützt werden, zu einer solch autonomen Entscheidung gelangen zu können. Für die Entfaltung der normativen Kraft der Autonomie – sowohl als Barriere wie auch als Schlüssel – bedarf es jedoch nicht einer autonomen Entscheidung, sondern nur der grundsätzlichen und aktuell abrufbaren Fähigkeit der Autonomie des Patienten. Wer die Authentizitätsbedingung erfüllt und damit über die Fähigkeit der Autonomie verfügt, dem kommt die Autorität zu, über seinen intimen Nahbereich entscheiden zu dürfen. Autonome Personen tun gut daran, sich autonom zu entscheiden, sie haben aber keine Pflicht dazu, dies ist Teil ihrer Autorität.

Wem es an der Fähigkeit der Autonomie mangelt, dessen Entscheidungen entfalten nicht dieselbe normative Funktion als Barriere und Schlüssel, wie es diejenigen Entscheidungen tun, die von autonomiefähigen Personen getroffen wurden.

Damit wird deutlich, dass die internalistische Autonomiekonzeption, die von Frankfurt entworfen wurde, durchaus dazu geeignet ist, auch im medizinischen Kontext Anwendung zu finden. Durch eine derart gestaltete Autonomiekonzeption kann man nicht nur den Schwächen begegnen, denen das bisher im medizinischen Kontext dominierende Autonomiekonzept ausgesetzt ist. Dieses aus der Debatte über die personale Autonomie entlehnte Konzept liefert zusätzlich noch eine befriedigende Begründung dafür, warum einer derart konzipierten Patientenautonomie sowohl eine Barriere- als auch eine Schlüsselfunktion zukommen. Damit ist diese Autonomiekonzeption der bisherigen medizinethischen Standardkonzeption zur Autonomie vorzuziehen. Wenn es um die Frage geht, wodurch Patientenautonomie gekennzeichnet ist, so lautet die Antwort deshalb: Patientenautonomie bedeutet über die Fähigkeit der Autonomie zu verfügen. Über die Fähigkeit der Autonomie verfügen diejenigen Personen, die dazu fähig sind, sich aus ganzem Herzen auf höherer Stufe mit ihren Wünschen zu identifizieren, in denen dadurch Zufriedenheit entstehen kann, die sich um ihre Wünsche sorgen können und die volitionalen Notwendigkeiten unterworfen sind. Entscheidungen von Patienten, die aktuell über diese Fähigkeit verfügen, entfalten sowohl eine normative Funktion als Barriere als auch die eines Schlüssels.

5.6 Die Entstehungsgeschichte von Wünschen als Autonomiebedingung

Die vorherigen Kapitel haben dazu gedient, eine alternative Konzeption von Autonomie zu entwerfen, als die im medizinischen Kontext bisher dominierende Autonomiekonzeption. Diese alternative Autonomiekonzeption beruht auf der konstitutiven Autonomiebedingung der Authentizität. Sie vermag es einerseits, den Schwächen der bisherigen Autonomiekonzeption im Bereich der Medizinethik besser zu begegnen und erfüllt außerdem auch die für den medizinischen Kontext geforderten beiden Adäquatheitsbedingungen. Damit wird die Authentizität zu einer notwendigen Bedingung, die ein Patient erfüllen muss, damit ihm Patientenautonomie zugeschrieben werden kann, die im vollen Umfang die beiden normativen Funktionen als Barriere und Schlüssel entfalten kann.

In den folgenden Kapiteln soll die Bedingung der Authentizität als notwendige konstitutive Bedingung für Patientenautonomie gelten. Neben dieser internalistischen Autonomiekonzeption gibt es in der Debatte der personalen Autonomie jedoch weitere Konzeptionen von Autonomie, in denen andere zusätzliche Bedingung gefordert werden, die von ihren Verfechtern als konstitutiv für das Vorliegen von Autonomie gelten.

Um keine voreiligen Schlüsse zu ziehen, welche Bedingungen konstitutiv für das Vorliegen von Patientenautonomie sind, muss nun also geprüft werden, ob diese weiteren Bedingungen für Autonomie ebenfalls konstitutiv für das Vorliegen von Patientenautonomie sind. Sollte dies der Fall sein, muss die notwendige Bedingung der Authentizität um weitere ergänzt werden. Damit wäre die Bedingung der Authentizität zwar nach wie vor eine notwendige, aber allein noch keine hinreichende Bedingung für Patientenautonomie.

Um dies zu tun, werde ich mir exemplarisch verschiedene Arten von zusätzlichen Autonomiebedingungen aus der Debatte der personalen Autonomie anschauen. Bei der Bedingung der Authentizität handelt es sich um einen inhaltsneutralen und rein internalistischen Ansatz zur Autonomie. Es wird davon ausgegangen, dass das, was Autonomie ausmacht, einzig und allein in der inneren Struktur der Person zu finden ist und damit unabhängig von der äußeren Welt ist. Daneben möchte ich nun verschiedene externalistische Ansätze mit in die Betrachtung einbeziehen, die davon ausgehen, dass es neben der internen Willensstruktur der Person auch noch anderer Umstände bedarf, die außerhalb der Person zu finden sind, damit eine Person autonom ist.

Dazu möchte ich mir in einem ersten Schritt die inhaltsneutrale und zugleich prozedurale Autonomiekonzeption Christmans betrachten. Hier wird die Entstehungsgeschichte der Wünsche zu einer weiteren konstitutiven

Autonomiebedingung erhoben. Nach einer Darstellung dieser Autonomiekonzeption werde ich mich mit der Kritik derselben beschäftigen und mich im Anschluss der Frage widmen, ob eine um diese Bedingung erweiterte Autonomiekonzeption nach wie vor die für den medizinischen Kontext geforderten Adäquatheitsbedingungen erfüllt.

Nach gleichem Schema möchte ich in den darauffolgenden Kapiteln die externalistische und zugleich substantielle Autonomiebedingung der angemessenen Handlungsoptionen untersuchen und als Beispiel für einen relationalen Ansatz die externalistische Autonomiebedingung der angemessenen sozialen Beziehungen analysieren.

In diesem Kapitel 5.6 setze ich mich mit einer Autonomiebedingung auseinander, die aus einer bisher nicht erfassten Kritik an der Frankfurtschen Autonomiekonzeption von Christman entwickelt wurde. Sie beruht auf der Annahme, dass eine bestimmte Art von Autonomie-Hindernissen nicht allein durch die bisher formulierte Bedingung der Authentizität erfasst werden kann. Christman weist darauf hin, dass es durchaus vorstellbar ist, dass Volitionen zweiter Stufe, mit denen wir uns aus ganzem Herzen identifizieren und um die wir uns sorgen durch Fremdbestimmung oder unbemerkte Manipulation von außen entstanden sein können. Sollte dies zutreffen, würde die bisherige Bedingung der Authentizität nicht ausreichen, um aufzuzeigen, dass es einer aus einer manipulierten Volition entspringenden Handlung an Autonomie mangelt. Christman plädiert deshalb dafür, die prozedurale Entstehungsgeschichte der Wünsche und Volitionen verstärkt zu berücksichtigen.[355]

Christman legt mit seinem Ansatz eine Schwäche der Autonomiebedingung der Authentizität offen, die darin besteht, dass diese nur eine zeitliche Momentaufnahme davon ist, ob eine Person autonom handelt oder nicht. Unberücksichtigt bleibt dabei der Entstehungsprozess des Wunsches selbst, der wiederum durch Fremdbestimmung oder unbemerkte Manipulation gekennzeichnet sein kann und damit der Autonomie des Wunsches entgegensteht.

355 Vgl. Christman 2013.

Zur Veranschaulichung dieser Kritik gibt Christman das Beispiel eines Freundes, der nach einem zweiwöchigen Aufenthalt in einer Sekte stark verändert zurückkehrt und das Sektencredo verinnerlicht hat.[356] Wahrscheinlich würden wir in diesem Fall in einem vortheoretischen Urteil die Autonomie des Freundes in Zweifel ziehen. Dieses Urteil gründet sich auf die Annahme, dass der Entstehungsprozess der Wünsche manipulativ war und die dadurch erworbenen Wünsche nicht als autonom gelten können, ganz gleich, ob es Wünsche höherer Stufe sind. Wenngleich der Freund nach dem Aufenthalt in der Sekte zwar Handlungen ausführt, die sich mit seinen Wünschen zweiter Stufe decken, so kann man dennoch seine Autonomie anzweifeln, indem man auf die manipulative Entstehungsgeschichte seiner Wünsche verweist. Man führt dann an, dass der Freund Wünsche zweiter Stufe hat, die er eigentlich nicht haben will und die durch einen manipulierenden Prozess erworben wurden. Aufgrund der Manipulation durch die Sekte ist es dennoch möglich, dass der Freund sich um den Erhalt der Wünsche sorgt und mit diesen zufrieden ist.

Die fehlende Berücksichtigung des Prozesses der Wunschentstehung führt dazu, dass mit der von Frankfurt beschriebenen Autonomiebedingung der Authentizität Autonomie nicht hinreichend erfasst werden kann.

Christman schlägt deshalb stattdessen vor, drei neue Bedingungen für autonomes Handelns zu formulieren, die die Wunschentstehung stärker berücksichtigen. Ich möchte die drei Bedingungen im Folgenden kurz erläutern. Sie lauten wie folgt:

> „(i) Eine Person P ist relativ zu einem Wunsch D autonom, wenn P sich der Entstehung von D nicht widersetzte, als sie sich des Entstehungsprozesses bewusst war, oder wenn P sich dieser Entstehung nicht widersetzt *hätte*, wenn sie sich des Prozesses bewusst gewesen wäre;
> (ii) Das Ausbleiben des Widerstandes gegen die Entstehung von D war (oder wäre) nicht von Faktoren beeinflusst, die Selbstreflexion hemmen; sowie

356 Vgl. Christman 2013, 117.

(iii) Die Selbstreflexion in Bedingung (i) ist (minimal) rational und findet ohne Selbsttäuschung statt."[357]

Diese Autonomiebedingungen berücksichtigen verstärkt den Prozess der Entstehung des handlungsleitenden Wunsches. Die erste Bedingung soll sicherstellen, dass sich der Handelnde der Genese seines Wunsches nicht widersetzt hat, bzw. nicht widersetzt hätte. Dieser Test kann hypothetischer Natur sein. Voraussetzung für diese Bedingung ist die Fähigkeit des Handelnden, seine Aufmerksamkeit bewusst auf die Prozesse lenken zu können, die zur Entstehung seiner Wünsche führten. Nur so kann eine angemessene Selbstreflexion stattfinden. Für Autonomie dürfen Wunschveränderungen keinen rein kausalen Prozessen unterliegen, die sich außerhalb des Einflussbereichs des Handelnden befinden, sondern müssen „das Ergebnis von Überlegungen sein, die ohne Inkonsistenzen und logische Fehlschlüsse auskommen."[358]

Um die in dieser ersten Bedingung geforderte Selbstreflexion angemessen vorzunehmen, muss der Handelnde die dritte Bedingung erfüllen, der zufolge seine Selbstreflexion minimal rational und ohne Selbsttäuschung stattfand. Externalistische Rationalitätsbedingungen, wie die Forderung, dass die Wünsche und Überzeugungen des Akteurs auf objektiv angemessenen Belegen basieren, weist Christman zurück. Die Rationalitätsforderung beschränkt er auf ein internalistisches Rationalitätsverständnis, demzufolge es einer Konsistenz von transitiven Wünschen und Überzeugungen des Handelnden bedarf. Um diese Bedingung zu erfüllen, muss der Handelnde keineswegs in allen seinen Wünschen und Überzeugungen konsistent sein, er darf lediglich nicht von offensichtlich inkonsistenten Überzeugungen und Wünschen geleitet sein.[359] Wünsche und Überzeugungen sind dann offensichtlich inkonsistent, wenn sie in „klar ersichtlichem Konflikt zueinander stehen, die der Handelnde sich leicht bewusst machen kann und als miteinander vereinbar erkennen kann."[360] Darüber hinaus schließt die Forderung nach Konsistenz ein, dass nicht auf

---

357 Christman 2013, 118 f.

358 Christman 2013, 119.

359 Vgl. Christman 2013, 120 f.

360 Christman 2013, 121.

Grundlage falscher Schlüsse oder durch Verletzung logischer Gesetz gehandelt werden sollte.[361]

Mit dieser Bedingung der Rationalität möchte Christman darauf hinweisen, was das problematische Element an zwanghaften Wünschen ist. Solange sich zwanghafte Wünsche in einen konsistenten Plan einfügen, hemmen sie nicht die Autonomie des Handelnden. Erst wenn es zu einem Widerspruch zwischen einem zwanghaft ausgeführten Wunsch und anderen Wünschen kommt, erzeugt diese Inkonsistenz ein Hemmnis für Autonomie.[362]

Des Weiteren ist gefordert, dass die in Bedingung (i) beschriebene Selbstreflexion ohne Selbsttäuschung stattfindet, um als autonomer Prozess gelten zu können. Selbsttäuschung liegt Christman zufolge dann vor, wenn ein Handelnder sich systematisch aktiv verweigert, Tatsachen als wahr anzuerkennen, von denen er weiß, dass sie wahr sind, die jedoch mit Propositionen nicht zu vereinbaren sind, an denen er ebenfalls gerne festhalten möchte. Dies ist beispielsweise der Fall, wenn ein Patient sich verweigert, die Diagnose seines kompetenten Arztes anzuerkennen, weil er nicht wahr haben möchte, dass er an Krebs leidet. Dieser Beschreibung folgend ist Selbsttäuschung eine Form der verdeckten Inkonsistenz von Überzeugungen. Selbsttäuschung hindert den Handelnden daran, sich seine Wünsche und Überzeugungen bewusst zu machen. Bei Selbsttäuschung liegt keine Selbstkenntnis vor, wodurch die Bedingung der Transparenz unerfüllt bleibt und die Handlung nicht autonom ist.[363]

Für Christman kann dem Handelnden also dann Autonomie zugeschrieben werden, „wenn er sich den Wunschentstehungsprozessen nicht widersetzt hätte und der fehlende Widerstand nicht das Ergebnis von (minimaler) Irrationalität oder Selbsttäuschung ist."[364] Diese beiden betrachteten Bedingungen reichen aber noch nicht aus, um für Autonomie hinreichend zu sein, denn

361 Vgl. Christman 2013, 121.
362 Vgl. Christman 2013, 122.
363 Vgl. Christman 2013, 123.
364 Christman 2013, 124.

der Widerstand gegen einen Wunsch kann auch deshalb ausbleiben, weil „der ausbleibende Widerstand der Person gegen die Entwicklung eines Wunsches *selbst* durch Manipulation herbeigeführt wurde.“[365] Dadurch wird die Bedingung (ii) notwendig, um Autonomie angemessen zu erfassen, da diese erst sicherstellt, dass der ausbleibende Widerstand nicht selbst durch Manipulation herbeigeführt wurde. Einflüsse, die die Rationalität und Selbstkenntnis einer Person verhindern und sie daran hindern, über ihre Wünsche und deren Entstehungsprozess nachzudenken hemmen die Autonomie. Dies könnte beispielsweise der Fall bei dem Freund gewesen sein, der durch die Sekte manipuliert wurde. Durch die von der Sekte erzeugte Furcht hat der Freund zu große Angst, einen Schritt zurückzutreten und über die Veränderungen nachzudenken. Seine Fähigkeit zur Selbstreflexion wurde durch diese Manipulation gehemmt, und sein Handeln ist dadurch nicht autonom.[366]

Christman fasst seine Autonomiekonzeption selbst wie folgt zusammen:

> „Ein Handelnder ist bezüglich eines Wunsches autonom, wenn er die Einflüsse und Umstände, unter denen der Wunsch zustande kam, billigte oder sich ihnen nicht widersetzte oder – hätte er ihnen Beachtung geschenkt – sich ihnen nicht widersetzt hätte, und wenn dieses Urteil minimal rational und ohne Selbsttäuschung erfolgte oder erfolgt wäre.“[367]

5.6.1 Kritik an der Autonomiebedingung der Entstehungsgeschichte von Wünschen

Bei erster Betrachtung scheint Christmans Ansatz sehr fruchtbar und auch notwendig, um Handlungen, die unserem vortheoretischen Urteil entsprechend nicht autonom sind als solche erfassen zu können. Menschen, die in ihrem Handeln durch pervertierte Sozialisation oder Konditionierung, durch Suggestion, eine Hypnose oder ähnlich wirkende Manipulation geprägt wurden, können in ihrem Handeln kaum als autonom gelten. Selbst wenn sich ihr Handeln mit ihren Volitionen zweiter Stufe deckt, ist es nicht autonom, weil

365 Christman 2013, 125.
366 Vgl. Christman 2013, 125 f.
367 Christman 2013, 128.

die Volitionen zweiter Stufe nicht vom Selbst geformt wurden, sondern durch eine unerwünschte Manipulation von außen. Diese äußeren Einflüsse können zu einem Hemmnis autonomen Handelns werden, das den Betroffenen nicht bewusst wird, weil es ihre Fähigkeit zur Selbstreflexion untergräbt. Allein die Betrachtung der momentanen Deckungsgleichheit von Wünschen erster Ordnung mit Volitionen zweiter Stufe kann diese Autonomiehemmnisse nicht erfassen, da es prinzipiell möglich ist, dass auch Volitionen zweiter Stufe das Ergebnis manipulativer Einflüsse sind.[368] Die von Christman vorgestellten Beispiele nicht autonomen Handelns lassen sich tatsächlich nicht mit den von Frankfurt aufgestellten Autonomiebedingungen erfassen.

Christman versteht sein Modell jedoch nicht als Ergänzung Frankfurts, sondern vielmehr als Gegenentwurf, bei dem die Autonomiebedingungen Frankfurts durch seine Autonomiebedingungen ersetzt werden. Die Entstehung der Wünsche hält Christman für den „wahre[n] Dreh- und Angelpunkt der Autonomie"[369] und die Identifizierungsbedingung für „nicht länger erforderlich"[370].

Meines Erachtens zeigt Christman zwar überzeugend auf, dass die Autonomiekonzeption Frankfurts um eine weitere Bedingung ergänzt werden muss, die auch die Entstehungsgeschichte der Wünsche berücksichtigt, allerdings schafft es Christman meiner Überzeugung nach nicht, Bedingungen für Autonomie aufzustellen, die alleine sowohl hinreichend als auch notwendig für Autonomie sind. Erst durch eine Verbindung mit den von Frankfurt geforderten Autonomiebedingungen ergibt sich ein sinnvolles Autonomiekonzept. Ich möchte dieses Kapitel dazu nutzen, die Kritik an Christman vorzubringen und eine Lösung vorzuschlagen, bei der die Autonomiebedingung der Entstehungsgeschichte von Wünschen in abgeschwächter Form in die bisher aufgestellte Autonomiebedingung der Authentizität integriert wird.

---

368 Vgl. Quante 2000, 122.

369 Christman 2013, 128.

370 Christman 2013, 128.

Sollten Christmans Bedingungen hinreichend für Autonomie sein, so müsste dies dazu führen, dass wir uns kein autonomes Handeln vorstellen können, das die Bedingungen Christmans erfüllt, jedoch dennoch nicht autonom ist. Dass dies nicht der Fall ist, hat Alfred Mele anhand des folgenden Beispiels aufgezeigt[371]: Alice ist eine Forscherin im Bereich Sucht, die sich nach einer kritischen Reflexion dazu entschließt, sich selbst abhängig nach Heroin zu machen, um die Sucht besser erforschen zu können. Ihre Selbstreflexion erfüllt die Bedingungen der minimalen Rationalität und unterliegt keiner Selbsttäuschung. Die Entstehung des Wunsches nach Heroin erfüllt demnach die Bedingungen Christmans eines reflektierten und nicht manipulierten Wunschentstehungsprozesses. Alice nimmt die Droge anfangs, weil sie es autonom wünscht. Der Wunsch zweiter Stufe danach, den Wunsch nach dem Konsum der Droge auszubilden, ist autonom im Sinne Christmans, da er eine Entstehungsgeschichte aufweist, der sich Alice nicht widersetzte. Ihre Handlung die Droge zu konsumieren deckt sich demnach mit einer nicht manipulierten Volition zweiter Stufe. Zu dem Zeitpunkt, als Alice aber tatsächlich abhängig von der Droge ist, ist ihre Sucht so stark, dass sie nicht mehr in der Lage ist, entgegen ihrer Sucht zu handeln. Sie konsumiert die Droge jetzt nicht mehr nur aufgrund ihrer autonom ausgebildeten Volition zweiter Stufe, sondern überdies auch aufgrund der Sucht. Selbst wenn sie wollte, sie könnte gar nicht anders handeln, als die Droge zu konsumieren. In dem Moment, in dem Alice also tatsächlich in die selbst gewünschte Abhängigkeit nach der Droge rutscht, ist ihr handlungswirksamer Wunsch, die Droge zu konsumieren, nicht mehr autonom. Ebenso wie dem willigen Süchtigen bei Frankfurt[372] mangelt es Alice jetzt an Willensfreiheit. Alice wird die Droge konsumieren, weil sie fest im Griff der Sucht ist, ganz unabhängig davon, ob sie dies auch wünscht oder nicht.

Damit ist der handlungswirksame Wunsch von Alice, die Droge zu nehmen, nicht autonom, wenngleich sich Alice der Entstehungsgeschichte des

371 Vgl. Mele 2005, 273.

372 Vgl. Frankfurt 2001a, 82.

Wunsches nicht widersetzt. Obwohl also die Bedingung Christmans der Entstehungsgeschichte des Wunsches in diesem Beispiel erfüllt wurde, liegt keine Autonomie vor. Mele fasst das Beispiel hinsichtlich Autonomie wie folgt zusammen: „developmental autonomy relative to a desire is insufficient for autonomy (sans adjective) relative to the desire.“[373]

Dieses Beispiel mangelnder Autonomie kann nicht mit Christmans Bedingungen erfasst werden. Dies zeigt, dass Christmans Bedingungen nicht hinreichend für Autonomie sind. Mit der von Frankfurt herausgearbeiteten Autonomiebedingung der Authentizität kann die mangelnde Autonomie von Alices Drogenkonsum aber durchaus erfasst werden.

Wenn also weder Frankfurt noch Christman allein hinreichend sind, so besteht die Möglichkeit, dass eine Kombination der Bedingungen der beiden Philosophen zu einem fruchtbaren Autonomiekonzept führen könnte. Die Bedingungen der Autonomie lauteten dann, dass sowohl die Entstehungsgeschichte der Wünsche autonom war, als auch der aktuelle Wunsch durch eine Volition zweiter Stufe gestützt wird, welche die kontrafaktische Bedingung erfüllt. Eine solche Kombination wirft allerdings ein neues Problem auf: Dadurch entsteht ein sehr komplexes Autonomiekonzept, das wiederum Handlungsweisen, die wir als autonom beurteilen würden, als nicht autonom erscheinen lässt.

Henry Richardson verweist auf dieses Problem anhand des Beispiels der Mutter-Kind-Bindung.[374] In der Zeit, in der die enge Bindung zwischen einer Mutter und ihrem Kind entsteht, ist das Kind nicht dazu in der Lage, diesen Prozess durch Selbstreflexion kritisch zu begleiten. Weder hat es das dazu notwendige Gefühl für das eigene Selbst, noch kann es seine Gedanken in Worte fassen. Zu dem Zeitpunkt, zu dem die enge Mutter-Kind-Bindung entsteht, ist das Kind entsprechend Umständen und Einflüssen ausgesetzt, die die Selbstreflexion verhindern. Die Ausbildung der Mutter-Kind-Bindung erfüllt also nicht die von Christman geforderten Bedingungen für Autonomie.

---

373 Mele 2005, 273.

374 Vgl. Richardson 2001, 291.

Dennoch erleben wir erwachsene Menschen als autonom, die im Erwachsenenalter diese Bindung aufgrund kritischer Reflexion bejahen und sich in ihrem Handeln von ihr leiten lassen. Obwohl in einem solchen Fall die historischen Autonomiebedingungen Christmans nicht erfüllt sind, so scheint die aktuelle reflektierte Bejahung des Wunsches, die die Bedingungen Frankfurts erfüllt, auszureichen, um Autonomie zu erlangen.[375] Würde man fordern, dass sowohl Frankfurts als auch Christmans Bedingungen erfüllt werden müssten, so könnte ein solches Verhalten nicht als autonom gelten, da nur die Bedingungen Frankfurts, nicht jedoch die von Christman erfüllt sind. Es liegt bei diesem Beispiel also die Vermutung nahe, dass die Bedingungen Christmans unter Umständen nicht notwendig für Autonomie sind.

Ein ganz ähnlich strukturiertes Beispiel gibt auch James Taylor, in dem er aufzeigen möchte, dass die Bedingungen Christmans nicht notwendig für Autonomie sind. Man stelle sich einen Jungen vor, dessen Mutter sich in seiner Kindheit wünscht, dass der Junge Klavierspielen erlernt. Wenn der Junge nicht übt, wird er von seiner Mutter geschlagen. Der Wunscherwerb des Jungen Klavier zu spielen ist entsprechend durch eine Manipulation von außen gekennzeichnet, der sich der Junge widersetzte. Der Wunsch, Klavier zu spielen, erfüllt entsprechend nicht Christmans Autonomiebedingung der Entstehungsgeschichte eines Wunsches. Dennoch bildete er den Wunsch aus, Klavier zu spielen. Im Erwachsenenalter erkennt der Junge seine Freude am Klavierspielen und beginnt es zu lieben, obwohl ihm die Art und Weise des Wunscherwerbs noch immer widerstrebt.[376] Im Hinblick auf Autonomie fasst Taylor das Beispiel wie folgt zusammen:

> "Thus even though at t1 this person rejects the process by which he was brought to desire to play the piano, at t1 (and onward) he appears to be fully autonomous with respect to this desire."[377]

---

375 Vgl. Richardson 2001, 291.

376 Vgl. Taylor 2005, 11.

377 Taylor 2005, 11.

Sowohl Richardsons als auch Taylors Beispiel zeigen also, dass es durchaus möglich zu sein scheint, einen autonomen Wunsch zu haben, dessen Entstehungsprozess den Bedingungen Christmans folgend nicht autonom war. Die Forderung danach, sowohl die Autonomiebedingungen Christmans als auch die Autonomiebedingungen Frankfurts zu erfüllen, scheint also in der vorliegenden Form nicht richtig sein zu können.

Aus dem bisher Beschriebenen ergibt sich ein Problem: Christman konnte aufzeigen, dass die Bedingungen Frankfurts nicht hinreichend sind. Mele konnte aufzeigen, dass die Bedingungen Christmans auch nicht hinreichend sind. Richardson und Taylor konnten aufzeigen, dass auch eine Kombination der Bedingungen nicht zum gewünschten Erfolg verhilft. Was ist also zu tun, um eine angemessene Konzeption von Autonomie zu erhalten?

Meines Erachtens besteht die Lösung dieses Problems darin, die Bedingungen Christmans in einer abgeschwächten Form in die Bedingung der Authentizität zu integrieren. Christman hat zu Recht darauf verwiesen, dass wir bestimmte Fälle von Manipulation als Hemmnis für Autonomie begreifen, dies jedoch nicht über die bisherige Bedingung der Authentizität zu erfassen ist.

Allerdings scheint es bei Frankfurt durchaus Ansatzpunkte für eine Integration dieser Idee zu geben. Frankfurt selbst beschreibt Notwendigkeiten des Willens, die für den Akteur nicht zu ändern sind. Dies sind Wünsche, bei denen sich gar nicht erst die Frage stellt, ob die Person sie bejahen möchte oder nicht. An der von Frankfurt behandelten Liebe als Form des Sich-Sorgens, kann der Gedanke deutlich gemacht werden:

> „Für die, die ihre Kinder liebt, stellt sich gar nicht die Frage, ob sie aus Liebe zu ihren Kindern handeln soll, ein solcher Wunsch findet notwendigerweise ihre Zustimmung.“[378]

Man kann sich nun zwei mögliche Quellen vorstellen, aus denen solche volitionale Notwendigkeiten hervorgehen: Sie können aufgrund der natürlichen Eigenschaften einer Person vorhanden sein und somit von ihrem Temper-

---

378 Herrmann 2000, 161.

ament und ihrer emotionalen Verfasstheit abhängen. Sie können aber auch ihre Quelle in der Sozialisation und Erziehung der Person haben.[379] Ganz gleich, aus welcher Quelle die unverfügbaren Wünsche stammen, zu einem gewissen Zeitpunkt werden sie zu einem festen psychischen Bestandteil der Person: Sie geben ihr in ihrem Wünschen und Handeln Orientierung und sie stimmt ihnen zu.[380] Es ist gut vorstellbar, dass die enge Bindung zur Mutter aus dem Beispiel von Richardson, zu einer volitionalen Notwendigkeit wird. Obschon sich das Kind dem Entstehungsprozess des Wunsches nicht wiedersetzen konnte, so kann es doch als Erwachsener diesem reflektiert zustimmen und ihn aus ganzem Herzen bejahen. Er wird manchmal vielleicht gar nicht anders können, als die enge Bindung zu seiner Mutter zu schützen, gleichzeitig wird er aber vielleicht auch gar nicht anders handeln wollen. Er handelt in diesem Fall aus Liebe.

Nun ist es aber durchaus vorstellbar, dass die volitionalen Notwendigkeiten ihren Ursprung in einer auf starker Manipulation beruhenden Sozialisation und Erziehung haben oder durch Täuschung entstanden sind. Dies ist der Fall bei dem Jungen in Taylors Beispiel. Der Wunsch Klavier zu spielen entstand in ihm durch eine manipulative Erziehung. Der Junge konnte gar nicht anders als den Wunsch auszubilden, wenngleich er sich dem Prozess der Wunschentstehung widersetzte. Doch trotz dieser Entstehungsgeschichte stimmt der Junge im Erwachsenenalter dem Wunsch zu. Diese reflektierte Zustimmung zu dem Wunsch verleiht ihm scheinbar nachträglich Autonomie. Die Zustimmung beruht nicht auf Selbsttäuschung – zumindest gibt es darauf keine Hinweise. Zwar lässt die Entstehungsgeschichte zunächst Zweifel daran aufkommen, ob der Wunsch autonom ist oder nicht, doch scheint die reflektierte Zustimmung des Jungen diese Zweifel hinsichtlich Autonomie aufzuheben.

Entscheidend scheinen in diesem Fall zwei Punkte zu sein: Erstens kennt der Junge die Entstehungsgeschichte seines Wunsches und weiß, dass er durch

379 Vgl. Quante 2000, 130.
380 Vgl. Herrmann 2000, 161.

Manipulation von außen entstanden ist, und zweitens ist er in seiner Fähigkeit zur Selbstreflexion nicht eingeschränkt oder durch Selbsttäuschung gehemmt. Trotz einer manipulierten Entstehungsgeschichte eines Wunsches, der sich die Person widersetzt, kann also noch immer ein autonomer Wunsch entstehen, solange die Person durch Reflexion dem Wunsch nachträglich zustimmt und damit internalisiert, in Kenntnis der Manipulation und ohne Einschränkung ihrer Fähigkeit zur Selbstreflexion. Eine Person kann somit, ähnlich wie bei volitionalen Notwendigkeiten, durch Zustimmung zu Wünschen auch unabänderliche Wünsche zu autonomen Wünschen werden zu lassen, ganz gleich, wie sie zu diesen Wünschen kam. Das reine Widersetzen gegen die Entstehungsgeschichte eines Wunsches ist entsprechend zwar ein Hinweis darauf, bei der Frage, ob ein Wunsch autonom ist genauer hinzuschauen, es ist aber nicht ausreichend, um einen Wunsch als nicht autonom zu kennzeichnen, solange eine reflektierte Identifikation mit dem Wunsch in Kenntnis der Entstehungsgeschichte vorliegt. Damit ist die erste Bedingung Christmans bereits wesentlich abgeschwächt.

Vorstellbar ist es aber auch, dass Wünsche eine manipulierte Entstehungsgeschichte haben, die von der Person völlig unbemerkt bleibt. Dies ist weder in Taylors Beispiel des klavierspielenden Jungen noch in Richardsons Fall des frühkindlichen Aufbaus der Mutter-Kind-Bindung zutreffend. In beiden Fällen ist den Personen die Entstehungsgeschichte ihrer Wünsche bewusst, bzw. kann leicht von ihnen ins Bewusstsein geholt und reflektiert werden. Eine unbemerkt manipulierte Entstehungsgeschichte führt zu Wünschen, die für die Person unverfügbar sind. Da sie nicht um deren manipulierten Entstehungsprozess weiß, stellt sich ihr nicht die Frage, ob sie den Wunsch internalisieren möchte oder nicht. Sie geht fälschlicherweise aufgrund der unbemerkten Manipulation von einer Internalisierung aus. Erfährt eine Person im Nachhinein von dieser Manipulation, so ist es offen, wie sie sich dem Wunsch gegenüber verhält. In vielen Fällen wird die Person wohl versuchen, den Wunsch abzulehnen und sich von ihm zu distanzieren. Dies mag ihr nicht immer gelingen, wodurch der Wunsch zu einem nicht autonomen Wunsch wird, der sie möglicherweise dennoch in ihrem Handeln leitet, weil sie sich seiner nicht erwehren kann.

Solche aufgrund unbemerkter Manipulation bejahten Wünsche können von der Autonomiebedingung der Authentizität nicht als nicht autonom erfasst werden. Auf diese Lücke im Autonomiekonzept Frankfurts verweist Martina Herrmann, indem sie schreibt:

> „Ein Zustandsbericht über die psychische Verfassung allein reicht nicht zur Beurteilung, ob die Person etwas wirklich will. Es müßte wenigstens ein Bericht über die Entstehung der wichtigsten Wünsche, nämlich derjenigen, von denen die Person möchte, daß sie handlungswirksam werden, dazukommen. Besser wäre noch ein Bericht darüber, wie sie reagieren würde, wenn sie die Entstehungsgeschichte im Detail kennen würde."[381]

Fremdtäuschung oder Manipulation diskreditiert zwar nicht notwendigerweise einen Wunsch in seiner Autonomie, denn die Person kann dem Wunsch durchaus im Nachhinein zustimmen, ihn durch Reflexion internalisieren und den Wunsch dadurch autonom werden lassen, allerdings scheint es doch eine im Zusammenhang mit Autonomie offene Frage zu bleiben, ob die Person dem manipulierten Wunsch tatsächlich zustimmt, wenn sie von seiner Entstehungsgeschichte erfährt.[382]

Eine wie in dem Zitat geforderte Kenntnis der Entstehungsgeschichte der Wünsche und der dazugehörigen Einstellung der Person gegenüber der Entstehungsgeschichte kann jedoch schnell zu einer überzogenen Forderung werden: Es ist unmöglich die Wunschgenese aller gewollt handlungswirksamen Wünsche einer Person in Betracht zu ziehen.

Vielleicht ist dies aber auch gar nicht notwendig, wie Herrmann ebenfalls aufzeigt.[383] Zunächst muss bedacht werden, dass viele unserer Wünsche durch äußere Einflüsse entstehen, ohne dass diese zugleich als autonomiehemmend erlebt werden: Eben dann, wenn uns diese Prozesse bewusst sind und wir uns

381 Herrmann 2000, 162.
382 Vgl. Herrmann 2000, 162.
383 Vgl. Herrmann 2000, 163.

ihnen nicht widersetzen. Die Entstehungsgeschichte eines Großteils unserer Wünsche können wir selbst reflektieren und analysieren, ob der Wunsch durch Selbsttäuschung oder Fremdtäuschung entstanden ist und ob wir ihn möglicherweise dennoch haben möchten oder nicht. Neben dieser Beurteilung aus der subjektiven Perspektive von der betroffenen Person selbst lässt sich manchmal auch von außen ein manipulativer Prozess der Wunschentstehung erkennen. Mitunter ist aus der Beobachterperspektive eine Manipulation sogar deutlicher ersichtlich als aus der subjektiven Perspektive. Die Feststellung einer manipulativen Entstehungsgeschichte des Wunsches reicht jedoch allein nicht aus, um ihn als nicht autonom zu diskreditieren.

Vielmehr scheint die manipulative Entstehungsgeschichte ein Warnsignal zu sein, das Anlass zu einer Wunschkritik gibt, wie sie von Frankfurt in seiner Authentizitätsbedingung nicht beachtet wurde. Dies ist das Neue, was durch die von Christman entwickelte Autonomiebedingung der Entstehungsgeschichte hinzufügt wird. Nach dem Offenlegen der manipulativen Wunschgenese – ob durch Selbstreflexion oder von außen angeregt – bleibt es aber beim Subjekt selbst, ob es den Wunsch weiterhin bejahen möchte oder nicht. Folglich reicht auch das reine Widersetzen gegen die Wunschgenese noch nicht aus, um einen Wunsch als nicht autonom diskreditieren zu können.

Um die Autonomie eines Wunsches beurteilen zu können, sollte die Person also einerseits seine Wunschgenese kennen oder sich diese zumindest durch Reflexion zugänglich machen können und den Wunsch trotz Kenntnis seiner Genese nicht ablehnen. Ihr Ausbleiben von Widerstand darf nicht ebenfalls auf unbemerkter Fremdtäuschung beruhen. Wunschkritik im Hinblick auf Autonomie ist beim Vorliegen von Fremdtäuschung also durchaus möglich, jedoch nur in der Form, dass die Person mit der Wunschgenese konfrontiert wird. Wenn sie trotz Kenntnis der Wunschgenese und eventuell auch trotz ihres Widerstands gegen die Entstehungsgeschichte an dem Wunsch festhalten möchte und sich weiterhin mit ihm identifiziert, gilt der Wunsch als autonom. Damit bleibt das kennzeichnende Merkmal für Autonomie die reflektierte Zustimmung des Akteurs zum handlungswirksamen Wunsch oder wie Herrmann diesen Gedanken sehr treffend formuliert:

> „Es ist nicht die Abwesenheit von Selbsttäuschung oder Fremdtäuschung, sondern die Zustimmung zum effektiven Wunsch, die einen freien Willen auszeichnet.“[384]

Damit reicht im Gegensatz zu Christmans sehr umfassenden Bedingungen hinsichtlich der Entstehungsgeschichte die Ergänzung einer viel schwächeren Bedingung aus: Es ist die Konfrontation mit der Fremdtäuschung, die für Autonomie notwendig ist. Mittels dieser weiteren Bedingung ist es möglich nach wie vor an Frankfurts Autonomiekonzeption festzuhalten:

> „Es ist nicht der Ausschluß von Fremdtäuschung, sondern die Akzeptanz der Handlungswirksamkeit eines Wunsches in Kenntnis der Fremdtäuschung, durch die (...) eine Person einen manipulierten Wunsch zu ihrem eigenen macht.“[385]

Handelt eine Person aufgrund unbemerkt manipulierter Wünsche, ist eine Konfrontation mit dieser Manipulation der Wünsche notwendig. Trotz Kenntnis dieser Manipulation ist eine Person in ihrem Handeln autonom, wenn sie sich weiterhin mit ihren handlungswirksamen Wünschen durch kritische Reflexion identifiziert, dies aus ganzem Herzen tut und damit zufrieden ist, und wenn sie von Wünschen in ihrem Handeln geleitetet wird, um die sie sich sorgt. Mit dieser abgeschwächten Bedingung im Zusammenhang mit der Entstehungsgeschichte der Wünsche kann eine Integration dieser Bedingung in den Ansatz Frankfurts erfolgen. Das Problem, dass Richardson und Taylor mit ihren Beispielen aufgeworfen haben, entsteht aufgrund der Aufnahme dieser im Vergleich zu Christman abgeschwächten Bedingung nicht mehr.

---

384 Herrmann 2000, 165.

385 Herrmann 2000,165.

5.7 Die Anwendbarkeit der Autonomiebedingung der Entstehungsgeschichte von Wünschen auf den medizinischen Kontext

Im Kapitel 5.5 bin ich bereits darauf eingegangen, dass die Autonomiebedingung der Authentizität durchaus die beiden Adäquatheitsbedingungen für den medizinischen Kontext erfüllt. Autonome Handlungen in Form von Ablehnungen einer Behandlung entfalten in jedem Fall eine Barrierefunktion, die andere davon abhält in die Entscheidung einzugreifen. Für die Entfaltung dieser Barrierefunktion ist es sogar schon ausreichend, dass es sich dabei um eine Entscheidung eines Patienten mit der aktuell vorhandenen und abrufbaren Fähigkeit der Autonomie handelt. Es wäre zwar wünschenswert, dass auch seine Entscheidung selbst autonom ist und somit die Bedingung der Authentizität erfüllt, dies ist aber keine Voraussetzung, damit die Patientenautonomie ihre Barrierefunktion entfalten kann. Die Autonomiefähigkeit des Patienten ist dazu bereits hinreichend.

Gleiches gilt für die Schlüsselfunktion der Patientenautonomie. Auch hier reicht bereits die Fähigkeit der Autonomie eines Patienten, um seine Einwilligung als Schlüssel in eine medizinische Behandlung normativ wirksam werden zu lassen. Wünschenswert ist es darüber hinaus durchaus, dass auch die Einwilligung selbst aufgrund eines autonomen und somit reflektierten Wunsches zustande kommt. Man sollte deshalb Patienten helfen, ihre Autonomiefähigkeit in einzelnen Entscheidungen wirksam werden zu lassen und sie darin unterstützen, zu Entscheidungen zu kommen, die sie aus ganzem Herzen bejahen, die Zufriedenheit in ihnen entstehen lassen, um die sie sich sorgen und die sich mit ihren volitionalen Notwendigkeiten decken.

Es stellt sich nun die Frage, ob die ergänzende Autonomiebedingung, die davon ausgeht, dass die manipulative Entstehungsgeschichte von Wünschen ein Warnsignal für mangelnde Autonomie darstellen kann, etwas an der Eignung dieser Autonomiekonzeption für den medizinischen Kontext ändert. Dies wäre der Fall, wenn durch die ergänzte Bedingung, die ich im Folgenden als

Bedingung der Konfrontation mit der Entstehungsgeschichte bezeichnen möchte, die beiden Adäquatheitsbedingungen für den medizinischen Kontext nicht mehr erfüllt werden könnten.

5.7.1 Erfüllt die Autonomiebedingung der Konfrontation mit der Entstehungsgeschichte eine Barrierefunktion?

Stellt man fest, dass ein Patient nur deshalb eine Entscheidung hinsichtlich seiner medizinischen Behandlung trifft, weil ihn ein manipulierter Wunsch dazu veranlasste, so gibt es, wie aufgezeigt, einen guten Grund daran zu zweifeln, ob seine Handlung autonom ist. Damit scheint die Barrierefunktion seiner Entscheidung ins Wanken zu geraten. Der Respekt gegenüber dem Patienten als autonome Person gebietet es, ihn auf diesen Verdacht der Manipulation aufmerksam zu machen. Hier kommt erneut die Idee zum Tragen, dass Respekt gegenüber einer Person bedeutet, sich um ihren autonomen Willen zu sorgen. Und eben jener autonome Wille scheint durch die Manipulation bedroht worden zu sein.

Der Respekt vor der Autonomie gebietet es einerseits, eine Person auf das Vorliegen einer unbemerkten Täuschung aufmerksam zu machen, und andererseits verbietet es eben jener Respekt auch, eine Person zu täuschen. Diese zusätzliche Bedingung hat also den Vorteil, deutlich zu machen, was an Manipulationen von autonomen Personen falsch ist. Damit missachtet man ihren eigenen authentischen und damit autonomen Willen und versucht ihnen den eigenen Willen aufzudrängen. Medizinisches Personal hat damit einen unbedingten Grund, von solchen Manipulationen und Täuschungen Abstand zu nehmen.

Zudem schafft diese ergänzende Autonomiebedingung der Konfrontation mit der Entstehungsgeschichte eine Grundlage dafür, die es nicht nur rechtfertigt, sondern außerdem gebietet, Patienten auf vermeintliche Manipulationen anzusprechen. Befürchtet eine Ärztin beispielsweise, dass ein Patient nur aufgrund einer Indoktrination von einer Sekte eine medizinische Behandlung ablehnt, so muss sich die Ärztin nicht etwa um eine weltanschauliche

Neutralität sorgen und aus diesen oder ähnlichen Gründen den Patienten nicht auf ihre Zweifel ansprechen. Vielmehr gebietet es gerade der Respekt vor der Patientenautonomie, den Patienten auf die vermeintliche Manipulation aufmerksam zu machen und ihm die Sorge mitzuteilen, dass er dadurch vielleicht nicht zu einer autonomen Willensbildung gelangt.

Allerdings ist es dann an dem manipulierten Patienten selbst, einen angemessenen Umgang mit diesem vermeintlich nicht autonomen Wunsch zu finden. Der Respekt vor seiner Autonomiefähigkeit gebietet es, dass er nach der Konfrontation mit der Entstehungsgeschichte selbst entscheiden darf, wie er weiter verfahren möchte. Solange die Manipulation nicht so schwerwiegend war, dass dem Patienten insgesamt seine Fähigkeit der Autonomie genommen wurde, liegt es an dem Patienten, zu entscheiden, ob und wie er diese Fähigkeit einsetzen möchte. Er kann zum einen, in Kenntnis der Entstehungsgeschichte, versuchen, sich von dem Wunsch zu distanzieren. Wenn er dies wünscht, sollte man ihn darin unterstützen, sich von dem manipulierten Wunsch zurückzuziehen und diesen nicht mehr handlungswirksam werden zu lassen. Im Beispiel der Sekte könnte man dem Patienten dann mögliche Unterstützungsangebote vorstellen, die ihm helfen, sich aus der Manipulation der Sekte zu befreien.

Der Patient kann aber auch in Kenntnis der Entstehungsgeschichte feststellen, dass er die Manipulation zwar durchaus ablehnt, den Wunsch selbst jedoch nach kritischer Reflexion weiterhin bejaht und handlungsleitend werden lassen möchte. Dies war bei Taylors klavierspielendem Jungen der Fall. Auch diese Entscheidung ist zu respektieren. Der handlungswirksame Wunsch entfaltet dann aufgrund der Autonomiefähigkeit des Patienten eine Barrierefunktion im Zusammenhang mit der medizinischen Behandlung.

Und auch ein dritter noch weiter gehender Fall ist vorstellbar: Nach der Konfrontation mit der manipulativen Entstehungsgeschichte des Wunsches lehnt es der betroffene Patient schlichtweg ab, erneut über den Wunsch zu reflektieren. Er lässt ihn einfach handlungsleitend werden, ohne sich weiter mit der Manipulation zu beschäftigen. Es ist seine Entscheidung, inwiefern er seine

Fähigkeit zur kritischen Reflexion einsetzen möchte, um seine gegebene Wunschstruktur zu reflektieren.[386] Da Menschen, die autonomiefähig sind, zwar das Recht haben, diese Fähigkeit einzusetzen und darin respektiert werden müssen, jedoch nicht die Pflicht haben, von dieser Fähigkeit Gebrauch zu machen, ist auch eine solche Entscheidung zu achten und entfaltet die medizinische Behandlung betreffend gleichfalls die Barriere-Funktion.

Solange die Manipulation nicht so umfassend war, dass der Patient seine Autonomiefähigkeit vollkommen einbüßen musste, solange entfaltet eben jene Fähigkeit auch eine Barrierefunktion. Dieser Fähigkeit entspringt die Autorität über die intimen Nahbereiche und damit auch über die eigene Gesundheit und den eigenen Körper entscheiden zu dürfen.

Die Einbeziehung dieser erweiterten Autonomiebedingung bringt jedoch den Vorteil, Patienten mit einer manipulativen Entstehungsgeschichte ihrer Wünsche konfrontieren zu können. Dadurch gibt man ihnen die Möglichkeit, die Autonomie ihrer Handlungen zu steigern, falls dies von ihnen selbst gewünscht ist.

Darüber hinaus können extrem starke und umfassende Manipulationen, die sich auf einen ausgedehnten Zeitraum erstrecken, als Faktoren erfasst werden, die die Fähigkeit der Autonomie bei einer Person hemmen oder dazu führen, dass diese gar nicht erst ausgebildet werden. Diese Personen können dann nicht mehr über ihre Wünsche erster Stufe in Form von nicht manipulierten Volitionen höherer Stufe reflektieren. Sie haben die Fähigkeit der Autonomie eingebüßt. Ihre Entscheidungen entfalten dann keine Barrierefunktion mehr.

5.7.2 Erfüllt die Autonomiebedingung der Konfrontation mit der Entstehungsgeschichte eine Schlüsselfunktion?

Ähnliches was im Zusammenhang mit der Entfaltung der Barrierefunktion gesagt wurde, gilt auch für die Entfaltung der Schlüsselfunktion von

386 Vgl. Herrmann 2000, 164.

Autonomie. Auch hier ist es die allgemeine Fähigkeit der Autonomie von Patienten, die dazu führt, dass ihre Einwilligung eine Schlüsselfunktion im Hinblick auf die Legitimierung von medizinischen Behandlungen entfaltet. Eine Patientenautonomie, die die Autonomiebedingung der Authentizität, ergänzt durch die Bedingung der Konfrontation mit der Entstehungsgeschichte, erfüllt, kann weiterhin diese normative Funktion entfalten.

Auch hier gilt, dass ein Patient, der eine Einwilligung in eine Behandlung gibt, bei der vermutlich ein manipulierter Wunsch der Auslöser dafür war, damit konfrontiert werden sollte. Beispielsweise könnte ein aktuell behandelnder Arzt feststellen, dass der Patient zuvor von einem skrupellos am eigenen Vorteil interessierten Kollegen über Monate hinweg mit falschen Informationen infiltriert und emotional manipuliert worden ist. Dies führte dazu, dass der Patient in eine experimentelle Therapie einwilligte. Während der Patient dachte, dass dies sein autonomer Wunsch ist, ist von außen leicht erkennbar, dass der Wunsch nur durch Manipulation des behandelnden Kollegen entstand, der selbst aus dem experimentellen Therapieansatz Gewinn ziehen wollte.

Fällt nun dem neuen Arzt diese Manipulation auf, so muss er seinen Patienten, aus Respekt vor dessen Autonomie und Sorge um seinen autonomen Willen, darauf aufmerksam machen. Es ist durchaus möglich, dass der Patient daraufhin umgehend seine Einwilligung zurückzieht. Möglicherweise hält er jedoch auch nach der Information über die Manipulation an seiner Einwilligung fest. Da sich die beschriebene Manipulation nicht auf seine generelle Autonomiefähigkeit auswirkt, ist es seine Entscheidung, wie er mit der jetzt offengelegten Manipulation umgehen möchte. Er kann sie reflektieren, sich von dem Wunsch distanzieren oder ihn trotz der manipulativen Entstehungsgeschichte internalisieren. Er kann sich auch schlichtweg weigern, über die Tatsache der Manipulation weiter nachzudenken. Ganz gleich, wie er sich entscheidet, seine Einwilligung entfaltet aufgrund seiner Autonomiefähigkeit weiterhin ihre Schlüsselfunktion.

Es lässt sich entsprechend festhalten, dass die Ergänzung der Autonomiebedingung der Authentizität durch die Autonomiebedingung der Konfrontation mit der Entstehungsgeschichte nach wie vor zu einer Konzeption von Patientenautonomie führt, die die beiden Adäquatheitsbedingungen erfüllt, die an ein Konzept der Patientenautonomie im medizinischen Kontext gestellt werden. Ferner bringt diese ergänzende Bedingung erstens den Vorteil für den medizinischen Kontext, deutlich zu machen, warum Manipulationen von Patienten unbedingt zu unterlassen sind. Zweitens gibt diese Bedingung eine gerechtfertigte Grundlage dafür, warum man Patienten im Zweifel immer mit möglichen Manipulationen der Entstehungsgeschichte ihrer handlungsleitenden Wünsche konfrontieren sollte. Die Konfrontation damit ist Ausdruck des Respekts vor der Autonomie des Patienten und gibt ihm die Möglichkeit, die Autonomie seiner Entscheidungen zu erhöhen.

5.8 Die Angemessenheit von Handlungsoptionen als Autonomiebedingung

Mit der Autonomiebedingung der Entstehungsgeschichte der Wünsche wurde bereits eine externalistische Autonomiebedingung vorgestellt, die in abgeschwächter Form durchaus als sinnvolle Ergänzung der Autonomiebedingung der Authentizität verstanden werden kann. Beide Bedingungen entstammen inhaltsneutralen und subjektivistisch orientierten Autonomiekonzeptionen. Das bedeutet, dass zum Vorliegen von Autonomie kein bestimmter Inhalt von Handlungen und Entscheidungen gefordert wird. Zudem kann das Vorliegen von Autonomie nur subjektivistisch aus der Perspektive der Person selbst beurteilt werden. Damit wird die innere Verfasstheit, genauer gesagt die interne Willensstruktur, zum entscheidenden Prüfstein für Autonomie erhoben. Der Vorteil solcher inhalts- und damit auch wertneutralen Konzeptionen besteht darin, dass unterschiedliche Menschen mit unterschiedlichen Vorstellungen eines guten Lebens als autonom gelten können. Damit werden nicht von vornherein bestimmte religiöse oder weltanschauliche Vorstellungen oder bestimmte Arten und Weisen das eigene Leben zu führen als nicht autonom abgetan. Ferner wird keine allgemein gültige Vor-stellung des guten Lebens als autonom verstanden, sodass Menschen die Freiheit haben, zu wählen, wie sie ihr Leben gestalten wollen, ohne befürchten zu müssen, dass man ihnen dadurch ihre Autonomie aberkennen würde.

Es gibt in der Debatte über die personale Autonomie jedoch auch Ansätze, die eben jene inhaltsneutralen subjektivistischen Autonomiekonzeptionen in ihrer Überzeugungskraft anzweifeln. Ähnlich wie Christman verweisen sie darauf, dass es für die Beurteilung über das Vorliegen von Autonomie nicht ausreichend ist, sich nur die innere Verfasstheit der Person zu betrachten, sondern dass es daneben auch der Einbeziehung von Faktoren bedarf, die in der äußeren Umwelt zu finden sind. Während Christman jedoch davon ausgeht, dass die Beurteilung der äußeren Faktoren bezüglich der Autonomie vom betroffenen Subjekt selbst ausgeht, gehen andere davon aus, dass es für Autonomie bestimmter substantieller äußerer Faktoren bedarf. Diese substantiellen äußeren Bedingungen müssen vorhanden sein, um der Person Autonomie zuzusprechen. Sie werden zu konstitutiven Bedingungen von personaler Autonomie erhoben, ganz unabhängig davon, wie die betroffene Person selbst diese Faktoren beurteilt.

Eine solche externe substantielle Autonomiekonzeption wird unter anderem von Raz[387] und Oshana[388] vertreten und soll im Folgenden wiedergegeben werden. Raz gibt zu bedenken, dass unsere alltäglichen Intuitionen zur personalen Autonomie dazu führen, dass wir Menschen mit ähnlicher Willensstruktur unterschiedlich im Hinblick auf das Vorliegen von Autonomie beurteilen, wenn sie sich in verschiedenen Lebenssituationen befinden. Folgendes Beispiel[389] von Herta und Hedwig soll diesen Gedanken erläutern:

---

387 Vgl. Raz 1986.

388 Vgl. Oshana 2013.

389 Das Beispiel ist eine Abwandlung des Beispiels „The hounded woman“ von Raz 1986, 374.

Man stelle sich Herta und Hedwig vor. Die beiden sind Schwestern und haben durch ihr gemeinsames Aufwachsen eine ähnliche Sozialisation und Erziehung erlebt. Beide haben sich zu autonomen Personen entwickelt, die sich von ganzem Herzen mit ihren Wünschen identifizieren können und sich um bestimmte Wünsche sorgen, während sie andere zurückweisen. Bei einer gemeinsamen Flugreise kommt es zu einem Flugzeugabsturz. Während Herta aus dem Meer gerettet werden kann, wird Hedwig auf eine einsame kleine Insel geschwemmt, die von fleischfressenden wilden Tieren besiedelt ist. Fortan muss Hedwig täglich um ihr Überleben kämpfen und lebt in ständiger Furcht und Flucht vor den wilden Tieren. Ihre Gedanken kreisen in ihrem täglichen Überlebenskampf nur darum, wo sie am besten Nahrung und Schutz vor den wilden Tieren findet. Will sie überleben, hat sie stets nur zwei Handlungsoptionen: Wann immer die Tiere näherkommen, muss sie fliehen, sind die Tiere nicht bedrohlich nah, muss sie Nahrung beschaffen. Herta hingegen konnte dank ihrer Rettung wieder zurück in ihr altes Leben finden. Sie hat sowohl beruflich als auch privat die Möglichkeit, sich selbst zu bestimmen und zu entfalten, und eine Vielzahl an Entscheidungsmöglichkeiten stehen ihr offen.

Fragt man sich nun, welche der beiden Frauen ein autonomeres Leben führt, so verspürt man wahrscheinlich die Tendenz, Hertas Lebens als autonom zu bezeichnen, das von Hedwig hingegen nicht.

Diese Tendenz beruht auf der Annahme, dass die de facto vorliegenden Bedingungen der äußeren Welt einen Einfluss auf die Autonomie unseres Lebens haben, ganz unabhängig davon, wie unsere Willensstruktur verfasst ist. Personale Autonomie bedeutet dann nicht nur, über eine bestimmte Fähigkeit zu verfügen – beispielsweise die Fähigkeit sich auf höherer Ebene aus ganzem Herzen um Wünsche zu sorgen – sondern auch tatsächlich in einer Umgebung zu sein, in der es einem möglich ist, diese Fähigkeit einzusetzen. Damit bedarf es für Autonomie nicht nur der Erfüllung der Bedingung der Authentizität, sondern darüber hinaus auch der Erfüllung einer substantiellen externen Bedingung, nämlich der Bedingung der angemessenen Handlungsoptionen.

Hedwig verfügt zwar nach wie vor grundsätzlich über die beschriebene Fähigkeit der Autonomie, allerdings führen die äußeren Umstände, in denen sie sich befindet, dazu, dass es für sie keine Möglichkeit gibt, von dieser Fähigkeit Gebrauch zu machen. Es ist schlichtweg unnötig für sie, sich zu fragen, worum sie sich wirklich sorgt, da sie keinen Spielraum haben wird, ihre Wünsche in Handlungen umzusetzen. Ihre Fähigkeit der Autonomie kann von ihr nicht genutzt werden, um autonom zu leben, weil sie zu stark in ihren Handlungsoptionen eingeschränkt ist.

Kurzum, Hedwig stehen nicht genug Handlungsoptionen zur Verfügung, um sie als autonom zu bezeichnen. Damit wäre eine ausreichende Zahl an Handlungsoptionen eine zusätzliche Autonomiebedingung, die für das Vorliegen personaler Autonomie erforderlich sein könnte. Dieser Ansatz wird unter anderem von Raz vertreten, demzufolge es zum Vorliegen von Autonomie der konstitutiven Bedingung des angemessenen Spielraums an Handlungsoptionen bedarf. Für Raz ist Autonomie ein graduelles Konzept, das sowohl von den Fähigkeiten der Person abhängt, als auch von dem Zustand, in dem sich die Person befindet.

Der Zustand der Autonomie liegt dann vor, wenn ein angemessener Spielraum wertvoller Handlungsoptionen gegeben ist. Eine Person verfügt Raz zufolge dann über einen angemessenen Spielraum an wertvollen Handlungsoptionen, wenn sie nicht nur zwischen trivialen Optionen, das sind solche die vernachlässigbar in ihrer Bedeutung und ihrem Effekt sind, oder Optionen mit schrecklichen Konsequenzen entscheiden kann. Vielmehr muss sie eine angemessene Anzahl unterschiedlicher und wertvoller Handlungsoptionen zur Verfügung haben, um als autonom zu gelten.[390]

Da sich Hedwig nur zwischen Handlungsoptionen mit schrecklichen Konsequenzen, nämlich dem drohenden Tod, entscheiden kann, ist sie Raz zufolge keine autonome Person.

---

390 Vgl. Raz 1986, Kap. 14.

Eine ähnliche externalistische substantielle Autonomiebedingung nimmt auch Oshana[391] in den Blick. Sie fordert, dass es für Autonomie eines verfügbaren Bereiches relevanter Optionen bedarf. Die Handlungsoptionen müssen für den Lebensweg der Person bedeutsam sein und real auch tatsächlich zur Wahl stehen. Es reicht für Oshana explizit nicht aus, wenn eine Person ihre eingeschränkte Situation als annehmbar empfindet. Entscheidend ist vielmehr der de facto zur Verfügung stehende Entscheidungsspielraum, ganz unabhängig von der Bewertung der Person:

> „Denn die Tatsache, dass die Person ihre Entscheidung als annehmbar betrachtet, bedeutet nicht, dass ihr Entscheidungsspielraum annehmbar war.“[392]

Es ist sowohl bei Raz als auch bei Oshana der Fall, dass die Autonomiebedingung des angemessenen Handlungsspielraums eine notwendige Autonomiebedingung neben anderen ist. Bei beiden Philosophen gibt es weitere Autonomiebedingungen, die sich einerseits auf die innere Verfasstheit der Person beziehen und andererseits auf die Beschaffenheit der äußeren Welt. Damit versuchen beide Philosophen internalistische Autonomiebedingungen mit externalistischen substantiellen Autonomiebedingungen zu verknüpfen.

Für eine Autonomiekonzeption, die sich allein an der Bedingung der Authentizität und der Bedingung der Konfrontation mit der Entstehungsgeschichte der Wünsche orientiert, spielt die de facto vorliegende Auswahlmöglichkeit an Handlungsoptionen keine Rolle für Autonomie. Deshalb lässt sich mit dieser Konzeption auch nicht die Intuition abbilden, dass Hertas Leben ein autonomes Leben ist, das von Hedwig jedoch der Autonomie ermangelt.

5.8.1 Kritik an der Autonomiebedingung der Angemessenheit von Handlungsoptionen

Bei der Beschreibung von Hedwig könnte man vielleicht dazu geneigt sein, zu sagen, sie führe kein autonomes Leben, aber sie sei dennoch eine autonome Person. Dies ist darauf zurückzuführen, dass man den Begriff der

---

391 Vgl. Oshana 2013.

392 Oshana 2013, 213.

personalen Autonomie unterschiedlich verwenden kann. In Kapitel 4.1 habe ich bereits auf zwei unterschiedliche Verwendungsweisen dieses Begriffs verwiesen. In meiner bisherigen Verwendungsweise ging ich davon aus, dass der Begriff der personalen Autonomie auf diejenigen Personen anzuwenden ist, die über die Fähigkeit der Autonomie verfügen und durch diese Fähigkeit zur autonomen Lebensführung imstande sind. Man kann den Begriff der personalen Autonomie jedoch auch solchen Personen vorbehalten, die neben dem Besitz der Fähigkeit der Autonomie auch noch tatsächlich hinreichend oft autonom handeln. Personale Autonomie dient dann der Beschreibung von Personen, die de facto eine gewisse Anzahl autonomer Handlungen ausführen und sich in den sie betreffenden bedeutsamen Bereichen ihres Lebens auch tatsächlich autonom bestimmen.

Oshana und Raz verstehen den Begriff der personalen Autonomie im Gegensatz zu mir in der zweiten Art und Weise. Hier steht neben der Fähigkeit der Autonomie auch der Zustand der Autonomie in Form von hinreichend oft durchgeführten autonomen Handlungen im Vordergrund, während in meiner Verwendungsweise die Fähigkeit der Autonomie das entscheidende Kriterium für Autonomie ist.

Legt man die zweite Verwendungsweise von personaler Autonomie an, so ist Hedwig keine autonome Person mehr, weil sie nicht hinreichend oft autonom handelt. Dies liegt daran, dass sie zu wenige Handlungsoptionen hat, um sich tatsächlich autonom entscheiden zu können. Sie kann deshalb de facto nicht genügend autonome Handlungen durchführen, um als autonome Person zu gelten. Somit träfe das zweite Verständnis von personaler Autonomie nicht auf Hedwig zu.

Man kann nun versuchen noch einen Schritt weiter zu gehen und behaupten, dass Hedwig durch diese extremen äußeren Umstände auch nicht im ersten Verständnis des Begriffs als autonome Person gelten kann. Dies wäre dann der Fall, wenn sie aufgrund der äußeren Umstände auch ihre Fähigkeit der Autonomie einbüßen würde. Ich möchte überlegen, ob sich das Fallbeispiel so konstruieren lässt, dass diese Behauptung zutrifft. Nehmen wir an, Hedwig verfügte über die Fähigkeit der Autonomie, als sie auf die Insel kam. Auf der Insel jedoch sind die wilden Tiere, die sie fressen wollen. Die Tiere versuchen stets sie zu fangen und sind dabei sehr aufmerksam auf der Jagd. Hedwig muss genau überlegen, was sie tut und immer ihre Aufmerksamkeit auf die wilden Tiere richten, um nicht gefressen zu werden. Verbleibt ihr eine kurze Verschnaufpause, muss sie diese sofort nutzen, um Nahrung zu suchen. Jedes gedankliche Abschweifen von den Tieren könnte dazu führen, dass diese ihre fehlende Aufmerksamkeit ausnutzen und sie töten. Nun kann man sich vorstellen, dass es in dieser Situation äußerst schwierig ist, sich zu fragen, was man nun eigentlich aus ganzem Herzen will und um welche Wünsche man sich sorgt. Hedwig wird sich nicht in Ruhe in ihren Lehnstuhl setzen können und darüber reflektieren, was die Wünsche sind, um die sie sich wirklich sorgt. Wenn sie in einer anderen Umgebung wäre, so könnte sie diese Fähigkeit zwar nutzen, auf der Insel jedoch bleibt es ihr verwehrt, diese Fähigkeit abzurufen. Sie hat schlichtweg keine Möglichkeit, für einen reflektierten Willensbildungsprozess. Man könnte also behaupten, durch die äußeren Umstände ist Hedwig auch die Möglichkeit abhanden gekommen, ihre Autonomiefähigkeit zu nutzen. Deshalb könnte man geneigt sein, ihr auch die personale Autonomie im Sinne des ersten Verständnisses des Begriffs abzusprechen.

Ich denke jedoch, dass eine solche Behauptung eine verzerrte Vorstellung dessen ist, was man als autonomen Willensbildungsprozess bezeichnen könnte. Versteht man unter einer autonomen Entscheidung eine solche, die aus ganzem Herzen gewollt wird, so bedarf es dafür nicht unbedingt einer bewussten Reflexion. Sehr oft treffen wir solche Entscheidungen spontan. Bei der Behauptung, Hedwig könne ihre Fähigkeit der Autonomie nicht mehr abrufen, wird die dafür notwendige Denkleistung überschätzt. Es bedarf keines Lehnstuhls zum Nachdenken, um eine autonome Entscheidung treffen zu können. Nicht jeder autonomen Entscheidung geht unbedingt ein solch bewusst ablaufender Denkprozess voraus. Dies wurde bereits anhand des Beispiels der Mutter verdeutlicht, die ihr Kind zur Adoption freigeben wollte. Es war nicht ein bewusst gesteuerter Denkprozess, der dazu führte, dass sie sich autonom gegen die Freigabe zur Adoption entschied. Vielmehr veranlassten volitionale Notwendigkeiten in Form einer spontanen Abwehr gegen die Freigabe zur Adoption sie zu dieser autonomen Handlung.

Generell gilt, dass wir Menschen oftmals viele Dinge parallel machen. Während man gerade duscht, fällt einem ein, wie man für die tragende These des philosophischen Essays argumentieren könnte, über den man sich schon lange den Kopf zerbricht. Während man sich auf richtige Aussagen in einem Vorstellungsgespräch konzentriert, fällt es einem plötzlich wie Schuppen von den Augen, dass man doch lieber Künstler werden möchte, statt als Bankangestellter zu arbeiten. Diese und ähnlich gestaltete Entscheidungen können autonom sein. Sie sind dennoch ohne langen oder bewussten Denkprozess entstanden. Es ist auch vorstellbar, dass Hedwig, während sie mit der Flucht vor den Tieren beschäftigt ist, ihre Autonomiefähigkeit weiter nutzen kann, weil sie diese Fähigkeit parallel zu ihren Fluchthandlungen abrufen kann. Die Beschränkung ihrer Handlungsoptionen führt also nicht zum Verlust ihrer Autonomiefähigkeit. Sie ist deshalb dem ersten Verständnis von personaler Autonomie folgend, eine autonome Person.

Es lässt sich zu dieser Autonomiebedingung der Angemessenheit von Handlungsoptionen also zunächst anmerken, dass von ihr kein Einfluss auf die grundsätzliche Autonomiefähigkeit einer Person ausgeht. Ganz gleich, wie eingeschränkt der Spielraum angemessener Handlungsoptionen für eine Person ist, so kann diese nach wie vor von ihrer Fähigkeit der Autonomie Gebrauch machen, wenn sie grundsätzlich über diese Fähigkeit verfügt.

Ein klassischer Einwand gegen die Autonomiebedingung der Angemessenheit von Handlungsoptionen besteht in dem Verweis darauf, dass in derartigen Autonomiekonzeptionen die Perspektive der Person nicht angemessen berücksichtigt wird. Stellen wir uns das Beispiel von Veronika vor, das diesen Gedanken verdeutlicht.[393] Veronika ist eine leidenschaftliche und erfolgreiche Pianistin. Aufgrund ihres Berufs muss sie viel reisen. Sie schätzt es sehr, immer wieder neue Länder kennenzulernen und dadurch neue Erfahrungen

393 Ein ähnliches Beispiel als Kritik an den optionsbasierten Autonomiekonzeptionen gibt Seidel 2011, 906.

machen zu können. Sie liebt ihren Beruf und geht ganz und gar darin auf. Ein Kind würde ihrem Lebensplan im Wege stehen. Es würde sie am Reisen hindern, und sie könnte sich nicht mehr mit voller Aufmerksamkeit ihrer Leidenschaft, dem Klavierspielen, widmen. Sie entschließt sich deshalb, kinderlos zu bleiben. Bei einer gynäkologischen Untersuchung teilt ihr der Arzt nun mit, dass sie aufgrund einer Veränderung ihrer Gebärmutter auch gar nicht die Möglichkeit hätte, Kinder zu bekommen, selbst wenn sie es wollte. Veronika stört sich an diesem Befund nicht weiter, da sie ohnehin kein Kind gewollt hätte, selbst dann nicht, wenn sie es gekonnt hätte.

Betrachtet man jedoch die Autonomiebedingung der angemessenen Handlungsoptionen, so muss man darauf verweisen, dass Veronika in einem bedeutsamen Bereich ihres Lebens keine angemessene Anzahl an Handlungsoptionen zur Verfügung stand. Nach Raz und Oshana müsste man ihr deshalb eine verminderte Autonomie zuschreiben.

Aus der Perspektive von Veronika ändert sich jedoch für ihr Leben nichts. Sie kann weiterhin an ihrem autonom gewählten Lebensplan festhalten und lebt genau das Leben, das sie sich selbst ausgesucht hat. Es scheint daher kontraintuitiv zu sein, zu behaupten, dass Veronika aufgrund ihrer mangelnden Möglichkeit zum Kinderkriegen auch in ihrer personalen Autonomie eingeschränkt wird.

Die Angemessenheit der zur Verfügung stehenden Optionen scheint also nicht immer allein von außen bestimmbar zu sein, auch die Perspektive der Person selbst hat für diese Bewertung eine hohe Relevanz. Wenn einer Person die Handlungsoptionen zur Verfügung stehen, mit denen sie sich aus ganzem Herzen identifiziert und die sie als wünschenswert erachtet, dann reichen bereits wenige Handlungsoptionen, vielleicht sogar nur eine, um von Autonomie zu sprechen.

Wenngleich dieser Einwand auf das Beispiel Veronikas zutrifft, so kann man sich aber auch Situationen vorstellen, in denen die Einschränkungen der Handlungsoptionen auch aus der Perspektive der betroffenen Person selbst als Einschränkung erlebt werden. Dies ist sicherlich der Fall im Beispiel von Hedwig.

Es gibt aber einen viel weitergehenden und stärkeren Einwand gegen Autonomiekonzeptionen, die einen angemessenen Spielraum an Handlungsoptionen zu einer konstitutiven Bedingung von Autonomie erheben. Dieser Einwand stammt von Seidel[394], der meines Erachtens nach sehr gut aufzeigt, warum ein angemessener Spielraum an Handlungsoptionen keine sinnvolle konstitutive Bedingung für personale Autonomie darstellen kann. Diesem Einwand zufolge können zwei Arten von Bedingungen für Autonomie unterschieden werden: Erstens gibt es konstitutive Bedingungen für Autonomie, mithilfe derer die Natur von Autonomie zu erfassen versucht wird. Daneben gibt es eine zweite Art von Bedingungen, mithilfe derer Verletzungen von Autonomie erfasst werden. Die Vertreter der optionsbasierten Autonomiekonzeptionen behaupten nun, dass ein angemessener Spielraum an Handlungsoptionen eine konstitutive Bedingung der ersten Art ist, die die Natur von Autonomie kennzeichnet. Eine Einschränkung von Handlungsoptionen kann dabei sowohl durch äußere Umstände als auch durch Zwang geschehen. Liegt ein solcher Einfluss vor, sei die konstitutive Bedingung für personale Autonomie nicht erfüllt.

Diese zwei Arten von Bedingungen lassen sich auch in der Debatte um die Menschenwürde finden.[395] Eine Bedingung der zweiten Art ist beispielsweise die Annahme, dass Folter eine Bedingung darstellt, unter der die Menschenwürde verletzt wird. Folter selbst oder besser gesagt, die Abwesenheit von Folter ist deshalb aber noch keine konstitutive Bedingung für Menschenwürde. Philosophen wie Stoecker und Schaber gehen vielmehr davon aus, dass man durch eine Untersuchung der paradigmatischen Verletzungen der Menschenwürde, wie im Fall der Folter, herausfinden kann, was im Kern die Menschenwürde ausmacht. Dazu wird die Frage gestellt, was eigentlich durch Situationen wie der Folter verletzt wird. Eine mögliche Antwort auf diese

394 Vgl. Seidel 2012.
395 Vgl. Seidel 2012.

Frage ist beispielsweise die Selbstachtung, die man dadurch als eine konstitutive Bedingung von Menschenwürde benennen kann. Selbstachtung wird durch Folter verhindert, das ist der Grund warum Folter die Menschenwürde verletzt.

In der Debatte um die Menschenwürde werden die beiden Bedingungen, die auf die Natur der Menschenwürde verweisen, von solchen, die die Verletzung der Menschenwürde betreffen, streng voneinander getrennt. Obwohl große Einigkeit darüber herrscht, dass Folter eine Verletzung der Menschenwürde darstellt, behauptet doch niemand, dass die Abwesenheit von Folter eine konstitutive Bedingung für Menschenwürde ist. Würde man die Abwesenheit zur konstitutiven Bedingung für Menschenwürde erheben, so hätte man keine substantielle Begründung mehr dafür, warum Folter die Menschenwürde verletzt. Seidel erläutert dies wie folgt:

> „Wenn Menschenwürde zu haben einfach *heißt*, nicht gefoltert zu werden, so könnte man auf der zweiten Ebene die Frage ‚Warum verletzt Folter die Menschenwürde?' nur durch ein ‚Das liegt eben in der Natur der Menschenwürde' beantworten – und diese Antwort liefert gerade nicht den Grund, nach dem gefragt ist. Man hätte also nur noch eine Begründungsebene für das Folterverbot und könnte nicht weiter begründen, warum genau Folter die Menschenwürde verletzt."[396]

Nennt man jedoch als konstitutive Bedingung für Menschenwürde etwa die Selbstachtung, so hat man eine substantielle Begründung, warum Folter falsch ist und damit die Eigenschaft identifiziert, die normativ entscheidend für das Verbot der Folter ist. Man kann dann sagen, Folter ist falsch, weil Folter die Selbstachtung untergräbt und Menschenwürde gerade darin besteht, sich selbst zu achten.[397]

Die Abwesenheit von Folter für eine konstitutive Bedingung von Menschenwürde zu halten, verwechselt also einfach nur die Kategorie der Bedingung.

---

396 Seidel 2012, 625.

397 Vgl. Seidel 2012.

Überträgt man diesen Gedanken auf die Autonomiedebatte, so lässt sich zunächst feststellen, dass der Autonomiebegriff in bestimmter Weise ähnlich funktioniert wie der Begriff der Menschenwürde. Es ist ein Begriff, der einen bestimmten normativen Status einer Person kennzeichnet. Dieser Status kommt der Person zu, weil sie bestimmte Bedingungen für die Trägerschaft des Status erfüllt. Umstände oder Bedingungen, die mit diesem Status unvereinbar sind, können nun entsprechend der beiden Bedingungen in zwei Arten unterschieden werden: Entweder sind die Umstände so beschaffen, dass die Person nicht die Bedingungen erfüllt, die den Status ausmachen.[398] Dies wäre beispielsweise der Fall bei einer schwer dementen Person, die nicht mehr die für Autonomie relevanten konstitutiven Bedingungen erfüllen kann und die deshalb nicht mehr als Träger dieses normativen Status anzusehen ist. Wenn wir behaupten, dass Umstände und Bedingungen unvereinbar mit dem Status der Autonomie sind, können wir damit aber auch meinen, „dass die Person diese Bedingungen zwar erfüllt, dass sie durch [die Umstände] *U* in ihrer Autonomie aber *verletzt, missachtet* oder *eingeschränkt* wird – was voraussetzt, dass sie die Bedingungen erfüllt, die Autonomie ausmachen (denn das ist es ja, was durch *U* verletzt wird)."[399]

Es ist wesentlich überzeugender, die eingeschränkten Handlungsoptionen als Bedingung für die Verletzung von Autonomie zu begreifen, nicht jedoch als konstitutive Bedingungen. Wir werden damit durchaus unserer Intuition gerecht, dass jemand in seiner Autonomie eingeschränkt ist, wenn die Anzahl seiner Handlungsoptionen extrem gering ist und die Optionen aus Perspektive der Person nicht wertvoll sind. Dennoch müssen wir nicht zugleich der Ansicht sein, dass die Person dadurch ihre Autonomie verliert. Am Beispiel von Hedwig habe ich aufgezeigt, dass die Einschränkung der Handlungsoptionen keinen Einfluss auf ihre Autonomiefähigkeiten hat.

Damit wird also deutlich, dass die Bedingung der Angemessenheit der Handlungsoptionen nicht als konstitutive Bedingung für Autonomie angesehen

398 Vgl. Seidel 2012, 626.

399 Seidel 2012, 626.

werden kann. Die konstitutive Bedingung für Autonomie besteht nach wie vor in der Bedingung der Authentizität. Wer über die Fähigkeit der Autonomie in diesem Sinne verfügt, dem ist auch als Patient eine Patientenautonomie zuzusprechen. Er verfügt damit über einen bestimmten normativen Status, der darin zum Ausdruck kommt, dass seine Entscheidungen im Zusammenhang mit medizinischen Behandlungen eine Barriere- und Schlüsselfunktion entfalten können.

Aufgrund dieser Feststellung, dass es sich bei der Autonomiebedingung der Angemessenheit an Handlungsoptionen nicht um eine konstitutive Bedingung handelt, ist es keinesfalls sinnvoll, danach zu fragen, ob diese Bedingung die Adäquatheitsbedingung erfüllt, die eine Autonomiekonzeption im medizinischen Kontext erfüllen muss.

Es kann aber durchaus angebracht sein, sich im Hinblick auf den medizinischen Kontext zu fragen, welche Schlussfolgerungen daraus gezogen werden können, dass man die Einschränkung von Handlungsoptionen als Verletzung von Autonomie erfassen kann. Dies soll im folgenden Kapitel beleuchtet werden.

5.9 Die Anwendbarkeit der Autonomieverletzung der Einschränkung an angemessenen Handlungsoptionen für den medizinischen Kontext

Im medizinischen Kontext haben wir es oftmals mit Fällen zu tun, bei denen der Person keine angemessene Anzahl an wertvollen Handlungsoptionen mehr bleibt. Stellen wir uns, anstelle von Hedwig, Fred vor. Fred leidet an einer Krebserkrankung. Die Ärzte eröffnen ihm, dass seine Heilungschancen sehr gering sind. Ohne Behandlung führt der Krebs in wenigen Wochen zum Tod. Mit einer Chemotherapie hat er eine geringe Überlebenschance. Die Therapie selbst ist jedoch äußerst aggressiv und bringt deshalb schwerwiegende Nebenwirkungen mit sich. Fred muss sich entscheiden, ob er es mit der Therapie versuchen möchte oder nicht. Diese Entscheidung betrifft ganz eindeutig einen für ihn sehr wichtigen Lebensbereich. Sie hat keine trivialen Konsequenzen, sondern es geht um Leben und Tod. Nach den von Oshana und Raz aufgestellten Kriterien steht Fred, ebenso wie Hedwig, kein angemessener Entscheidungsspielraum zur Verfügung. Er hat nur zwei mögliche Optionen zur Wahl, die beide nicht wertvoll erscheinen und wobei eine der beiden zum sicheren Tod führt. Sein Fall ist in dieser Hinsicht mit dem von Hedwig zu vergleichen.

Da Fred nicht in seiner Fähigkeit der Autonomie eingeschränkt ist, kann er sich durchaus fragen, um welche der beiden Optionen er sich mehr sorgt und mit welchem Wunsch er sich mehr identifiziert. Im besten Fall leitet jener autonome Wunsch seine Entscheidung.

Hier wird nochmals deutlich, warum Freds Entscheidung unbedingt eine normative Barriere- und Schlüsselfunktion bezüglich der Durchführung der medizinischen Behandlung entfalten sollte. Aufgrund seiner Autonomiefähigkeit kommt ihm die Autorität zu, über die ihn betreffenden intimen Nahbereiche selbst entscheiden zu dürfen. Es erschiene geradezu absurd, ihm mit dem Verweis auf mangelnde Autonomie diese ihn zutiefst persönlich betreffende Entscheidung abzunehmen und paternalistisch über ihn zu entscheiden.

Gerade in Situationen, in denen unsere Handlungsoptionen eingeschränkt sind und bei denen die Wahl der einen Option zum Tod führt, ist es uns als autonome Person besonders wichtig, selbst entscheiden zu dürfen. Es sind diese Situationen äußerer Bedrängnis, in denen die normativen Funktionen der Autonomie als Barriere und Schlüssel besonders relevant werden. Genau diese Entscheidungen sind es, die aufgrund der äußeren Umstände besonders schwer zu treffen sind und deshalb vom autonomen Subjekt selbst getroffen werden müssen.

Versetzen wir uns, um diesen Gedanken zu verdeutlichen, in die Lage von Hedwig. Vielleicht kann man ein oder zwei Wochen auf der Insel damit verbringen, ständig in Furcht und Flucht vor den wilden Tieren zu leben. Stellt man jedoch fest, dass man dauerhaft in dieser Situation gefangen bleibt und keine Aussicht auf Rettung besteht, so wird die Handlungsoption, die mit dem Tod einhergeht, vielleicht von dem ein oder anderen doch ernsthaft in Betracht gezogen. Man wird froh sein, egal wie gering der eigene Handlungsspielraum ist, zumindest diese Wahl zwischen Leben und Sterben zu haben. Und es ist ganz individuell zu entscheiden, unter Einsatz der eigenen Autonomiefähigkeit, was man für das Richtige erachtet. Wenn ich an der Stelle von Hedwig wäre, würde ich mich ernsthaft fragen, was ich wirklich und aus ganzem Herzen möchte, um welche der beiden Optionen ich mich mehr sorge. Es wäre wohl die folgenreichste und schwerste Entscheidung, die ich treffen müsste, aber es wäre dennoch meine Entscheidung, die ich autonom treffen würde, weil ich zur Autonomie fähig bin, weil ich mich noch immer fragen kann, was ich aus ganzem Herzen möchte.

Dennoch können wir feststellen, dass sowohl Hedwig als auch Fred in ihrer Autonomie eingeschränkt werden. Sie hätten gerne mehr wertvolle Optionen zur Wahl. Dann könnten sie sich für einen Handlungswunsch entscheiden, den sie tatsächlich als eng verbunden mit der eigenen Person wahrnehmen. Die kontingenten Umstände zwingen sie jedoch zu einer Entscheidung zwischen zwei sehr zweifelhaften Optionen.

Dies gibt uns einen Grund dazu, Personen die in Umstände geraten sind, wo ihnen keine wertvollen Handlungsoptionen mehr zur Verfügung stehen, zu helfen, wann immer uns dies möglich ist. Manchmal ist dies möglich. Vielleicht könnten wir Hedwig von der Insel retten. Wenn wir wüssten, dass sie dort ist, wäre dies sicherlich unsere moralische Pflicht.

Dies macht deutlich, warum auch Menschen geholfen werden muss, die von anderen Menschen durch Drohungen gezwungen werden, sich zwischen zwei ungewollten Handlungsoptionen zu entscheiden. Wird ein Mensch von einem Dieb bedroht mit dem Satz: „Geld oder Leben!“, so wird der Beraubte in seinen Handlungsoptionen massiv eingeschränkt, und seine Autonomie wird verletzt, wenngleich sie nicht verloren geht. Der Beraubte kann seine Autonomiefähigkeit nicht mehr dazu nutzen, den Wunsch, mit dem er sich eigentlich identifiziert, nämlich einen Sommerspaziergang zu unternehmen, handlungswirksam werden zu lassen. Stattdessen muss er diesen autonomen Wunsch aufgeben und zwischen zwei Wünschen entscheiden, die ihm beide widerstreben. Dennoch kann er nach wie vor aufgrund seiner Autonomiefähigkeit den Wunsch wählen, der eher seiner Persönlichkeit entspricht.

Gleiches gilt, wenn Ärzte durch Drohungen oder Zwang ihre Patienten zu Entscheidungen zwingen. Dadurch verlieren die Patienten nicht ihre Autonomiefähigkeit, aber sie werden in ihrer Autonomie verletzt. Solche Zwänge sind, wo immer möglich, zu beseitigen, um dem Opfer zu ermöglichen, sich gemäß seiner eigenen autonomen Wunschordnung zu entscheiden. Die Opfer verlieren aber dadurch nicht ihre Autonomie als normativen Status. Wäre dies der Fall, würde es nämlich bedeuten, dass in Situationen des Zwangs über sie entschieden werden darf, da ihnen dann aufgrund ihrer mangelnden Autonomie nicht mehr deren normative Funktion als Barriere und Schlüssel zukäme.

In Situationen, in denen die zur Wahl stehenden Optionen nicht erhöht werden können, wie es im Beispiel von Fred der Fall ist, sollten wir versuchen, ihn dabei zu unterstützen, seine Autonomie in dieser äußerst schwierigen Situation bestmöglich auszuschöpfen. Das bedeutet, ihm die Entscheidung zu überlassen und ihn als Autorität anzuerkennen, die diese Entscheidung zu treffen hat. Das medizinische Personal sollte jedoch anbieten, die beiden Optionen mit ihm gemeinsam durchzusprechen und näher zu beleuchten, indem man wichtige Informationen dazu vermittelt. Vielleicht wird es Fred dadurch erleichtert, sich aufgrund seiner vorhandenen Autonomiefähigkeit besser mit der einen oder anderen Option identifizieren zu können.

Die Einschränkung der Angemessenheit an Handlungsoptionen sollte uns also nicht dazu veranlassen, Personen den normativen Status als autonome Personen abzuerkennen. Ihre Fähigkeit der Autonomie ermöglicht ihnen noch immer von deren Barriere- und Schlüsselfunktion Gebrauch zu machen. Eine solche Einschränkung kann aber durchaus als Verletzung der Autonomie verstanden werden, die nicht zugleich zu einem Verlust des normativen Status führt. Deshalb ist unbedingt von Drohungen oder der Ausübung von

Zwang gegenüber Personen abzusehen. Wo immer es im medizinischen Kontext möglich ist, sollte ein solcher Zwang auf die Person beseitigt werden.

5.10 Die Angemessenheit des sozialen Umfelds als Autonomiebedingung

Mit der vermeintlichen Autonomiebedingung der Angemessenheit der Handlungsoptionen wurde bereits eine externalistische substantielle Autonomiebedingung vorgestellt. In diesem Kapitel soll eine weitere externalistische substantielle Autonomiebedingung unter Berücksichtigung ihrer Überzeugungskraft und möglicher Anwendbarkeit für den medizinischen Kontext untersucht werden. Es handelt sich um eine Bedingung, die einer relationalen Autonomiekonzeption entstammt.

Ihren Ursprung haben relationale Autonomiekonzeptionen in einer feministischen Abkehr von einem atomistisch geprägten Autonomiebild. Der Vorwurf der Feministen an das Autonomiebild bezog sich darauf, dass die autonome Person als selbstgenügsam und nicht in soziale Bindungen eingebettet konzipiert wird. Dies werde der Natur des Menschen als soziales Wesen nicht gerecht und erhebt dadurch eine Lebensweise zu einem Ideal, die nicht erstrebenswert ist. Dieses Autonomiebild wurde als maskulin betitelt, da es stereotypisch männliche Werte wie Rationalität, Unabhängigkeit und Selbstgenügsamkeit überbetone. Die Beeinflussung der Person durch ihr soziales Umfeld und ihre Emotionen würde hingegen zu wenig berücksichtigt. Als Reaktion auf diesen Vorwurf entwickelten sich unterschiedliche Autonomiekonzeptionen, die sich unter dem Begriff relationale Autonomie zusammenfassen lassen.[400]

Der Vorwurf einer atomistisch ausgerichteten Autonomiekonzeption richtet sich vornehmlich an die Autonomiekonzeptionen wie sie von Kant und Rawls

400 Vgl. Stoljar 2015.

vertreten werden. Die prozedurale und inhaltsneutrale Autonomiekonzeption von Frankfurt ist von diesem Vorwurf nicht direkt betroffen. Hier können Wünsche nach engen sozialen Bindungen zu anderen ebenso autonom sein, wie der Wunsch nach einem einsamen Leben als Eremit. Es gibt einige relationale Autonomiekonzeptionen, die prozedural und inhaltsneutral sind.[401] Obschon also der Vorwurf des atomistischen Autonomiebildes nicht auf die bisher formulierten Autonomiebedingungen zutrifft, so fordern dennoch einige relationale Autonomiekonzeptionen zusätzliche Bedingungen für personale Autonomie, die bisher nicht untersucht wurden. Ich möchte mich an dieser Stelle auf eine solche relationale Autonomiekonzeption konzentrieren, die gegenüber den bereits festgestellten Autonomiebedingungen weitere Autonomiebedingungen fordern und prüfen, ob diese im Hinblick auf den medizinischen Kontext überzeugen kann.

Vertreter relationaler Autonomiekonzeptionen erachten personale Autonomie als vom Umfeld der Person beeinflusst. Zu dem die Autonomie beeinflussenden Umfeld gehören die sozialen Bindungen, die Rasse und das Geschlecht der Person, ebenso wie ihre historische Entwicklung und ihre emotionale Ausstattung. Diese Faktoren wirken sich auf die Identität und damit auch auf die Selbstkonzeption der Person aus. Dies wiederum beeinflusst auch die von der Person erworbenen Fähigkeiten, wie die Fähigkeit der Autonomie.[402] Mackenzie und Stoljar bezeichnen den Begriff der relationalen Autonomie als Sammelbegriff für Autonomiekonzeptionen, die die Annahme teilen, dass "persons are socially embedded and that agents' identities are formed within the context of social relationships and shaped by a complex of intersecting social determinants, such as race, class, gender, and ethnicity"[403].

Relationale Autonomiekonzeptionen lassen sich grob in zwei unterschiedliche Gruppen einteilen. Die erste Gruppe betrachtet die sozialen Beziehungen und Bedingungen als konstitutiven Bestandteil von Autonomie. Hier wird

401 Vgl. dazu u. a. Friedman 2003 und Meyers 2005.
402 Vgl. Stoljar 2011.
403 Mackenzie/Stoljar 2000, 4.

Autonomie ihrer Natur nach als sozial verstanden. Für das Vorliegen personaler Autonomie ist es demnach notwendig, dass bestimmte externalistische soziale Bedingungen erfüllt werden, ganz unabhängig von der psychischen Beschaffenheit der Person.[404] Daneben wird von manchen Vertretern dieser Gruppe auch gefordert, dass die Person über ein bestimmtes Selbstverhältnis verfügt, das beispielsweise durch Selbstvertrauen und Selbstwertschätzung gekennzeichnet ist.[405] Das Vorliegen dieses Selbstverhältnisses wird dabei wiederum oftmals an substantielle Bedingungen geknüpft.

Die zweite Gruppe hingegen versteht Autonomie als kausal sozial. Vertreter der kausal sozialen Ansätze gehen davon aus, dass es eines bestimmten sozialen Umfelds und sozialer Bindungen bedarf, damit Autonomie als Fähigkeit überhaupt entwickelt werden kann.[406] Die personale Autonomie wird dann als das Ergebnis bestimmter sozialer Interaktionen und eines bestimmten sozialen Umfelds verstanden.[407]

Für den medizinischen Kontext scheint mir nur die erste Gruppe relevant zu sein. Für die normativen Funktionen von Autonomie im medizinischen Kontext als Barriere und Schlüssel ist es entscheidend, dass der Patient über die Fähigkeit der Autonomie verfügt. Welche Prozesse und soziale Bindungen zum Ausbilden dieser Fähigkeit geführt haben ist für deren normative Funktion unerheblich. Ich werde mich deshalb der Analyse einer externalistischen substantiellen Autonomiebedingung der ersten Gruppe relationaler Autonomiekonzeptionen widmen. Dazu habe ich mir den Ansatz Oshanas[408] ausgewählt, der sehr prominent in den letzten Jahren diskutiert wurde[409].

Oshana kritisiert an den internalistischen Autonomiekonzeptionen, dass die Autonomiefähigkeit im Sinne einer Reflexionsfähigkeit nicht ausreicht, um

404 Eine Vertreterin dieses Ansatzes ist u. a. Marina Oshana (vgl. Oshana 2013).

405 Ein Vertreter dieses Ansatzes ist u. a. Paul Benson (vgl. Benson 2013).

406 Ein Vertreter dieses Ansatzes ist u. a. John Christman (vgl. Christman 2013).

407 Vgl. Stoljar 2011.

408 Vgl. Oshana 2013.

409 Vgl. u. a. Christman 2004; Ach/Schöne-Seifert 2013; Anderson 2013.

die konstitutiven Bedingungen personaler Autonomie in Gänze zu erfassen. Neben den Bedingungen der kritischen Reflexion, der prozeduralen Unabhängigkeit und einer ausreichenden Auswahl an relevanten Handlungsoptionen fordert sie zusätzlich, dass es für personale Autonomie konstitutiv notwendig ist, in einem sozialen Umfeld zu leben, das es einem ermöglicht, die eigenen Ziele zu verfolgen.[410] Für Oshana ist „ein zwangsfreier sozialer Kontext demnach teilweise konstitutiv für Selbstbestimmung – er trägt ‚materialiter' etwas dazu bei."[411]

Oshana ist damit im Feld der Vertreter externalistischer Autonomiekonzeptionen zu verorten, da sie Bedingungen, die sich auf die Umwelt der Person beziehen als konstitutiv für deren Autonomie betrachtet. Sie vertritt eine konstitutiv relationale Autonomiekonzeption, die die soziale Verortung und die sozialen Beziehungen einer Person in den Blick nimmt, um ihre Autonomie zu beurteilen. Sie fordert für die Zuschreibung von Autonomie die Erfüllung substantieller Bedingungen, die unabhängig von der Innenperspektive der Person sind.

Oshana versteht Autonomie als einen globalen Zustand, in dem sich eine Person befindet. Autonom sein bedeutet für sie, dass die Person neben ihrem Willen auch ihre Handlungen kontrollieren kann und dadurch kontrolliert, wie sie lebt. Damit weitet sie die für Autonomie notwendige Kontrolle von der Kontrolle über die eigenen Wünsche aus auf die äußeren Umstände der Person.[412]

Ich möchte dieses Kapitel nutzen, um zu prüfen, ob die von Oshana geforderte Bedingung des angemessenen sozialen Umfelds tatsächlich eine weitere konstitutive Bedingung personaler Autonomie ist, die von der bisherigen Kritik nicht getroffen wird.

---

410 Vgl. Oshana 2013.

411 Oshana 2013, 218.

412 Vgl. Oshana 2013, 197 f.

Oshana kritisiert die internalistischen Autonomiekonzeptionen dafür, dass diese allein über den psychischen Zustand einer Person versuchten, deren Autonomie zu erfassen. Dies käme dem Bild einer „inneren Zitadelle" gleich, die den Kern der Person ausmache, der unabhängig und unantastbar von der äußeren Welt existiere und durch Autonomie bewahrt werde. Dieses Bild kritisiert sie nicht nur dahingehend, dass es schwierig sei, dieses „wahre Selbst" näher zu bestimmen.[413] Darüber hinaus sei es auch kontraintuitiv anzunehmen, „dass das ‚wahre Selbst' etwas ist, das einer Person als einer von der Welt getrennten Entität zukommt."[414]

Diese Kritik versucht Oshana anhand von vier Beispielfällen zu verdeutlichen. Die Beispielfälle ähneln einander in der Hinsicht, dass es stets um Personen geht, die mit ihrer Lebensweise zwar zufrieden sind und sich mit dieser auch reflexiv identifizieren, denen aber die tatsächliche Kontrolle über ihre Lebensweise fehlt. Ein Beispiel ist der freiwillige Sklave, dessen Leben als Sklave seiner Vorstellung von Wohlergehen entspricht. Während der freiwillige Sklave internalistischen Bedingungen folgend als autonom gelten müsste, appelliert Oshana jedoch an die verbreitete Intuition ihm die Autonomie abzusprechen. Oshana begründet dies damit, dass der Sklave sich in einem Zustand befindet, in dem er „keine Autorität mehr über jene Teile seiner sozialen Rolle [hat], die seinen Willen und seine Lebensführung beeinflussen."[415] Die Zufriedenheit mit seiner Situation ist für Oshana kein Ausdruck für Selbstbestimmung. Aufgrund der mangelnden Kontrolle über wesentliche Teile seiner Lebensführung ist der Sklave keine autonome Person.[416]

Oshana betont, dass es für sie nicht der Wunsch nach Versklavung oder Unterdrückung selbst ist, der die personale Autonomie verhindert, sondern der Zustand, in dem sich die Person befindet. Das verdeutlicht sie am Beispiel

413 Vgl. Oshana 2013, 201 f.
414 Oshana 2013, 202.
415 Oshana 2013, 204.
416 Vgl. Oshana 2013, 205.

Harriets, einer unterdrückten Haus- und Ehefrau, die vollkommen in ihrer Rolle aufgeht. Hierzu schreibt Oshana:

> „Harriets Mangel an Autonomie geht also nicht auf ihre beklagenswerten Wünsche zurück. (...) Harriet hat die ‚richtige' psychische Verfassung. Nichtsdestotrotz fehlt es ihr an Autonomie – und zwar nicht, weil sie unterwürfig sein will, sondern weil sie unterwürfig ist."[417]

Die substantiellen Bedingungen, die Oshana einfordert, richten sich entsprechend nicht auf den Inhalt der Wünsche selbst, sondern auf das soziale Umfeld der Person, das für Autonomie bestimmten Bedingungen genügen muss.

Das soziale Umfeld einer autonomen Person muss so beschaffen sein, dass es den folgenden Bedingungen genügt:

> „a. Die Person kann sich selbst gegen psychische und physische Angriffe verteidigen, wenn dies notwendig ist (...).
> b. Die Person kann sich wehren, wann und wo immer versucht wird, sie ihrer Grundrechte und ihrer wirtschaftlichen Rechte zu berauben (...).
> c. Die Person muss nicht die Verantwortung tragen für Bedürfnisse, Erwartungen und Schwächen anderer Personen, es sei denn dies wurde vereinbart oder kann von ihr aufgrund einer bestimmten Funktion vernünftigerweise erwartet werden.
> d. Die Person kann Werte, Interessen, Bedürfnisse und Ziele habe und realisieren, die sich von denen derjenigen Menschen unterscheiden, welche Einfluss und Macht über sie besitzen (...)."[418]

Damit stellt Oshana konstitutive Bedingungen für personale Autonomie auf, die sich nicht notwendigerweise auf die Willensstruktur und damit auf die Fähigkeit der Autonomie der Person auswirken müssen, um deren Autonomie zu unterminieren.

---

417 Oshana 2013, 208.

418 Oshana 2013, 214.

5.10.1 Kritik an der Autonomiebedingung der Angemessenheit des sozialen Umfelds

Einer der wohl prominentesten Kritiker des Ansatzes von Oshana ist Christman mit seinem Vorwurf des Perfektionismus.[419] Christman weist darauf hin, dass Oshanas Ansatz nicht inhaltsneutral ist und führt dies darauf zurück, dass durch Oshanas soziale Bedingungen nur solche Personen als autonom gelten, die soziale Beziehungen pflegen, die in einer ganz bestimmten Art und Weise gestaltet sind, die sich am Ideal der Selbstbestimmung orientiert. Es gibt jedoch Menschen, die dieses Ideal zurückweisen und es freiwillig bevorzugen, unter dem Gehorsam anderer zu leben. Wenngleich diese unterwürfigen Menschen also in der von ihnen selbst bevorzugten Art und Weise leben, so gelten sie Oshana folgend dennoch nicht als autonome Personen, weil sie nicht in der normativ richtigen sozialen Umgebung leben. Es muss jedoch kritisch angemerkt werden, dass das Ideal des selbstbestimmten Lebens nicht von allen Menschen geteilt wird. Kennzeichen einer liberalen Gesellschaft ist es, verschiedene Lebensentwürfe zu akzeptieren, auch solche, die das Ideal der Selbstbestimmung zurückweisen und ein Leben unter dem Gehorsam anderer bevorzugen.

Oshanas Autonomiekonzeption muss sich entsprechend deshalb Christmans Perfektionismus-Vorwurf ausgesetzt sehen, weil sie voraussetzt, dass es bestimmte Werte gibt, die sowohl individuelles als auch soziales Handeln lenken sollten, ganz unabhängig davon, ob diese Werte auch von den betroffenen autonomen Individuen unterstützt werden.[420] Es erscheint jedoch widersprüchlich, anzunehmen, etwas hätte einen Wert für jemanden, der dies für sich zurückweist. Christman schreibt dazu:

> „The critique of relational autonomy being considered here merely claims that viewing non-authoritarian relations as constitutive of autonomy implies that certain values (...) are valid for individuals even if they (*ex hypothesi*) authentically and freely reject them."[421]

---

419 Vgl. Christman 2004.

420 Vgl. Christman 2004, 152.

421 Christman 2004, 152.

Autonome Entscheidungen begründen den Respekt des Gegenübers vor der Entscheidung. Dieser sollte jedoch nicht an einen gewissen Inhalt der Entscheidung gebunden sein, sondern vielmehr an deren formale Verfassung, der zufolge authentische Entscheidungen als autonome Entscheidungen gelten:

> "Insofar as a person has authentically embraced even (...) oppressive social status or subservient roles, that person deserves respect insofar as her judgment about those roles has the same formal features as our own judgment about our own lives."[422]

Für Christman geht es also um die Autonomiefähigkeit an sich, die es zu achten und wertzuschätzen gilt. Ob diese Fähigkeit eingesetzt wird, um sich für ein Leben zu entscheiden, das man als repressiv bezeichnen könnte, ist für Autonomie unerheblich.[423]

Gerade die Fähigkeit der Autonomie ist es, die dem paternalistischen Eingreifen von außen Grenzen setzt und dem autonomen Individuum die Entscheidungsgewalt über sein Leben zugesteht. Verschiedene Lebensentwürfe zu achten, ist gerade der Vorteil und Wert der Autonomie. Die perfektionistische Konzeption Oshanas steht somit im Widerspruch zu diesem individualistischen Aspekt von Autonomie.[424]

Der Vorteil an einer Autonomiekonzeption, die sich an der Fähigkeit der Autonomie als konstitutive Bedingung ausrichtet, besteht darin, dass verschiedene Entscheidungen, die das eigene Leben betreffen, wie die Wahl der sozialen Beziehungen, der Autorität der Person selbst überlassen bleiben. Es ist an ihr, sich die Lebensform auszuwählen, mit der sie sich identifiziert. Ein perfektionistisches Autonomiebild, das bestimmte Arten der sozialen Beziehung vorschreibt, scheint hingegen in einer nicht wünschenswerten und auch nicht zu rechtfertigenden Art und Weise paternalistisch zu sein. Oshanas Autonomiebedingungen sind deshalb nicht als konstitutive Autonomiebedingungen zu verstehen. Entsprechend sind auch die von mir aufgestellten

---

422 Christman 2004, 153.

423 Vgl. Christman 2004, 154 f.

424 Vgl. Christman 2004.

Bedingungen von Patientenautonomie nicht durch die von Oshana aufgestellten Autonomiebedingungen zu ergänzen.

5.11 Zusammenfassung der Bedingungen für Patientenautonomie

In Kapitel 4 habe ich die im medizinischen Kontext dominierende Autonomiekonzeption von Beauchamp und Childress vorgestellt und ausführlich auf deren Schwächen verwiesen. Diese bestehen darin, dass diese Konzeption von Handlungsautonomie erstens keine paradigmatischen Fälle von mangelnder Autonomie in Form von inneren Zwängen erfassen kann. Zweitens liefert diese Konzeption kein stimmiges Gesamtbild, weil die darin geforderte Unabhängigkeit von personaler Autonomie und Handlungsautonomie nicht überzeugend aufrechterhalten werden kann. Und drittens ist es mit einer solchen Konzeption von Handlungsautonomie nicht möglich, zu erläutern, warum Autonomie und autonome Entscheidungen Respekt beim Gegenüber erzeugen und damit eine Barrierefunktion entfalten. Das Kapitel 5 diente deshalb der Untersuchung, ob Konzepte der personalen Autonomie sich besser dazu eignen im medizinischen Kontext Anwendung zu finden. Voraussetzung für die Anwendung einer Konzeption der personalen Autonomie als Grundlage für Patientenautonomie ist, dass diese die von mir formulierten Adäquatheitsbedingungen erfüllt, die darin bestehen, dass Patientenautonomie sinnvollerweise eine Barriere- und Schlüsselfunktion entfalten können muss.

In diesem Kapitel 5 hat sich ferner gezeigt, dass die internalistische Autonomiekonzeption Frankfurts, deren Grundlage die Autonomiebedingung der Authentizität bildet, sehr gut dazu geeignet ist, als Grundlage der Patientenautonomie verstanden zu werden.

Dies bedeutet, dass die konstitutive Bedingung für das Vorliegen von Patientenautonomie darin besteht, dass der Patient über die Fähigkeit verfügt, sich durch kritische Reflexion auf höherer Stufe aus ganzem Herzen mit einem

Wunsch erster Stufe identifizierten zu können, sich um seine Wünsche sorgen kann und volitionale Notwendigkeiten ausbildet. Diese Bedingung der Patientenautonomie wurde von mir durch die Bedingung der Konfrontation der Entstehungsgeschichte der Wünsche ergänzt. Diese zweite Bedingung an Patientenautonomie ermöglicht es einerseits, Manipulationen auf die Person als falsch zu erfassen, die ihre Autonomiefähigkeit insgesamt einschränken. Außerdem gibt sie vor allem die Möglichkeit und zeigt gleichfalls auch die moralische Notwendigkeit dazu auf, dass Personen mit vermeintlich manipulativen Entstehungsgeschichten ihrer Wünsche konfrontiert werden sollten, wenn diese von außen erkennbar sind.

Für die Entfaltung der normativen Funktionen der Patientenautonomie als Barriere und Schlüssel ist es ausreichend, dass ein Patient aktuell über die Fähigkeit der Autonomie verfügt und von dieser Fähigkeit Gebrauch machen kann, falls er es wünscht. Durch diese Fähigkeit kommt ihm die Autorität zu, über die ihn betreffenden intimen Nahbereiche zu bestimmen. Dies umfasst zum einen, dass von außen in Eingriffe in seine Entscheidungen abzusehen sind. Zum anderen entfaltet die Entscheidung eines autonomen Patienten aber auch die Funktion eines Schlüssels und macht den Weg zu einer legitimierten medizinischen Behandlung frei.

Diese Konzeption bringt den Vorteil, dass dadurch den Schwächen der bisher dominierenden Autonomiekonzeption der Medizinethik begegnet werden kann. Zudem können aus diesem Konzept sehr gut Anforderungen abgeleitet werden, die beachtet werden sollten, um die Autonomie der Patientenentscheidung zu erhöhen.

Auch wenn die Fähigkeit der Autonomie des Patienten ausreicht, um die normativen Funktionen von Autonomie zu entfalten, so ist es fernhin wünschenswert, dass auch die Entscheidung im Hinblick auf die Durchführung oder Unterlassung der medizinischen Behandlung selbst autonom ist. Solange Interventionen, die auf die Erhöhung der Autonomie der Patientenentscheidung wirken, vom Patienten nicht deutlich abgelehnt werden, sind sie unbedingt anzuwenden. Dies umfasst, dass der Patient Informationen über den durchzuführenden Eingriff erhält und dass er durch Gespräche in seiner Entscheidungsfindung unterstützt wird. Durch die Bedingung für die Verletzung der Autonomie durch eine Einschränkung an angemessenen Handlungs-optionen wird auch deutlich, dass ein Zwang des Patienten, der zu einer Einschränkung seiner für ihn wertvollen Handlungsoptionen führt, vermieden werden muss.

Damit ergibt sich eine Konzeption von Patientenautonomie, die davon ausgeht, dass ein Patient, der die Bedingung der Authentizität und der Konfrontation mit der Entstehungsgeschichte seiner Wünsche erfüllt, im hinreichenden Maße autonom ist, damit seine Autonomiefähigkeit die normativen Funktionen als Barriere und Schlüssel entfalten kann. Darüber hinaus zeigt eine solche Autonomiekonzeption deutlich die positiven Pflichten des medizinischen Personals auf, die Autonomie der Patientenentscheidung zu befördern.

Substantielle Bedingungen, die es erfordern, dass der Patient sich in einer Umwelt befindet, die durch in bestimmter Weise gestaltete soziale Beziehungen geprägt ist, sind meines Erachtens keine konstitutiven Bedingungen von Autonomie. Solcher Art substantieller Autonomiebedingungen würden zu einem ungewollten Perfektionismus führen und den Wert der Patientenautonomie schmälern.

6. Fazit

Seit der Abkehr vom Paternalismus in den siebziger Jahren gelten die Notwendigkeit der informierten Einwilligung und die Achtung der Patientenautonomie als handlungsleitende Prinzipien bei der Entscheidung über medizinische Behandlungen.

Dem Autonomiebegriff kann man einen deskriptiven Gehalt zuschreiben, der sich darauf bezieht, was jemanden kennzeichnet, der autonom ist. Daneben hat der Autonomiebegriff aber auch einen normativen Gehalt, der sich darauf bezieht, was jemand darf oder sollte oder was man gegenüber jemanden darf oder sollte, der autonom ist. Autonomie ist deshalb ein *dicker Begriff*. Dies macht es schwierig, sich auf eindeutige Autonomiebedingungen zu einigen. Mit autonomen Menschen gehen wir anders um als mit nicht autonomen Menschen. Legen wir uns auf Autonomiebedingungen fest, so werden wir immer bestimmte Menschen haben, die wir von diesem Umgang ausschließen. Wir sollten dies nicht leichtfertig tun, weil diejenigen Menschen, die wir als nicht autonom bezeichnen, nicht in den Genuss der Autonomierechte kommen werden.

Ich habe mich in dieser Arbeit sowohl dem normativen als auch dem deskriptiven Gehalt der Patientenautonomie im medizinischen Kontext gewidmet. Mir ging es weniger darum, die Grenzfälle von Autonomie näher zu betrachten, sondern vermehrt darum, den Kernbereich der Autonomie zu untersuchen. Dieser Kernbereich weist bereits deutliche Unstimmigkeiten auf. Es herrscht weder Einigkeit über den deskriptiven noch über den normativen Gehalt des Autonomiebegriffs. Vielmehr gibt es verschiedene, zueinander teilweise im Widerspruch stehende Autonomiekonzeptionen. Grenzfälle der Autonomie scheinen kaum lösbar zu sein, wenn schon der Kernbereich des Begriffs unterbestimmt ist. Um sich mit den vielfältigen inhaltlichen Bestimmungen des Autonomiebegriffs sinnvoll auseinandersetzen zu können, entschied ich mich dazu, zunächst den normativen Gehalt des Begriffs näher zu untersuchen.

P. Becker, *Patientenautonomie und informierte Einwilligung*,
https://doi.org/10.1007/978-3-476-05022-9_6

Ich begann mit meiner Analyse bei einer Kernforderung der Medizinethik, nämlich der Forderung der Notwendigkeit der informierten Einwilligung vor jeder medizinischen Behandlung, die zumeist mit dem Schutz der Patientenautonomie begründet wird. Es hat sich gezeigt, dass die Autonomie nicht der überzeugendste Grund für die Rechtfertigung der Notwendigkeit der informierten Einwilligung ist. Vielmehr ist es die Verletzung der körperlichen Integrität, die eine Einwilligung des Patienten vor jeder medizinischen Behandlung notwendig macht, um diese zu legitimieren.

Medizinische Behandlungen sind per se Verletzungen der Intimsphäre und körperlichen Integrität der Patienten. Gegen Handlungen, die die körperliche Integrität verletzen, sprechen moralisch gewichtige Gründe, wie die Verursachung von Schmerzen, das Nicht-ernst-nehmen des Gegenübers als moralischen Akteur, die Gefährdung seiner Selbstachtung, die Missachtung des Gegenübers als Souverän über den eigenen Körper sowie der von den Betroffenen erlebte Kontrollverlust und Gefühle der Ohnmacht gegenüber der Situation. Je nach Schweregrad kann eine Verletzung der körperlichen Integrität die Menschenwürde des Betroffenen verletzen. Medizinische Behandlungen sind damit Handlungen, gegen die prima facie gewichtige moralische Gründe sprechen.

Die körperliche Integrität des Patienten bildet somit die Barriere, die medizinische Behandlungen ohne Einwilligung moralisch falsch macht.

Erst durch die autonome Einwilligung des Patienten entfallen diejenigen Gründe, die gegen die Durchführung der medizinischen Behandlung sprechen. Die Einwilligung ändert damit den normativen Status der Handlung und transformiert die medizinische Behandlung von einer verbotenen in eine erlaubte Handlung.

Zudem können medizinische Behandlungen auch die Autonomie des Patienten verletzen. Dies ist dann der Fall, wenn die medizinische Behandlung Einflüsse auf die autonome Lebensführung des Patienten hat. In solchen Fällen missachtet die Durchführung einer medizinischen Behandlung ohne

Einwilligung die aus der Patientenautonomie erwachsende Autorität, selbst darüber bestimmen zu können, wie man sein Leben führt.

Damit habe ich zwei mögliche Barrieren aufgezeigt, aufgrund derer medizinische Behandlungen nicht ohne informierte Einwilligung durchgeführt werden dürfen.

Die erste Barriere ist die der Autonomie. Diese wird auch in der medizinethischen Standardansicht immer wieder benannt, zumeist unter dem Schlagwort des Prinzips des Respekts vor der Autonomie. Sie trifft auf all diejenigen Patienten zu, die autonom sind. Autonome Personen können und möchten in der Regel selbst darüber entscheiden, wie man mit ihrem Körper und ihrer Lebensweise umgeht. Autonome Patienten müssen deshalb um eine Einwilligung gebeten werden, bevor man durch medizinische Behandlungen Einfluss auf ihren intimen Nahbereich nimmt, der ihrer Autorität unterliegt.

Des Weiteren existiert jedoch auch die Barriere der körperlichen Integrität, aufgrund derer medizinische Behandlungen ohne Einwilligung moralisch falsch sind, ganz gleich, ob der Patient autonom ist oder nicht.

Aus diesen zwei Barrieren ergeben sich zwei unterschiedliche normative Funktionen von Patientenautonomie. Die erste normative Funktion besteht darin, dass die Autonomie von Patienten eine Barriere bildet. Wer autonom ist, darf nicht ohne seine Einwilligung medizinisch behandelt werden. Überdies nimmt die Patientenautonomie aber auch eine bedeutende zweite normative Funktion ein, die in der medizinethischen Standardansicht kaum beachtet wird. Sie hat zugleich die Funktion eines Schlüssels, da Patienten aufgrund ihrer Autonomie die Barriere der körperlichen Integrität aufheben und dadurch medizinische Behandlungen legitimieren können.

Es hat sich gezeigt, dass die beiden normativen Funktionen der Autonomie einen bedeutenden Einfluss auf den praktischen Umgang mit Patienten haben.

Autonome Patienten können durch medizinische Behandlungen in zweifacher Hinsicht verletzt werden: Diese verletzen sowohl ihre körperliche Integrität als auch ihre Autonomie, wenn die Patienten nicht um eine autonome

Einwilligung in die Behandlung gebeten wurden. Betrachtet man, wie in der medizinethischen Standardansicht üblich, nur die erste Barriere der Autonomie, so scheint es in Ausnahmefällen möglich, kleine Verletzungen der Autonomie durch medizinische Behandlungen über starke Wohlergehensgewinne für den Patienten zu rechtfertigen. Erhöht sich das Wohlergehen des Patienten durch die Behandlung stark und ist die Verletzung seiner Autonomie gering, so kann eine medizinische Behandlung, der medizinethischen Standardansicht folgend, auch ohne Einwilligung des Patienten gerechtfertigt werden. Bezieht man jedoch die von mir herausgearbeitete zweite Barriere der körperlichen Integrität in die Beurteilung der Handlung mit ein, so wird schnell deutlich, dass stark paternalistische Handlungen, das sind alle medizinischen Behandlungen, die gegen den autonomen Willen eines Patienten durchgeführt werden, nicht zu rechtfertigen sind. Die Verletzung der körperlichen Integrität und die dadurch entstehende Wohlergehensminderung summiert sich zur Verletzung der Autonomie auf und macht eine Rechtfertigung eines stark paternalistischen Handelns ethisch unmöglich.

Einen noch deutlicheren Unterschied zur medizinethischen Standardansicht konnte ich beim Umgang mit nicht autonomen Patienten aufzeigen. Erst durch den Einbezug der Barriere der körperlichen Integrität wird es möglich zu erfassen, weshalb medizinische Behandlungen bei nicht autonomen Patienten äußerst schwierig zu rechtfertigen sind. Auch in Fällen, in denen medizinische Behandlungen nicht gegen die Autonomie der Patienten verstoßen, verletzen diese nach wie vor deren körperliche Integrität und bedürfen deshalb einer guten Rechtfertigung. Nicht autonome Patienten können jedoch keine autonome Einwilligung erteilen, die die medizinische Behandlung von einer verbotenen in eine erlaubte Handlung transformiert. Die Verletzung der körperlichen Integrität nimmt deshalb stets die Funktion eines „reminders“ ein, der in die Abwägung schwach paternalistischer Handlungen mit einbezogen werden muss. Dieser „reminder“ erinnert an das prima facie moralisch Falsche einer medizinischen Behandlung ohne autonome Einwilligung. Ferne haben wir kranken, nicht autonomen Personen gegenüber aber auch starke Hilfs- und Fürsorgepflichten. Es gibt Fälle, in denen das Nichtwahrnehmen von Hilfs- und Fürsorgepflichten moralisch schwerer wiegt als die durch die medizinische Behandlung erfolgte Verletzung der körperlichen Integrität. In diesen Situationen sind medizinische Behandlungen auch ohne Einwilligungen zu legitimieren. Damit wird die Rechtfertigung schwach paternalistischer Behandlungen stets zu einer Abwägungsfrage, die immer im konkreten Einzelfall entschieden werden muss. Die beiden normativen Funktionen der Autonomie erhöhen die Transparenz der Güter, die in solchen Fällen gegeneinander abgewogen werden.

Im ersten Teil der Arbeit habe ich somit aufgezeigt, dass Patientenautonomie zwei normative Funktionen hat, die einer Barriere und die eines Schlüssels. Die Zuschreibung von Autonomie ist von großer praktischer Relevanz bezüglich des angemessenen Umgangs mit Patienten. Deshalb muss genau analysiert werden, unter welchen Bedingungen Patienten als autonom gelten und damit Zugriff auf die normativen Funktionen der Autonomie haben. Dies habe ich im zweiten Teil der Arbeit analysiert.

Es hat sich gezeigt, dass die Autonomiebedingungen der medizinethischen Standardkonzeption nicht dazu geeignet sind, die Autonomie von Patienten angemessen zu erfassen.

Dies ist darauf zurückzuführen, dass der medizinethischen Standardansicht folgend die Autonomie von Handlungen und die personale Autonomie zwei voneinander völlig unabhängige Konzeptionen sind, wobei nur die erste eine normative Funktion als Barriere entfaltet. Einzig und allein Handlungen, die absichtlich und freiwillig ausgeführt und vom Patienten verstanden werden, gelten in der medizinethischen Standardansicht als autonom und entfalten eine Barriere-Funktion. Es wurde jedoch herausgearbeitet, dass diese Autonomiebedingungen von Beauchamp und Childress keinesfalls nur auf Handlungsautonomie verweisen, sondern zugleich Fähigkeiten voraussetzen, die für personale Autonomie konstitutiv sind. Außerdem erfassen die Autonomiebedingungen der medizinethischen Standardansicht nicht die paradigmatischen Fälle mangelnder Autonomie aufgrund von inneren Zwängen. Die größte Schwäche dieser Konzeption besteht aber, wie aufgezeigt wurde, darin, dass diese Bedingungen nicht deutlich werden lassen, warum man Autonomie in besonderer Weise respektieren sollte. Respekt scheint nicht dort gefordert zu sein, wo allein eine Handlung absichtlich, informiert und freiwillig ist. Das primäre Objekt von Respekt ist vielmehr die Person selbst und nicht die Handlung als eigenständige Entität mit bestimmten Eigenschaften. Respektieren wir eine Person, so schafft dies wiederum einen Grund auch ihre Handlungen und Entscheidungen zu respektieren, die in ihren Verantwortungsbereich fallen. Der Respekt von Handlungen wird so aus dem Respekt für die Person abgeleitet. Autonome Personen haben die Autorität über die eigenen intimen Nahbereiche zu entscheiden. Personen, die die Bedingungen personaler Autonomie erfüllen, sind deshalb Personen, die es zu respektieren gilt.

Aufgrund der herausgearbeiteten Schwachstellen bilden die Autonomiebedingungen der medizinethischen Standardkonzeption keine geeignete Grundlage für Patientenautonomie. Es bedarf vielmehr einer Autonomiekonzeption, die sich nicht auf Handlungen allein, sondern auf die gesamte Person und ihre Fähigkeiten bezieht. Die internalistische Autonomiebedingung der Authentizität ist eine solche Autonomiebedingung, bei der die Person insgesamt in den Blick genommen wird. Durch die Willensstruktur der Person und die daraus erwachsende Reflexionsfähigkeit von Wünschen wird ein Kriterium gebildet, das deutlich werden lässt, warum eine diese Bedingung erfüllende und damit autonome Person besonderen Respekt für ihre Handlungen verdient.

Mit dieser Autonomiekonzeption wird die Fähigkeit, sich aus ganzem Herzen reflexiv mit seinen Wünschen zu identifizieren und sich um diese sorgen zu können zur konstitutiven Bedingung von Patientenautonomie. Wer über diese Fähigkeit verfügt und sie anwenden kann, ist eine autonome Person. Autonome Personen wiederum können die beiden normativen Funktionen von Autonomie als Barriere und Schlüssel für sich beanspruchen.

Mit dieser Autonomiebedingung wird Patientenautonomie deutlich anders konzipiert als in der Medizinethik bisher üblich. Es ist nicht mehr die autonome Handlung, die die normative Funktion von Autonomie begründet, sondern vielmehr die Autonomiefähigkeit der Person selbst.

Mediziner dürfen nicht ohne Einwilligung über die medizinische Behandlung von autonomen Patienten entscheiden. Autonomen Patienten sollte stattdessen vom Arzt eine medizinische Behandlung vorgeschlagen werden, in die sie einwilligen oder die sie ablehnen können. Eine vollkommen autonome Entscheidung eines autonomen Patienten für oder gegen eine vorgeschlagene Behandlung bildet das Ideal einer Patientenentscheidung. Ergänzend kommt dem autonomen Patienten auch das Recht zu, seine Autonomiefähigkeit zu nutzen. Deshalb sollte der Patienten in der Findung einer möglichst autonomen Entscheidung bestmöglich unterstützt werden.

Diese Unterstützung beim Treffen einer autonomen Entscheidung bedeutet, den Patient möglichst umfassend über die vorgeschlagene Behandlung zu informieren. Je besser ein Patient über die bevorstehende Behandlung, ihre Erfolgsaussichten, mögliche Risiken und Alternativen versteht, desto besser kann er widerstreitende Wünsche für und gegen die Behandlung gegeneinander abwägen und desto autonomer ist die Entscheidung, die er trifft. Darüber hinaus sollte der Patient auch darin unterstützt werden, Motivationsprobleme zu überwinden. Dies bezieht sich beispielsweise auf ängstliche Patienten, die sich von der Angst vor Schmerzen und dem daraus resultierenden Wunsch nach Nichtbehandlung treiben lassen, obwohl sie sich mit diesem nicht identifizieren können. Hier hilft es möglicherweise, durch eine sensible Gesprächsführung und Aufklärung den Patienten darin zu unterstützen, seinen authentischen Willen handlungswirksam werden zu lassen. Neben diesen inneren Zwängen, die Patienten möglicherweise von autonomen Entscheidungen abhalten, sollte stets auch auf die Ausübung äußerer Zwänge und kontrollierender Einflussnahme verzichtet werden. Wo immer diese erkannt werden, ist der Patient darauf aufmerksam zu machen und darin zu unterstützen, sich von diesen loszusagen.

Diese Unterstützungsangebote helfen dem Patienten dabei, sich autonom für oder gegen die Behandlung zu entscheiden. Sie stehen dem Patienten zu, da er ein Recht darauf hat, seine Autonomiefähigkeit bei der Behandlungsentscheidung voll auszuschöpfen. Allerdings ist der Patient nicht zur Annahme dieser Unterstützungsangebote verpflichtet. Dies ist darauf zurückzuführen, dass autonomiefähige Patienten nicht verpflichtet werden können, auch tatsächlich autonom zu entscheiden. Bereits die Fähigkeit der Autonomie entfaltet die normative Funktion, andere Menschen von Beeinflussungen der eigenen Entscheidung und der Art und Weise wie sie zustande kommt, abzuhalten. Wünscht ein autonomer Patient nicht, dass er durch Information, Auseinandersetzung mit Manipulation oder anderen inneren Zwängen in der Findung einer autonomen Entscheidung unterstützt wird, so ist von derlei Interventionen Abstand zu nehmen. Autonome Patienten haben die Autorität über den eigenen intimen Nahbereich zu entscheiden. Diese Entscheidungen müssen nicht zwangsläufig autonom im Sinne von vollkommen reflektiert sein, um normative Kraft zu entfalten. Die Fähigkeit der Autonomie des Patienten begründet bereits die Barriere- und Schlüsselfunktion seiner Entscheidung. Es reicht die Möglichkeit des Patienten, sich aufgrund seiner Autonomiefähigkeit jederzeit mit seinen Wünschen reflexiv auseinandersetzen zu können, falls gewünscht.

Damit bilden die Information des Patienten, die Freiheit von äußeren und inneren Zwängen seiner Entscheidung und die Angemessenheit der Handlungsoptionen und des sozialen Umfelds im Hinblick auf einzelne Handlungen keine konstitutiven Bedingungen für Autonomie. Es sind vielmehr Bedingungen, mithilfe derer mögliche Autonomieverletzungen erfasst und vermieden werden können. Diese Bedingungen eröffnen den Horizont der Unterstützungsangebote, die helfen können, dass der Patient eine autonome Entscheidung trifft. Anders als in der medizinethischen Standardkonzeption muss ein Patient aber nicht informiert sein, und seine Entscheidung muss auch nicht freiwillig sein, damit sie Respekt verdient.

Die konstitutive Bedingung ist einzig die Autonomiefähigkeit, die erfüllt ist, wenn eine Person sich aus ganzem Herzen mit ihren Wünschen reflektiert identifizieren und sich um sie sorgen kann. Wer diese Bedingung erfüllt, dessen Handlungen und Entscheidungen verdienen Respekt. Gibt eine derart verfasste Person eine Einwilligung in eine medizinische Behandlung, so legitimiert sie diese dadurch und transformiert die medizinische Behandlung von einer verbotenen in eine erlaubte Handlung. Zusätzlich entfaltet ihre

Autonomie gleichfalls eine Barrierefunktion, die es notwendig macht, der Person die Autorität zuzugestehen, über den intimen Nahbereich und alle Eingriffe in diesen selbst bestimmen zu dürfen.

Die von mir entworfene Konzeption der Patientenautonomie bietet im Vergleich zur medizinethischem Standardansicht deutliche Vorteile, die ich an dieser Stelle nochmals betonen möchte.

Da die Information des Patienten seine autonome Entscheidung fördert, ist es für die Autonomie förderlich, den Patienten über die für seine Entscheidung relevanten Aspekte der Behandlung aufzuklären. Der Vorteil der von mir entworfenen Autonomiekonzeption im Vergleich zur medizinethischen Standardansicht besteht jedoch darin, dass aus dem Recht auf Information keine Verpflichtung des Patienten zur Information erwächst. Ausschließlich der Patient selbst hat darüber zu entscheiden, wie gut er informiert werden möchte und welche Aspekte für ihn relevant sind. Es wird dem Patienten möglich, eine wirksame Einwilligung in eine medizinische Behandlung auszusprechen, obwohl er auf Informationen verzichtet hat. Damit ist das in Kapitel 2.3 erwähnte Problem entkräftet, dass aus dem Recht auf Information eine unerwünschte Pflicht zur Information entsteht.

Auch dem Vorwurf, dass Entscheidungen über medizinische Behandlungen teilweise überhaupt nicht als autonom gelten könnten, weil dabei nur zwischen begrenzten Wahlmöglichkeiten entschieden wird, kann mit meiner Autonomiekonzeption begegnet werden. Ich habe aufzeigen können, dass es gerade in Situationen eingeschränkter Wahlmöglichkeiten umso wichtiger ist, das Recht der Autonomie zu erhalten, nur dadurch kann man in diesen schwierigen Situationen die für einen selbst bestmögliche Entscheidung treffen. Der Wert der normativen Funktion von Autonomie kommt in solchen Situationen besonders zu tragen, wo zwischen zwei unerwünschten und folgenschweren Entscheidungen gewählt werden muss.

Zudem wird deutlich, dass Autonomie auch dann eine normative Funktion entfaltet, wenn sie nicht dem gesundheitlichen Wohlergehen des Patienten dient. Willigt ein autonomer Patient nicht in eine vorgeschlagene medizinische Behandlung ein, die seinen Gesundheitszustand deutlich verbessern würde, so ist diese Entscheidung zu achten. Fürsorgeverpflichtungen vonseiten des medizinischen Personals führen nicht dazu, die normative Kraft der Patientenautonomie zu übertrumpfen. Dies ist auch darauf zurückzuführen, dass die medizinische Behandlung selbst ein Akt ist, der, wenn sie ohne Einwilligung des Patienten durchgeführt wird, massive Wohlergehenseinschränkungen für den Patienten mit sich bringt, die nicht mit einer Fürsorgepflicht zu vereinbaren sind.

Durch den von mir vorgeschlagenen Ansatz kann deutlich erfasst werden, wodurch das Unbehagen und die moralischen Vorbehalte entstehen, die wir haben, wenn wir einen nicht einwilligungsfähigen Patienten medizinisch behandeln. Es ist seine fehlende Möglichkeit, die durch die medizinische Behandlung entstehende Verletzung seiner körperlichen Integrität mit einer Einwilligung zu legitimieren. Die in Kapitel 2.3 angeführte paradoxe Asymmetrie unter Berücksichtigung der Anforderungen an Autonomie bei der Einwilligung und Ablehnung einer Behandlung werden dadurch aufgehoben. Es ist nicht die Verletzung der Autonomie allein, die medizinische Behandlungen moralisch falsch macht. Es ist vielmehr die Verletzung der körperlichen Integrität. Da diese auch auf nicht autonome Patienten zutrifft, bedarf es keiner weiteren Autonomieverletzungen, um medizinische Behandlungen ohne Einwilligung als moralisch falsche Handlungen erkennbar zu machen. Deshalb bedarf es zur Ablehnung der Behandlung keiner autonomen Entscheidung, vielmehr ist eine medizinische Behandlung ohne Einwilligung stets falsch, ganz gleich, ob außerdem auch noch eine ausdrücklich autonome Ablehnung derselben erfolgte. Durchaus kann sich aber die Verletzung der Autonomie zu der Verletzung der körperlichen Integrität aufsummieren, sodass die medizinische Behandlung in zweifacher Hinsicht falsch wird.

Die Autonomie des Patienten ist für medizinisches Personal nicht die entscheidende Barriere, die medizinischen Behandlungen entgegenstehen kann. Ihr Vorliegen erleichtert vielmehr die Entscheidung über medizinische Behandlungen, da autonome Patienten den normativen Status einer medizinischen Behandlung von einer verbotenen in eine erlaubte Handlung transformieren können. Ihre Autonomie wird zum entscheidenden Schlüssel, durch den die Behandlung legitimiert wird.

Zudem können durch den von mir vorgeschlagenen Ansatz mögliche Einschränkungen der Autonomie von Patientenentscheidungen deutlich besser erfasst werden. In der medizinethischen Standardkonzeption wird nicht deutlich, welche Rolle innere Zwänge und kontrollierende innere Einflüsse für die Autonomie des Betroffenen spielen. Für einen Patienten, der aus Angst eine helfende Therapie ablehnt, dies aber durchaus informiert und frei von äußeren Zwängen tut, besteht beispielsweise der medizinethischen Standardansicht folgend kein weiterer Unterstützungsbedarf bezüglich der Findung einer autonomen Entscheidung. Dies ist in meiner Autonomiekonzeption anders. Die Autonomiebedingung der Authentizität ermöglicht es, Angst und andere innere Zwänge als Hemmnis einer autonomen Entscheidung zu erfassen. Dadurch wird es möglich, einen Unterstützungsbedarf im Hinblick auf eine autonome Entscheidung bei dem Patienten festzustellen und ihn bei der Durchsetzung seines autonomen Willens zu unterstützen. Dem Patienten wird damit die Möglichkeit eröffnet, von einem autonomiefördernden Unterstützungsangebot Gebrauch zu machen.

Das Recht der Autonomie wird gestärkt, wenn man die Fähigkeit der Autonomie, die sich anhand der Authentizitätsbedingung erkennen lässt, zur konstitutiven Bedingung von Patientenautonomie erhebt. Unterstützungsangebote zur Förderung der autonomen Entscheidung von Patienten können dadurch besser erfasst werden. Gleichzeitig läuft man nicht Gefahr, dass Autonomie zu einer ungewollten Verpflichtung von Patienten wird und eine Überforderung für diese darstellt. Aufgrund ihrer Autonomiefähigkeit können Patienten selbst entscheiden, wie stark sie ihre Entscheidungen reflektieren möchten. Nicht nur die Entscheidung für oder gegen eine medizinische Behandlung wird somit vermehrt der Kontrolle des Patienten unterstellt, sondern auch die Entscheidung darüber, welche Informationen er über die Behandlung erhält, wie intensiv er die Behandlungsentscheidung reflektieren möchte, welche Unterstützungsangebote er bei seiner Entscheidung annimmt, welche Wertmaßstäbe er bei der Entscheidung zugrunde legt und welche

Personen ihn beim Treffen der Entscheidung unterstützen sollen. Der Patient kann selbst entscheiden, inwieweit er Interventionen zulässt, die der Förderung seiner autonomen Entscheidung dienen. Generell gilt, dass nur die Interventionen zulässig sind, die aus Sorge um den autonomen Willen des Patienten unternommen werden. Patienten werden dadurch davor bewahrt, ihre eigenen Wertvorstellungen verteidigen zu müssen. Sie müssen sich gegenüber dem medizinischen Personal weder für ihre Lebensweise noch für ihre Entscheidungen unter Berücksichtigung des intimen Nahbereichs rechtfertigen. Ihnen steht die uneingeschränkte Autorität über diese Bereiche zu. Sie werden dadurch vermehrt in den Mittelpunkt von Behandlungsentscheidungen gestellt und erhalten größere Kontrolle über diese. Dadurch wird in Zeiten der vielfältigen medizinischen Möglichkeiten das Recht von Patienten gestärkt, selbst über sich, den eigenen Körper und die eigene Lebensweise zu bestimmen.

Mithilfe der von mir vorgestellten Autonomiekonzeption ist der Kernbereich des Autonomiebegriffs und dessen normativer und deskriptiver Gehalt in Bezug auf den medizinischen Kontext erhellt worden. Dies erleichtert auch den Umgang mit Patienten im Graubereich der Autonomie.

Es gibt eine Tendenz im Bereich der medizinischen Ethik, den Autonomiebegriff auf immer mehr Patientengruppen auszudehnen. Dies liegt an den erwähnten unscharfen Rändern des Begriffs. Diese führen dazu, dass man dazu verleitet wird, immer mehr Personengruppen Autonomie zuzuschreiben, so auch jüngeren Kindern oder dementiell Betroffenen. Dadurch will man diesen Patienten besser gerecht werden und sie vor Überbehandlung schützen. Meine Analyse des Autonomiebegriffs zeigt jedoch, dass diese Personengruppen schlichtweg nicht mehr über das verfügen, was Autonomie ausmacht. Das tragische an der Demenzerkrankung besteht gerade darin, dass man die Fähigkeit verliert, sich mit seinen Wünschen zu identifizieren oder sich über einen ausgedehnten Zeitraum um sie zu sorgen. Gleiches gilt für Kinder, die schlichtweg noch nicht die Fähigkeit erworben haben, sich reflexiv gegenüber ihren Wünschen zu verhalten. Diese und andere Personengruppen fallen aus der Kategorie der autonomen Personen heraus. Sie können deshalb

Autonomie auch weder als Barriere noch als Schlüssel nutzen. Dies stellt jedoch keinen Nachteil für sie dar, sondern bewahrt sie vielmehr vor Überforderung. Man kann von einem Kind oder einem dementiell Betroffenen nicht ernsthaft erwarten, die volle Verantwortung für die eigene Entscheidung zu tragen. Solche Anforderungen übersteigen die Fähigkeiten der Person und überfordern diese.

Auch ohne Autonomie haben diese Menschen ein Schutzbedürfnis. Diesem wird man jedoch viel besser gerecht, wenn man sie nicht fälschlicherweise unter den Deckmantel der Autonomie steckt, sondern analysiert, welche Güter tatsächlich für sie bei einer medizinischen Behandlung auf dem Spiel stehen. Die von mir entworfene Einladungsthese verdeutlicht hier, die auch für sie bestehende Gefahr der Verletzung ihrer körperlichen Integrität durch die medizinische Behandlung. Dagegen können Hilfs- und Fürsorgepflichten abgewogen werden.

Mit meinem Ansatz wird deutlicher sichtbar, wo Autonomie anfängt und wo sie aufhört, auf wen sie zutrifft und auf wen nicht. Dies schützt zum einen besser die Patienten, die tatsächlich auch autonom sind. Sie müssen diese nicht immer wieder erneut nachweisen und können sich besser vor Interventionen in ihren intimen Nahbereich schützen. Gleichzeitig kann besser erfasst werden, wodurch man sie in ihrer Autonomie unterstützen kann. Darüber hinaus wird in meinem Ansatz aber auch deutlich, wer nicht autonom ist. Für diese Personengruppen müssen andere Prinzipien in den Vordergrund rücken, um sie zu schützen. Wir dürfen sie nicht überfordern, indem wir von ihnen etwas verlangen, was sie nicht können, nämlich autonom für den ihn betreffenden intimen Nahbereich entscheiden. Wir müssen vielmehr bereit sein zuzugeben, dass das Prädikat der Autonomie nicht auf alle vulnerablen Personengruppen zutrifft. In der Überlegung zu dem angemessenen medizinischen Umgang mit diesen Menschen müssen andere Erwägungen in den Vordergrund treten.

Autonomie bleibt damit ein wichtiges und entscheidendes Prinzip im medizinischen Kontext. Es ist aber sicherlich nicht das einzige, das eine bedeutsame

Rolle für den Schutz und den respektvollen Umgang mit Patienten spielt. Die von mir vorgenommene Klärung des Autonomiebegriffs hilft, den Patienten in ihren jeweils unterschiedlichen Bedürfnissen besser gerecht werden zu können.

Literaturverzeichnis

Ach, J. S.; Schöne-Seifert, B. (2013): „Relationale Autonomie“. Eine kritische Analyse. In: Wiesemann, C.; Simon, A. (Hg.): Patientenautonomie: theoretische Grundlagen, praktische Anwendungen. Münster, 42-60.

Alderson, P. (2003): Die Autonomie des Kindes – über die Selbstbestimmungsfähigkeit von Kindern in der Medizin. In: Wiesemann, C. et al. (Hg.): Das Kind als Patient. Ethische Konflikte zwischen Kindeswohl und Kindeswille. Frankfurt, 28-47.

Anderson, J.; Honneth, A. (2005): Autonomy, vulnerability, recognition, and justice. In: Christman, J.; Anderson, J. (Hg.): Autonomy and the challenges to liberalism. New Essays. Cambridge, 127-149.

Anderson, J. (2013): Relationale Autonomie 2.0. In: Wiesemann, C.; Simon, A. (Hg.): Patientenautonomie: theoretische Grundlagen, praktische Anwendungen. Münster, 61-76.

Annas, G.; Densberger, J. (1984): Competence to refuse medical treatment: Autonomy vs. paternalism. In: University of Toledo Law Review, 15 (2), 561-596.

Appelbaum, P.; Lidz, C.; Meisel, A. (1987): Informed consent: Legal theory and clinical practice. New York.

Archard, D. (2008): Informed-consent: autonomy and self-ownership. In: Journal of Applied Philosophy, 25 (1), 19-34.

Beauchamp, T. L. (2010): Autonomy and consent. In: Miller, F. G.; Wertheimer, A. (Hg.): The ethics of consent. New York.

Beauchamp, T. L.; Childress, J. F. (2013): Principles of biomedical ethics. New York.

Beckman, L. (2005): Scientific contribution democracy and genetic privacy: The value of bodily integrity. In: Medicine, Health Care and Philosophy, 8 (1), 97–103.

Beier, K.; Wiesemann, C. (2013): Reproduktive Autonomie in der liberalen Demokratie. Eine ethische Analyse. In: Wiesemann, C.; Simon, A. (Hg.): Patientenautonomie: theoretische Grundlagen, praktische Anwendungen. Münster, 205-221.

Benson, P. (2013): Handlungsfreiheit und Selbstwert. In: Betzler, M. (Hg.): Autonomie der Person. Münster, 131-148.

P. Becker, *Patientenautonomie und informierte Einwilligung*,
https://doi.org/10.1007/978-3-476-05022-9

Betzler, B. (2001): Bedingungen personaler Autonomie. In: Betzler, M.; Guckes, B. (Hg.): Harry G. Frankfurt. Freiheit und Selbstbestimmung. Berlin, 17-46.

Betzler, M. (2013a) (Hg.): Autonomie der Person. Münster.

Betzler, M. (2013b): Einleitung: Begriff, Konzeptionen und Kontexte der Autonomie. In: Betzler, M. (Hg.): Autonomie der Person. Münster, 7-36.

Birnbacher, D. (2006): Eine Verteidigung des Hirntodkriteriums. In: Birnbacher, D.: Bioethik zwischen Natur und Interesse. Frankfurt a. M., 248-270.

Blackstone, W. (1979): Commentaries on the laws of England, Volume III of private wrongs. Chicago, London.

Bobbert, M.; Werner, M. H. (2014): Autonomie/Selbstbestimmung. In: Lenk, C. et al. (Hg.): Handbuch Ethik und Recht der Forschung am Menschen. Berlin, Heidelberg, 105-114.

Brandt, A. M. (1978): Racism and research: The case of the Tuskegee syphilis study. In: The Hastings Center Report, 8 (6), 21-29.

Brock, D. W. (1992): Voluntary active euthanasia. In: The Hastings Center Report, 22 (2), 10-22.

Butz, U. (2014): „Vertrauen Sie mir, ich bin Arzt!“ Der Zusammenhang von Vertrauen und Macht in der Arzt-Patienten-Beziehung. In: Anselm, R. et al. (2014): Autonomie und Macht. Interdisziplinäre Perspektiven auf medizinethische Entscheidungen. Göttingen, 67-84.

Christman, J. (Hg.) (1989): The inner citadel. Essays on individual autonomy. New York, Oxford.

Christman, J. (2004): Relational autonomy, liberal individualism, and the social constitution of selves. In: Philosophical Studies, 117 (1-2), 143-164.

Christman, J. (2011): Autonomy in moral and political philosophy. In: The Stanford Encyclopedia of Philosophy. Online unter: http://plato.stanford.edu/entries/autonomy-moral/ [03.02.2017].

Christman, J. (2013): Autonomie und die Vorgeschichte einer Person. In: Betzler, M. (Hg.): Autonomie der Person. Münster, 109-130.

Cohen, S. (2011): The Gettier problem in informed consent. In: Journal of Medical Ethics, 37 (11), 642-645.

Corbie-Smith, G. et al. (1999): Attitudes and beliefs of African Americans toward participation in medical research. In: Journal of General Internal Medicine, 14 (9), 537-546.

Darwall, S. (2006): The value of autonomy and autonomy of the will. In: Ethics, 116 (2), 263-284.

Deutscher Ethikrat (2012): Demenz und Selbstbestimmung. Berlin.
Dresser, R. (1995): Dworkin on dementia: elegant theory, questionable policy. In: The Hastings Center Report, 25 (6), 32-38.
Duttge, G. (2013): Patientenautonomie und Einwilligungsfähigkeit. In: Wiesemann, C.; Simon, A. (Hg.): Patientenautonomie: theoretische Grundlagen, praktische Anwendungen. Münster, 77-90.
Duttge, G. (2016): Grenzen des Selbstbestimmungsrechts im psychiatrischen Behandlungskontext. In: Ethik in der Medizin, 28 (3), 195-206.
Dworkin, G. (1970): Acting freely. In: Noûs, 4 (4), 367-383.
Dworkin, G. (1988): The theory and practice of autonomy. Cambridge.
Dworkin, R. (1993): Life past reason. In: Dworkin, R. (Hg.): Life's dominion. An argument about abortion, euthanasia, and individual freedom. New York, 218–237.
Emanuel, E. J.; Emanuel, L. L. (2008): Vier Modelle der Arzt-Patient-Beziehung. In: Wiesing, U. (Hg.): Ethik in der Medizin. Ein Studienbuch. Stuttgart, 101-104.
Eyal, N. (2012): Informed consent. In: The Stanford Encyclopedia of Philosophy. Online unter: http://plato.stanford.edu/archives/fall2012/entries/informed-consent/ [20.12.2014].
Eyal, N. (2014): Using informed consent to save trust. In: Journal of Medical Ethics, 40 (7), 437-444.
Faden, R. R.; Beauchamp, T. L. (1986): A history and theory of informed consent. New York.
Fairchild, A. L.; Bayer, R. (1999): Uses and abuses of Tuskegee. In: Science, 284 (5416), 919-921.
Feinberg, J. (1971): Legal paternalism. In: Canadian Journal of Philosophy, 1 (1), 105-124.
Feinberg, J. (1986): Harm to self. New York.
Feinberg, J. (1989): Autonomy. In: Christman, J. (Hg.): The inner citadel. Essays on individual autonomy. New York, 27-53.
Firlik, A. D. (1991): Margo's Logo. In: Journal of the Medical Association, 265 (2), 201.
Flanigan, J. (2012): Three arguments against prescription requirements. In: Journal of Medical Ethics, 38 (10), 579-586.
Frankfurt, H. G. (1971): Freedom of the will and the concept of a person. In: The Journal of Philosophy, 68 (1), 5-20.
Frankfurt, H. G. (1988): The importance of what we care about. Cambridge.

Frankfurt, H. G. (1999): The faintest passion. In: Frankfurt, H. G. (Hg.): Necessity, volition, and love. Cambridge, 95-107.
Frankfurt, H. G. (2001a): Willensfreiheit und der Begriff der Person. In: Betzler, M.; Guckes, B. (Hg.): Harry G. Frankfurt. Freiheit und Selbstbestimmung. Berlin, 65-83.
Frankfurt, H. G. (2001b): Identifikation und ungeteilter Wille. In: Betzler, M.; Guckes, B. (Hg.): Harry G. Frankfurt. Freiheit und Selbstbestimmung. Berlin, 116-137.
Frankfurt, H. G. (2001c): Über die Bedeutsamkeit des Sich-Sorgens. In: Betzler, M.; Guckes, B. (Hg.): Harry G. Frankfurt. Freiheit und Selbstbestimmung. Berlin, 98-115.
Frankfurt, H. G. (2001d): Autonomie, Nötigung und Liebe. In: Betzler, M.; Guckes, B. (Hg.): Harry G. Frankfurt. Freiheit und Selbstbestimmung. Berlin, 166-183.
Frankfurt, H. G. (2001e): Vom Sorgen oder: Woran uns liegt. In: Betzler, M.; Guckes, B. (Hg.): Harry G. Frankfurt. Freiheit und Selbstbestimmung. Berlin, 201-231.
Frankfurt, H. G. (2001f): Die Notwendigkeit von Idealen. In: Betzler, M.; Guckes, B. (Hg.): Harry G. Frankfurt. Freiheit und Selbstbestimmung. Berlin, 156-165.
Frankfurt, H. G. (2013): Die schwächste Leidenschaft. In: Betzler, M. (Hg.): Autonomie der Person. Münster, 67-80.
Frey, R. G. (1987): Autonomy and the value of animal life. In: The Monist, 70 (1), 50-63.
Friedman, M. A. (1986): Autonomy and the split-level self. In: The Southern Journal of Philosophy, 24 (1), 19-35.
Friedmann, M. A. (2003): Autonomy, gender, politics. New York.
Friedman, M. A. (2005): Autonomy and male dominance. In: Christman, J.; Anderson, J. (Hg.): Autonomy and the challenges to liberalism. New essays. Cambridge, 150-176.
Gillon, R. (2003): Ethics needs principles–four can encompass the rest–and respect for autonomy should be "first among equals". In: Journal of Medical Ethics, 29 (5), 307-312.
Henning, T. (2011): Why be yourself? Kantian respect and Frankfurtarian identification. In: The Philosophical Quarterly, 61 (245), 725-745.
Herrmann, M. (2000): Freier Wille ohne Wunschkritik: Autonomie als Zustimmung zum eigenen Wünschen. In: Betzler, M.; Guckes, B. (Hg.):

Autonomes Handeln. Beiträge zur Philosophie von Harry G. Frankfurt. Berlin, 153-166.
Hildt, E. (2006): Autonomie in der biomedizinischen Ethik. Genetische Diagnostik und selbstbestimmte Lebensgestaltung. Frankfurt a. M.
Hildt, E. (2008): Autonomie in der Medizin. Selbstbestimmung, Selbstentwurf und Lebensgestaltung. In: Bundesgesundheitsblatt – Gesundheitsforschung – Gesundheitsschutz, 51 (8), 827-834.
Hill, T. E. (1991): Autonomy and self-respect. Cambridge.
Huber, L. (2006): Patientenautonomie als nichtidealisierte „natürliche Autonomie". In: Ethik in der Medizin, 18 (2), 133-147.
Jackson, J. (1991): Telling the truth. In: Journal of Medical Ethics, 17 (1), 5-9.
Jackson, J. (2001): Truth, trust and medicine. London, New York.
Jacobs, E. A. et al. (2006): Understanding African Americans' views of the trustworthiness of physicians. In: Journal of General Internal Medicine, 21 (6), 642-647.
Jox R. J. (2006) Der „natürliche Wille" als Entscheidungskriterium: rechtliche, handlungstheoretische und ethische Aspekte. In: Schildmann, J.; Fahr, U.; Vollmann, J. (Hg.): Entscheidungen am Lebensende: Ethik, Recht, Ökonomie und Klinik. Berlin, 69-86.
Jox, R. J. (2013): Der „natürliche Wille" bei Kindern und Demenzkranken. In: Wiesemann, C.; Simon, A. (Hg.): Patientenautonomie: theoretische Grundlagen, praktische Anwendungen. Münster, 329-339.
Jox, R. J.; Ach, J. S.; Schöne-Seifert, B. (2014): Der „natürliche Wille" und seine ethische Einordnung. In: Deutsches Ärzteblatt, 111 (10), A 394-A 396.
Kant, I. ([1785]): Grundlegung zur Metaphysik der Sitten. In: Ders.: Gesammelte Schriften [Akademieausgabe, Band IV]. Berlin, 385-463.
Keller, M. (2008): Aufklärung und Informed Consent: Grenzen der Selbstbestimmung. In: Illhardt, F. J.(Hg.): Die ausgeblendete Seite der Autonomie. Berlin: LIT Verlag, 21-34.
Kleinig, J. (2010): The nature of consent. In: Miller, F. G.; Wertheimer, A. (Hg.): The ethics of consent. Theory and practice. New York, 3-24.
Mackenzie, C. (2008): Relational autonomy, normative authority and perfectionism. In: Journal of Social Philosophy, 39 (4), 512-533.
Mackenzie, C.; Stoljar, N. (2000) (Hg.): Relational autonomy: feminist perspective on autonomy, agency, and the social self. New York.

Manson, N. C.; O'Neill, O. (2007): Rethinking informed consent in bioethics. Cambridge.
Maunz, T.; Dürig, G. (2011): Grundgesetz. München.
May, T. (1994): The concept of autonomy. In: American Philosophical Quarterly, 31 (2), 133-144.
May, A. T. (2011): Sterbehilfe und Tötung auf Verlangen. In: Stoecker, R.; Neuhäuser, C.; Raters, M.-L. (Hg.): Handbuch Angewandte Ethik. Stuttgart, 446-452.
Mele, A. (2005): History and personal autonomy. In: Canadian Journal of Philosophy, 23 (2), 271-280.
Meyers, D. T. (2005): Decentralising autonomy. Five faces of selfhood. In: Christman, J.; Anderson, J. (Hg.): Autonomy and the challenges to liberalism. New Essays. Cambridge, 27-55.
Mill, J. S. (2009): On liberty. Über die Freiheit. Englisch/Deutsch. Stuttgart.
Miller, B. (2004): Autonomy. In: Post, S. G. (Hg.): Encyclopedia of bioethics. 3rd edition. New York, 246-251.
Mitscherlich, A.; Mielke, F. (Hg.) (1960): Medizin ohne Menschlichkeit. Dokumente des Nürnberger Ärzteprozesses. Frankfurt a. M.
Nelson, R. M. et al. (2011): The concept of voluntary consent. In: The American Journal of Bioethics, 11 (8), 6-16.
O'Neill, O. (2002): Autonomy and trust in bioethics. Cambridge.
O'Neill, O. (2003): Some limits of informed consent. In: Journal of Medical Ethics, 29 (1), 4-7.
Oshana, M. A. L. (2013): Personale Autonomie und das soziale Umfeld. In: Betzler, M. (Hg).: Autonomie der Person. Münster, 196-220.
Pennekamp, J. (2012): In der OP-Fabrik. In: Frankfurter Allgemeine Wirtschaft vom 11.08.2012. Online unter: http://www.faz.net/aktuell/wirtschaft/unnoetige-eingriffe-in-der-op-fabrik-11852366.html [27.03.2017].
Petersen, L. (2014): Operations-Prämien für Berliner Ärzte. In: Berliner Zeitung vom 30.11.2014. Online unter: http://www.bz-berlin.de/berlin/operations-praemien-fuer-berliner-aerzte [27.03.2017].
Poland, S. C. (1997): Landmark legal cases in bioethics. In: Kennedy Institute of Ethics Journal, 7 (2), 191–209.
President's Commission for the Study of Ethical Problems in Medicine and Biomedical and Behavioral Research (1981): Defining death: medical, legal and ethical issues in the determination of death. Washington.

Quante, M. (2000): The things we do for love. Zur Weiterentwicklung von Frankfurts Analyse personaler Autonomie. In: Betzler, M.; Guckes, B. (Hg.) (2000): Autonomes Handeln. Beiträge zur Philosophie von Harry G. Frankfurt. Berlin, 117-136.

Quante, M. (2002): Personales Leben und menschlicher Tod. Frankfurt a. M.

Raz, J. (1986): The morality of freedom. Oxford.

Richardson, H. (2001): Autonomy's many normative presuppositions. In: American Philosophical Quarterly, 38 (3), 287-303.

Schaber, P. (2003): Menschenwürde als Recht, nicht erniedrigt zu werden. In: Stoecker, R. (Hg.): Menschenwürde – Annährung an einen Begriff. Wien, 119-131.

Schaber, P. (2011): Wieso Zustimmung? In: Unimagazin, 3/4, 54-56.

Schaber, P. (2016a): Was bedeutet es, die Autonomie anderer zu respektieren? In: Archiv für Rechts- und Sozialphilosophie, 102 (2), 174-185.

Schaber, P. (2016b): Kann eine Handlung, in die eingewilligt wurde, moralisch falsch sein? In: Zeitschrift für philosophische Forschung, 70 (4), 476-492.

Schaber, P. (2017): Selbstbestimmter Wille und das Recht auf assistierten Suizid. In: Ethik in der Medizin, 29 (2), 97-107.

Schöne-Seifert, B. (2005): Medizinethik. In: Nida-Rümelin, J. (Hg.): Angewandte Ethik. Die Bereichsethiken und ihre theoretische Fundierung; ein Handbuch. Stuttgart, 690–803.

Schöne-Seifert, B. (2006): Ist ärztliche Suizidbeihilfe ethisch verantwortbar? In: Petermann, F. T. (Hg.): Sterbehilfe. Grundsätzliche und praktische Fragen. Ein interdisziplinärer Diskurs. St. Gallen, 45-67.

Schöne-Seifert, B. (2009): Paternalismus. Zu seiner ethischen Rechtfertigung in Medizin und Psychiatrie. In: Sturma, D.; Honnefelder, L.; Fuchs, M. (Hg.): Jahrbuch für Wissenschaft und Ethik, 14 (1), 107-128.

Seidel, C. (2011): Personale Autonomie als praktische Autorität. In: Deutsche Zeitschrift für Philosophie, 59 (6), 897-915.

Seidel, C. (2012): Autonomie und prozedurale Unabhängigkeit: eine Verhältnisbestimmung anhand der Debatte um Menschenwürde. In: Dunshirn, A.; Nemeth, E.; Unterthurner, G. (Hg.): Crossing Borders. Grenzen (über)denken. Thinking (across) Boundaries. Beiträge zum 9. Internationalen Kongress der Österreichischen Gesellschaft für Philosophie in Wien. Wien, 619-629.

Shewmon, A. D. (2001): The brain and somatic integration: insights into the standard biological rationale for equating "brain death" with death. In: The Journal of medicine and philosophy, 26 (5), 457–478.

Simon, A. (2014): Zwischen Selbstbestimmung und Zwang: Zwangsbehandlung in der Psychiatrie aus ethischer Perspektive. In: Psychiatrische Praxis, 41 (1), 58-62.

Stoecker, R. (2007): Das Pilatus-Problem und die Vorzüge eines dynamischen Verantwortungsbegriffs. In: Berendes, J. (Hg.): Autonomie durch Verantwortung. Impulse für die Ethik in den Wissenschaften. Paderborn, 147-160.

Stoecker, R. (2010): Der Hirntod. Ein medizinethisches Problem und seine moralphilosophische Transformation. Freiburg, München.

Stoecker, R. (2015): Worin liegen Menschenwürde-Verletzungen? Eine Fallgruppenanalyse. In: Demko, D; Seelmann, K.; Becchi, P. (Hg.): Würde und Autonomie. Stuttgart, 91-105.

Stoecker, R. (2017): Odysseus in der Psychiatrie. In: v. Sturma, D.; Heinrichs, B.; Honnefelder, L. (Hg.): Jahrbuch für Wissenschaft und Ethik. Band 22. Berlin, 183-203.

Stoljar, N. (2011): Informed consent and relational conceptions of autonomy. In: Journal of Medicine and Philosophy, 36 (4), 375-384.

Stoljar, N. (2015): Feminist perspectives on autonomy. In: Zalta, E. N. (Hg.): Stanford Encyclopedia of Philosophy. Online unter: https://plato.stanford.edu/entries/feminism-autonomy/ [31.01.2017].

Tännsjö, T. (1999): Coercive care: The ethics of choice in health and medicine. London.

Taupitz, J. (2012): Jeder Eingriff eine Körperverletzung. In: Deutscher Ethikrat (Hg.): Dokumentation. Intersexualität im Diskurs. Berlin, 49-50.

Taylor, J. S. (2004): Autonomy and informed consent: a much misunderstood relationship. In: The Journal of Value Inquiry, 38 (3), 383-391.

Taylor, J. S. (2005) (Hg.): Personal autonomy. New essays on personal autonomy and its role in contemporary moral philosophy. Cambridge.

Thalberg, I. (1989): Hierarchical analyses of unfree action. In: Christman, J. (Hg.): The inner citadel. Essays on individual autonomy. New York, 123-136.

Thomson, J. J. (1990): The realm of rights. Cambridge et al.

Vollmann, J. et al. (2008): Patientenselbstbestimmung und Selbstbestimmungsfähigkeit. Beiträge zur Klinischen Ethik. Stuttgart.

Wall, S. (1998): Liberalism, perfectionism and restraint. New York.
Watson, G. (1975): Free agency. In: Journal of Philosophy, 72 (8), 205-220.
Watson, G. (2013): Freies Handeln. In: Betzler, M. (Hg.): Autonomie der Person. Münster, 52-66.
Wiesemann, C. (Hg.) (2013): Autonomie und Vertrauen. Schlüsselbegriffe der modernen Medizin. Göttingen. Online unter: http://www.univerlag.uni-goettingen.de/bitstream/handle/3/isbn-978-3-86395-145-0/autonomie_und_vertrauen.pdf?sequence=1 [23.06.2015].
Wiesemann, C.; Simon, A. (Hg.) (2013): Patientenautonomie: theoretische Grundlagen, praktische Anwendungen. Münster.
Williams, B. (1985): Ethics and the limits of philosophy. Cambridge.
Wortaschka, R. (2012): Ohne Not – aber mit Gewinn. In: Der Tagesspiegel vom 31.05.2012. Online unter: http://www.tagesspiegel.de/politik/ohne-not-aber-mit-gewinn/6691670.html [27.03.2017].
Wunder, M. (2008): Demenz und Selbstbestimmung. In: Ethik in der Medizin, 20 (1), 17-25.

The manufacturer's authorised representative in the EU is Springer Nature Customer Service Centre GmbH, Europaplatz 3, 69115 Heidelberg, Germany. If you have any concerns regarding our products, please contact ProductSafety@springernature.com

Printed and bound by CPI Group (UK) Ltd, Croydon, CR0 4YY
21/10/2026
02237156-0007